KB077653

청정에너지 기후 그리고 탄소

CLEAN ENERGY, CLIMATE and CARBON

Peter J Cook 저 | 허대기·박용찬 역

씨아이알

서 문

어릴적 영국에서 자란 나는 날씨와 기상 이변에 매혹되곤 하였다. 이를 통해 과학에 대한 호기심을 키웠으며 외딴곳에서 날씨를 관찰하며 지내는 모습을 그리면서 기상학자의 꿈을 꾸곤 하였다. 이런 막연한 생각으로, 나는 더럼대학 Durham University에 들어가 수학, 물리, 화학과 더불어 지질학을 공부하였다. 그러나 나의 계획은 킹슬리 더럼 Kingsley Durham 교수의 영감 넘치는 1학기 강의를 듣고선 변하게 된다. 나에게는 지질학이 딱이야. 이 강의는 과거 기후변화와 고환경에 대한 호기심을 일깨웠다.

대학을 졸업하고 호주의 지구과학원에서 일할 때, 데이비스 기지근처의 건곡과 해수면 변화의 증거에 매료되어 남극의 매력을 포함한 경이로운 지질학 세계에 대한 기회를 갖게 된다. 최근의 해수면 변화에 대한 연구는 퀸즐랜드 중부지역 해안하구에 대한 연구를 하자는 나의 제안에 호주 지구과학원 소장인 노만 피셔 박사가 동의함으로써 시작되었다. 이 지역은 훌륭한 퇴적 시스템을 갖춘 곳으로 연속된 해변 퇴적물과 소택지 언덕은 과거 5,000년 동안의 상대적 해수면 변화를 기록할 수 있게 해주었다. 이후 1970년대 중반엔 호주의 유명한 지질학자인 레그 스프리그가 처음 설명한 내륙으로 100 km나 연장된 호주 남부의 고대 해빈 구릉에 대한 연구로 이어졌다. 새로운 연대측정기술을 사용하여 스프리그가 처음 제안한 해빈 구릉으로부터 얻어진 해수면 상승 증거가 궤도 변화와 연관이 있다는 점을 증명할 수 있었다.

인간 활동으로 야기된 이산화탄소 배출 증가를 해결하기 위한 수단으로 장기간 이산화탄소 저장을 처음 제안한 사람은 1970년대 후반의 마르체티일 것이다. 그의 제안은 이산화탄소를 심해에 주입하는 것으로 당시에는 기후변화에 관심이 적었으며, 오히려 이산화탄소의 증가가 식물 성장을 촉진시키고 새로운 빙하기 도래를 방지하기 때문에 유익한 것으로 생각되었다. 이산화탄소 지중저장은 1990년경에 다시 거론된다. 그러나 해양저장이 아닌 지질학적 저장에 초점을 맞춰 석유 산업에서 얻어진 고농도의 이산화탄소를 함유한 폐가스의 처분을 위한 방법을 고민하던 캐나다 앨버타 연구재단의 연구자들이 개척자들이다.

1990년에 나는 영국지질조사소 소장으로 발령받게 되는데, 이 시기에 유럽연합 집행위원회의 줄Joule 프로그램 지원으로 이산화탄소를 북해의 해저에 저장하는 타당성 평가를 시작하였다. 이 연구는 최초로 이산화탄소 지중저장의 잠재적 중요성을 보여주는 훌륭한 프로젝트였다. 의심할 여지없이 지중저장에서 가장 중요한 사건의 하나는 1996년 노르웨이 국영석유회사인 스타트 오일Statoil이 북해에서 슬라이프너 프로젝트를 시작한 것이다. 이 프로젝트는 해저 800 m 심도에 있는 염수층에 연간 100만 톤의 이산화탄소를 주입하고 있다. 1990년대는 기후변화에 대한 흥미가 일깨워지고 관심이 증가된 시기이다. 그러나 유엔 기후변화협약과 교토의정서에도 불구하고 이 시기에 전력산업계와 영국 정부로 하여금 기후변화 문제에 관심을 기울이도록 하는 일이 쉽지 않았다. 하지만 영국, 캐나다, 미국, 노르웨이, 네덜란드 등지에서는 과학적 진전을 이루어냈다.

1998년 나는 호주로 돌아와 석유연구센터 소장직을 맡게 된다. 이때 호주 서부의 배로우섬Barrow Island 지하에 이산화탄소를 저장하기 위한 기초 연구가 골곤Gorgon 프로젝트로 진행되고 있었다. 여기서 꼭 필요하고 중요한 질문은 '지중저장이 호주에서 중요한 이산화탄소 감축 수단이 될 것인지? 아니면 단지 소규모 감축 수단에 머무를 것인지?' 하는 것이었다. 이에 대한 해답을 얻기 위해 6개 천연가스 회사와 호주 온실가스사무국의 재정지원을 받아 호주연방과학기술연구원CSIRO, 대학들과 공동으로 1998년에 이산화탄소의 지중처분GEODISC 프로그램을 시작하였다. 이 프로그램은 이후 4년 동안 호주가 이산화탄소의 대규모 지중저장 잠재력이 높음을 확인하는 데 결정적 역할을 하였다.

2002년까지 호주 정부와 산업계는 기후변화와 이산화탄소 저장 기회에 대해 좀 더 심각하게 인식하게 되었다. 2002년에 나는 저장뿐만 아니라 포집을 포함한 확대된 연구개발 프로그램을 정부와 산업계에 제안하여 2003년 온실가스기술연구센터CO2CRC가 설립되었다. CO_2에 관한 세계적 선도 연구기관으로 CO2CRC를 설립하는데 석탄산업계, 전력산업계, 정부, 대학, 연구기관을 망라한 수많은 기관들이 나서게 된다.

비슷한 시기에 기후변화에 관한 정부 간 협의체IPCC는 이산화탄소 포집과 저장에 관한 특별보고서를 발간하였다. 이 책이 이산화탄소 포집과 저장CCS을 국제적으로 인식하게 하는 중요한 발걸음이었으며 CCS가 이산화탄소 배출감축을 위한 중요한 수단이 될 수 있음을 확인하게 해주었다. 나는 2004~2005년에 이 책의 지중저장에 대한 부분을 가용한 주요 정보를 모두 담아 샐리 벤슨Sally Benson과 함께 작성한 주 저자였다.

이때부터 기후변화에 대한 관심은 모든 나라에서 증가하였으며 이는 청정에너지 기술 활동에 대한 관심 증가로 반영되었다. 이 대부분은 정부의 선도로 이루어졌으며 몇몇 정책은 상당히 효율적이었다. 많은 OECD 국가처럼 호주도 교토의정서에 서명하였으며, 강제적 청정에너지 목표와 연구개발에 대한 지원을 정책에 포함시켰다. 그러나 많은 사람들이 이러한 정책에 곤혹스러워했으며 개발된 청정에너지 기술을 생소하게 생각하였다. 이것이 내가 청정에너지 기술을 보다 많은 대중이 접할 수 있도록 할 수 있는 책을 쓰려고 했던 이유이다. 처음에는 CCS에 대해서만 쓰려고 했는데, 그 이유는 CCS가 대중들이 가장 생소하게 생각하는 기술이며 내가 몸담고 있는 CO2CRC 연구 내용의 대상이기도 하기 때문이다. 하지만 곧 CCS를 보다 넓은 '기후변화'라는 맥락 속에서 다루는 것이 바람직하다고 느꼈다. 이것 또한 충분치 않아, 범위를 더욱 넓혀 더 큰 청정에너지범주의 주요 요소로 CCS를 다루게 되었다.

이 책을 쓰는 데는 처음 생각했던 것보다 훨씬 더 오래 걸렸다. 이유는 이 책을 쓰던 시기에 내가 200명 이상의 연구자들이 관련된 다양하고 지리적으로 분산된 기관인 CO2CRC의 최고경영자였기 때문에 이 책의 많은 부분을 비행기나 공항, 호텔에서 작성했기 때문이다. 또한 청정에너지 기술이 계속 발전하고 있었으며, 기후변화 정책도 계속 새로운 것이 나왔다. 호주에서는 청정에너지에 대한 정치적 상황이 특히 힘들었으며, 에너지와 기후변화 쟁점에 대해 정부도 적지 않게 변하였다. 모든 문제가 해결될 때까지 책 발간을 미룰 수는 없었다. 이 책은 2011년 8월 기준으로 청정에너지에 관한 정보를 담고 있으며, 이후 계속적으로 변화될 것으로 예상한다. 이 책은 호주를 포함한 많은 나라에서 청정에너지 기술을 소개함으로써 기후변화에 대한 토론에 공헌할 것이며, 청정에너지 기술과 기술 보급의 복잡한 문제에 대한 정보를 제공하고, 현재뿐만 아니라 미래에도 이산화탄소 배출을 감축하는 데 공헌하기를 기대한다.

다음 페이지에 감사의 글이 있지만 여기서 미리 감사 말씀을 드릴 분이 있다. 특히 애니 바트렛, 마이클 소로카, 론다 에반스의 기여와 레베카 존스와 안나 웅옌의 그래픽 디자인에 대해 고마움을 표한다. 마지막으로 가장 고마운 나의 아내 노르마의 지속적인 지지와 동반자적 이해에 대해 감사를 표한다.

교수 Peter J Cook
CBE(Commander of the Order of the British Empire, 영국의 훈장 수여자), FTSE
호주공학한림원 회원

감사의 글

이러한 종류의 책은 누구도 이 분야의 전문가라고 부르기에는 너무 광범위한 범위의 과학과 기술을 다루고 있어 어떠한 자료들이 사용되는지, 그리고 얼마나 많은 사람들이 기여하는지가 그 수준을 좌우한다. 이 책을 출판하기까지 다양한 형태의 자료에서 엄청난 정보들을 찾아 편집하는 데 들어가는 시간과 노력이 중요한 역할을 했다. CO2CRC의 마이클 소로카와 애니 바틀레트의 도움이 매우 컸으며 영원히 감사하다고 해야겠다. 마이클은 출판을 위해 자료들의 포맷을 맞추는 일을 훌륭하게 해냈다. 내가 이 책을 기획하면서 좋은 그림들을 사용하는 것이야 말로 이 책의 성공에 필수적이라는 생각을 했는데, 실제 이해하기 어렵거나 모호한 아이디어와 개념을 매우 분명하고 간결한 그림으로 만들어주는 디자이너와 함께 일할 수 있어 행운이었다. 이러한 점에서 특별히 CO2CRC의 레베카 존스, 안나 웅옌, 로스린 파오닌과 리엔 셰퍼드의 기여에 감사하며 애니 바트렛은 교육자로서의 능력을 유감없이 발휘했다.

이 책이 나름 수준을 갖추게 되기까지는 많은 시간을 들여 정보를 제공하고 기꺼이 조언하고 리뷰까지 맡아준 분들의 너그러움이 큰 역할을 했다. 청정에너지와 같이 다양하면서도 고도화된 분야에서 그러한 도움이 없었더라면 이 책이 갖고 있는 정보들의 정확성과 객관성을 유지하기 힘들었을 것이다.

이러한 점에서 알레스 톨만 CO2CRC, 알렉산드라 골라브 박사 Digital Core Labs, 베리 후퍼 CO2CRC, 찰스 젠킨스 박사 CSIRO, 데니스 푸이벨디 ACALET, 다이안 와일리 교수 University of New South Wales, 조나단 어니스킹 CSIRO, 존 칼디 교수 University of Adelaide, 링컨 페터슨 박사 CSIRO, 데이빗 에더릿지 CSIRO, 그레미 피어만 박사 Graeme Pearman Consulting, 존 소더바움 박사 Acil Tasman, 칼 제르데스 박사 Chevron, 폴 웨블리 교수 Monash University와 산드라 캔티쉬 교수 University of Melbourne에게 감사의 마음을 전하고 싶다. CO2CRC와 협력기관에는 이 책에서 다루는 종합적 지식을 개발하기 위해 오랜 기간 공헌해온 200명 이상의 연구자들이 있다.

이 자리를 빌려 그들의 헌신과 이 책을 통해 충실하게 표현하고자 했던 그들이 쌓아온 과학에 대해 감사하고 싶다.

이 책은 전적으로 사실과 정보를 제공하는 데 목표를 두고 있다. 그럼에도 불구하고 서로 다른 의견들이 제시될 때가 있으며 특히 마지막 장에서 그러하다. 이 책에 제시되는 의견은 분명히 말하지만 나 개인의 것이며 그 의견이 언제나 CO2CRC 참여기관이나 연구자들의 관점을 반영한다고 할 수 없다. CO2CRC 내부적으로 팀 베슬리, 데이빗 보르스윅과 이사회를 통해 큰 도움을 받았으며 그러한 지지와 성원에 대해 감사드린다.

CSIRO 출판부의 존 맹거는 수차례 마감기한을 제대로 지키지 못하고 연장을 거듭한 나를 너그럽게 용서해주었으며 미셸 사브토는 대단하면서도 참을성 있는 편집자였다는 점을 밝혀두고 싶다.

마지막으로 우리 가족의 지속적인 지지와 이해가 없었다면 이 책이 결실을 맺지 못했을 것이다. 단지 이 책을 쓰는 기간뿐만 아니라(사실 이 동안은 단순한 이해와 인내력만으로 참을 수 없는 정도이긴 했다) 그 이전 오랜 기간 동안 지지하고 성원해준 아내 노르마에게 특별한 감사의 마음을 전한다.

목 차

제7장 CO_2 수송

제8장 CO_2 저장

제9장 CCS가 효과적이라고 말할 수 있는 근거

제10장 CCS 비용

제11장 청정에너지 기술과 정책

제1장 기후변화에 대한 상황인식

사실상 '기후변화'와 관련 없는 신문기사나 블로그, 티비뉴스를 찾는 것이 거의 불가능한 시대가 되었다. 기후변화를 말하는 것은 매우 광범위한 문제를 다루고 있어 매우 복잡할 수밖에 없다. 거기에 잘 이해되지 않는 UNFCCC, IPCC, anthropogenic, ppm, 청정에너지 기술 등 약어, 용어, 개념들이 복잡성을 더하고 있으며 사람들이 '탄소'와 '이산화탄소'를 혼용하는 것도 혼란을 부추기게 하는 원인이 되고 있다. 이러한 용어나 개념 또는 해결방안이라고 제안된 것들을 설명하는 것이 이 책의 의도는 아니지만 청정에너지 기술의 개발, 적용에 대한 배경지식, 그리고 이들 기술이 왜 중요한지에 대해 이해할 수 있을 정도는 다루고자 한다. 그러나 동시에 기술적 이슈들은 서로 분리되어 고려될 수 없으며 그것들은 기후변화와 에너지라는 좀 더 폭넓은 맥락 속에서 이해되어야 한다. 이 책은 청정에너지 기술에 대한 정보를 제공하고 실질적인 방식으로 고려할 수 있도록 하는 현재 상황을 이해할 수 있는 배경을 제공하며 최종적으로는 그리 널리 알려지지 못했지만 매우 중요한 청정에너지 기술인 '탄소포집 및 저장 CCS' 기술에 초점을 맞추려고 한다.

그러나 다른 종류의 '탄소저장', 즉 토양탄소저장 Soil carbon이나 생태계 탄소저장 Biocarbon storage은 전혀 다루고 있지 않다. 적절하게 관리된 토양은 탄소를 대량 저장하고 농업 생산성에 혜택을 가져올 수 있다.

2011년에 발표된 호주 정부 기후위원회 보고서는 다음을 명시하고 있다.

> '여러 가지 이유로 육상 생태계에 탄소저장 프로젝트를 확대하는 것은 안전한 지질학적 지층에 온실가스인 이산화탄소를 처리함으로써 기후변화와 변동성의 영향이나 인간 활동의 직접적 영향으로부터 단절시킬 수 있는 종합적 접근법의 필요하고 바람직한 방법이다.'

토양탄소에 관해서는 다른 책을 선택해야 할 것이다. 또한 이산화황 등의 입자를 대기권에 넣어 지구에 도달하는 태양복사량을 줄이고자 하는 지오엔지니어링 geo – engineering이라는 방식 또한 다루고 있지 않다.

이 책은 인간의 활동으로 인한 대기로 배출되는 이산화탄소를 감축하는 방안에 관심을 갖고 청정에너지 또는 저배출 등 기술에 초점을 맞추고 있다. 지구온난화와 기후변화에 대한 활발한 논의가 있지만, 과학적 증거의 무게는 기후변화와 온난화가 이미 일어나고 있으며 이러한 변화가 인간 활동으로 인한 대기의 이산화탄소 농도 증가와 연관 가능성이 매우 높다는 것을 보여주고 있다. 돌이킬 수 없는 변화에 대한 '티핑 포인트 tipping point'란 개념이 무시될 수 없음에도 불구하고 임박한 재앙과 질병에 대한 더 끔찍한 예상들은 합리적인 토론에 도움이 되지 않는다. 이러한 문제는 IPCC Intergovernmental Panel on Climate Change에 의해 상당한 수준까지 매우 자세하게 논의되고 있음이 확실하다. 전 세계적으로 저명한 과학자들의 연구를 토대로 작성된 IPCC의 결론이 많은 부분에서 이 책의 출발점이라고 할 만하다.

IPCC 보고서에 있는 바와 같이 인간 활동이 기후변화를 일으킨다는 수많은 증거를 다시 확인하는 것이 이 책의 의도가 아니다. 물론 IPCC 논의 과정에서 논쟁이 있었으며 나 자신이 CCS에 대한 IPCC 특별보고서(2005)의 주요 저자로 참여했음을 분명히 밝혀야겠다. 나에게 있어 그러한 참여가 IPCC 논의과정의 강점과 약점에 노출되었음을 의미하지만 나 자신에게는 그 어떤 약점에도 불구하고 전체 IPCC 보고서 작성과정은 엄격하고 균형 잡혀 있었다는 점을 강조하고 싶다.

기후변화 과학 : 논쟁

IPCC와 관련된 논쟁이 지속되었으며 최근에는 '기후 게이트' 라고 불리기까지 했다. IPCC 보고서에 대해 네덜란드 환경평가국 Netherlands Environmental Assessment Agency, 영국 왕립학술원 The Royal Society, 미국 국가 연구재단 US National Research Council과 같이 여러 권위 있는 기관들의 지속적인 리뷰가 있었다. 이 모든 리뷰에서 IPCC의 주요 연구결과가 모두 유효하다는 결론이 내려졌다. 가장 최근인 2010년, 국제과학위원회 Inter Academy Council는 IPCC 작업과 IPCC 4차 영향평가보고서에 대한 비판에 대한 응답으로 IPCC 프로세스 및 절차에 대한 독립적인 검토를 실시했다. 여기서도 역시 'IPCC 프로세스는 전반적으로 성공적이며 사회에 공헌했다'고 평가했으며 IPCC 보고서 집필과정에 대한 여러 가지 중요한 권고를 했지만 일반 독자들에게는 IPCC 작업이 적절하며 그에 의한 결과 또한 믿을 만하다는 점을 확실히 했다. '기후게이트' 논쟁을 촉발하는 데 책임 있는 과학자들은 몇 가지 의심스러운 사례에 관련되기는 했지만 영국 왕립학술원은 리뷰를 통해 그런 과학자들의 일부행위가 적절하지 않았다고 해서 기후변화와 관련된 결론 전체를 무효화 할 수는 없다고 결론 내렸다. 기후변화와 관련된 데이터와 이들 데이터의 해석에 대해 의문을 제기하며 과학적 측면에 대한 의심 또한 있었다. 전문가의 견해에 의문을 제기하고 다른 의견에 귀 기울이는 것은 바람직한 것이다. 하지만 그러한 의견도 근거자료와 의견을 제시하는 과학자들이 누구냐 등을 고려해 검토해야 할 것이다. 그러한 근거에서라면 배심원은 인간이 기후변화를 야기했다는 의견이 타당하다는 것을 호의적으로 판단하게 될 것이다.

헤롤드 샤피로 Harold Shapiro는 이렇게 말하였다.

> '미래세대의 관심과 서로 다른 국가, 지역, 사회의 다양한 이해를 포함한 수많은 경쟁적 이해관계가 위태롭게 되는 것처럼 기후과학과 공공정책의 교차점도 한동안은 논쟁적일 수밖에 없다는 것이 분명하다. 게다가 사려깊은 논쟁은 기후변화의 과학적 진보에 추가적 발전을 자극하는 중요한 요소가 될 것이다.'

그의 말에 전적으로 동의한다.

기후변화를 해결하기 위해 어떠한 액션이 언제 취해져야 하는지에 대한 토론은 논쟁을 부채질하고 있다. Bjorn Lomborg와 같은 사람들은 그러한 조치들이 국가경제 또는 전 세계경제에 엄청난 재정 부담을 지울 수 있기 때문에 현명하지 못하다고 주장한다. 영국의 니콜라스 스턴 Nicolas Stern이나 호주의 로스 가르노 Ross Garnaut과 같은 이들은 기후변화 경제학의 관점에서 지금 당장 행동을 개시해야 한다고 확신하고 있다. 그들은 지금 당장 취하는 것이 미래에 더욱 과감하고 비싼 행동에 비하면 저렴할 것이라는 점을 강조하고 있다.

기후변화에 대한 전 지구적, 그리고 국가적 대응노력

무엇이 정말 기후변화에 대한 '대응방안'일까? 많은 정부들과 구제기구들의 목표는 '위험한 수준의 기후변화'가 일어나지 않도록 하는 것에 있다. 미래에 닥쳐올 '위험'이 무엇인지 확신할 수는 없지만 지구온도의 상승을 2도 정도에서 막는 것이 필요하다고 생각한다. 이 목표를 대기 중 CO_2의 최대허용농도로 환산하여 표현하는 것은 단순하지 않다. 단순하게는 350 ppm에서 450 ppm 또는 550 ppm 수준 이상을 넘지 못하도록 하는 것이지만 이미 대기 중 CO_2 농도는 395 ppm 수준이다.

일반적으로는 450 ppm 정도가 적절한 목표라고 할 수 있지만 어느 시점까지 이러한 목표를 달성해야 '위험한 수준의 기후변화'를 회피할 수 있을까 하는 질문을 하게 된다. 2100년이 해당 시점이라고 주장하지만 많은 사람들은 그보다 한참 이전 또는 2050년까지 배출량을 줄여야 한다고 주장한다. 동시에 2020년, 2030년 그리고 2040년 등 중간 배출량 감축목표가 제시되어야 한다고도 한다. 감축목표량에 대한 국제적 합의가 아직 없다는 사실이 현시점에서 대응조치가 필요하냐고 반박하는 데 사용되기도 한다. 그러나 지금 우리가 행동하지 않는다면 결국에 기후변화에 맞닥뜨리게 될 것이며 그 충격은 예상하는 것보다 훨씬 더 심각하여 어떠한 대응방안도 소용없는 상황이 될 것이다. 또한 전 세계적인 협약이 없는 상황에도 개별국가들은 배출량을 감축하기 위한 노력을 하여야 한다는 주장도 있다.

이 책에서 취하는 시각은 일련의 대응방안이 균형감 있고 실용적이어야 하며 곧바로 시작되어야 한다는 것이다. 우리는 적정한 비용수준의 안정적인 에너지를 사용할 수 있는 사회적, 경제적 혜택을 포기하지 않는 범위 내에서 대기 중으로 방출되는 CO_2를 가능한 한 빠르고 비용 효율적인 방법으로 줄이도록 노력해야 한다.

그러나 이러한 혜택을 받을 수 없는 개발도상국의 십억 이상의 사람들은 어떻게 할 것인가? 분명히 글로벌 배출량을 감소하기위한 노력에도 우리는 개발도상국이 저비용의 에너지를 사용하고자 하는 것을 막을 수는 없다. 다만 개발도상국들이 미국이 사용하는 수준의 화석연료를 사용하게 된다면 우리는 결국 현재의 전망치를 훨씬 초과하는 엄청난 수준의 배출량 증가에 직면하게 될 것이며 '위험한 기후변화'에 도달하게 될 것이다. 개발도상국을 위해 배출량 감축을 위한 '여유 공간'을 만들어 줘야 한다는 선진국의 인식은 그 답의 일부가 될 수 있으며 시간이 지나면 개발도상국과 선진국 사이의 일인당 배출량 평균이 수렴될 것이다.

청정에너지 기술에 관한 논의에 이해를 돕기 위해서 국제기후협상 상황을 정리하는 것이 의미 있을 것 같다. 1992년 리우데자네이루에서 개최된 소위 지구정상회의의 결과물인 유엔기후변화협약UNFCCC, The United Nations Framework Convention on Climate Change은 인간 활동에 의한 온실가스 농도를 지구 기후시스템에 위험한 결과를 초래하지 않을 정도의 수준으로 유지하는 것을 그 목적으로 정하였다. 194개 국가가 기후변화협약에 가입하였으며 1994년부터 시행되고 있다.

그러나 UNFCCC는 '위험한' 수준으로 보이는 온실가스 농도를 특정하는 지침을 제공하지 않았으며 배출량을 감축하기 위한 합의된 메커니즘을 제공하지도 않았다. 그 부분은 2008년에서 2012년까지 1990년 배출량에 비해 5~8% 정도 감축하는 수준의 법적 구속력을 확립한 1997년 개발된 교토의정서에 담겨 있다. 교토의정서 또한 전 지구적 배출량의 55%를 배출하는 충분한 숫자의 국가(84개국)가 조인한 2005년까지는 효력이 발생되지 못했다. 감축량 대부분은 선진국(부속서 1)에 의해 채워졌으며 비부속서(개발도상국)의 경우 배출량에 대한 어떠한 공식 요구조건이 포함되지 않았다. 어쨌든 전 세계 최다 CO_2 배출국인 미국이 아직 교토의정서를 비준하지 않았고 1990년 이래 많은 부속서 1 국가들에서의 배출량이 엄청나게 늘고 있다.

따라서 전 지구적인 수준에서 교토의정서가 중요한 상징이기는 하지만 전 세계적으로 CO_2 배출량을 줄이는 데는 성공적이지 못했다고 말할 수밖에 없다. 교토의정서의 앞뒤로 수많은 기후변화 당사국 회의가 있었지만 이것들은 국제적 협약으로 발전시키는 데에는 제한적 수준의 성공을 이뤄냈을 뿐이다. 이러한 실망스러운 궤적은 결국 2009년 코펜하겐에서 열린 COP 회의에서 다른 결과를 얻으려고 노력했지만 결국은 매우 성공적이지 못한 것으로 나타났다.

나는 COP에 앞서 열린 코펜하겐 과학기술자문회의에 참여했지만 결과는 실망스러웠다. 그 이후 2010년에 칸쿤에서 열린 장관급 회의 또한 문제 해결에 있어서는 큰 진전을 보이지 못했다. 청정개발체제Clean Developmetn Mechanism에 CCS를 포함시키는 것과 녹색기후기금Green Climate Fund에 대한 합의가 있었지만 본Bonn에서의 후속회의는 향후 기후협약의 형태에 대해서는 아무런 결론을 내리지 못했다. 모든 사람이 지난 10년 이상의 기후협상이 걷은 성과에 대한 나의 다소 박한 평가에 동의하지는 못할 것이다. 2011년 더반Durban 회의에 대한 기대가 크지 않다고 이야기되고 있다. 결국 2012년 말 교토의정서가 만료되며 그때까지 새로운 국제조약이 제정될 것이라는 기대가 실현되지 못했다(역자 주 : 영문판의 출판은 2011년 중반이었음)

일부 국가들은 코펜하겐 회의 이후 야심적인 감축목표를 달성하기 위해 노력할 수도 있지만 많은 국가들은 절대적이든 상대적이든 배출량을 줄이기 위한 그들 자신의 목표를 설정하고 있다. 지금 분명한 것은 국제적 배출량 목표가 합의될 것이며 가까운 장래에 구현될 것이라고 가정하는 것은 현명하지 못하다는 것이다. 개별 국가들이 그들이 할 수 있는 노력을 연기할 이유는 없지만 이러한 노력들이 국제조약이 어떻게 될 것인지 하는 기대에 영향을 받을 것이라는 것은 분명하다. 이러한 불확실성에도 불구하고 하나만은 분명하다 : 현재에 안주할 근거는 전혀 없다. 국제에너지기구에 따르면 2010년 배출량은 30.6 Gt으로 기존 최대치인 2008년 29.3 Gt에 비해서도 5%가 증가했다.

이 책에 관하여

이 책은 미래의 국제적 협약에 대한 어떠한 가정도 하지 않으며 구속력 있는 국제협약의 부재 속에서도 배출을 제한하는 행동이 필요하다는 데 근거하고 있다. 청정에너지 기술에 초점을 맞추고 있다. 수천 편의 논문, 기사, 책과 영화 등이 있다는 점을 고려하면 이것만으로도 커다란 주제이고 지금 제시될 수 있는 것이 무엇이냐는 측면에서 현실적일 필요가 있다. 사실, 이 책은 청정에너지뿐만 아니라 기후와 탄소에 대해서도 다룰 것이다. 왜 이러한 주제를 다루고 어떻게 다룰 것인지를 설명하기 위한 것으로 시간을 들이더라도 의미 있는 것이다.

기후 그리고 좀 더 특정하여 기후변화는 이 책에서 다루는 모든 논의에 대한 맥락을 제공하는 것으로 제2장에서는 독자로 하여금 기후변화의 속성, 기후변화에 대한 증거, 그리고 과거 대기 조성이 어떻게 변화해왔는지를 설명하는 것으로 시작한다. 이제 어떤 일이 일어나고 있는지를 설명하고 그러한 변화가 우리 지구의 미래에 시사하는 바를 고민해보려고 한다. 그러나 이 책이 기후변화에 관한 것은 아니다. 기후변화는 매우 이례적으로 광범위하고 복잡한 주제로 지구온난화뿐만 아니라 해양 산성화, 자연재해, 생태계 변화, 해수면 상승 그리고 다른 문제들을 포함한다. 제2장에서 택한 접근방식은 기후변화에 초점을 맞추기보다는 대기 중의 CO_2 농도가 어떻게 변화해 왔는지 지질학적인 자료와 최근의 관측자료를 조사하는 것에 있다. 이것은 CO_2 배출량을 줄이기 위해 취할 수 있는 수단을 논의할 때 필요한 것이기 때문이다.

대기 중 CO_2 농도가 높아지는 것은 에너지 사용의 증가 때문이다. 2008년 국제에너지기구는 다음과 같은 점을 지적했다.

> '전체 CO_2 배출량의 약 69%가 에너지와 관련된다. IEA 세계에너지전망 2010 (IEA, 2010a)은 현재 그리고 이미 계획된 정책 변화 없이는 전 세계적 에너지 관련 CO_2 배출량은 화석연료가 40% 이상 늘어나고 여전히 주된 에너지 공급원의 지위를 유지하는 등 2035년 기준 2007년보다 49% 높을 것이라고 예측하였다.'

다시 말하면 추가적으로 대기 중에 늘어나는 CO_2 대부분이 에너지 사용결과이며 그 중에서도 전력생산으로 인한 것이다(그림 2.1). 그러나 생산, 난방, 냉방, 가사, 교통 및 건설 등 다른 활동 또한 기여하고 있다. 우리는 일상생활의 모든 측면에서 에너지를 소비한다. 제3장은 에너지 공급원과 CO_2에 대한 설명이다. 에너지는 회사에서 집에서 그리고 여가를 즐길 때에도 필요한 것이다. 춥다면 난방 기구를 켜게 되고 걷기에 너무 멀다면 차를 타고 사람이 하기에 일이 너무 많다면 그걸 대신해줄 기계를 사면 된다. 다만 이런 식이라면 너무 많은 에너지를 쓰게 되거나 에너지원의 속성 때문에 문제를 만들게 된다.

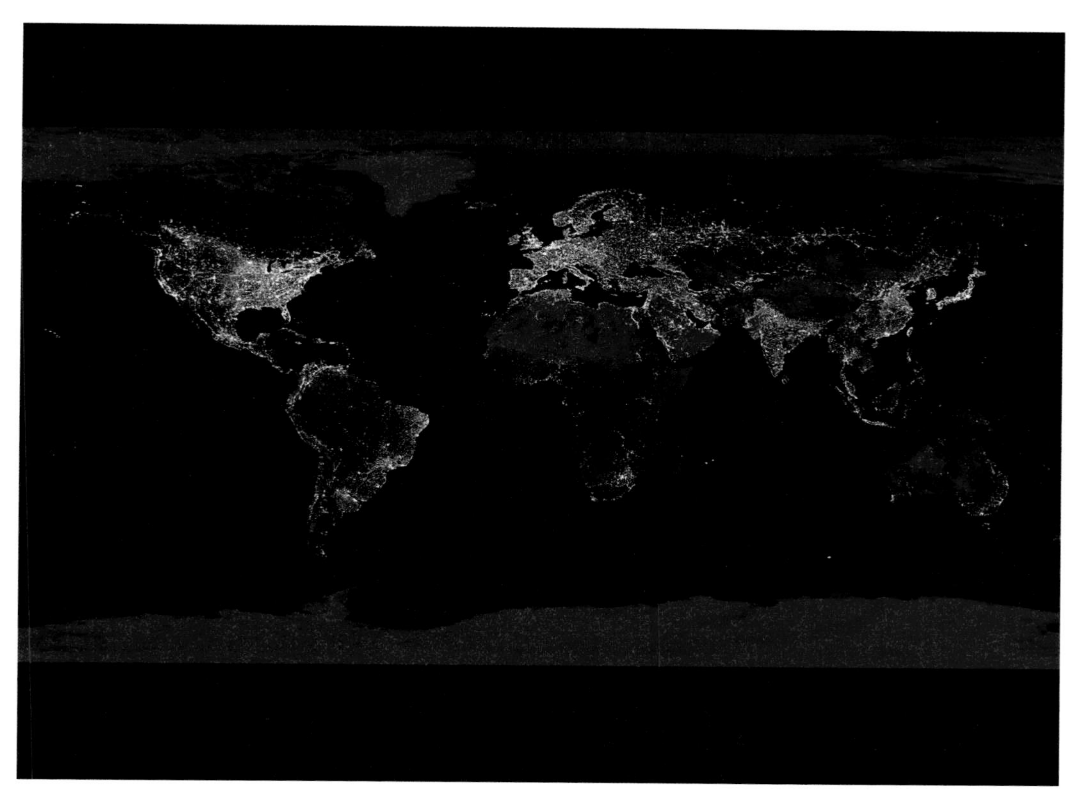

그림 1.1 야간 위성사진은 에너지와 온실가스 문제의 전 지구적인 속성을 잘 보여주고 있다. 중국 동부, 인도 북부, 유럽과 미국 동부의 강한 불빛은 에너지 소비를 나타내는 것으로 중국 서부, 인도 남부, 아프리카 대부분, 북한 지역은 전기 공급이 원활하지 않다는 점을 보여준다(Image courtesy of C. Mayhew and R. Simmons(NASAGSFC), NOAA NGDC, DMSP Digital Archive).

사실, 에너지만 대기 중 이산화탄소 증가에 책임이 있는 것은 아니다. 시멘트 제조 시 석회암에서 방출되는 처럼 화학반응에 기인한 대규모 CO_2 배출원이 있는데 이것 또한 무시되면 안 되며 이것은 주로 제3장에서 설명하고 있다. 토지개발과 농지의 용도변경도 중요한 역할을 한다. 이들 별도의 배출원에 대해서는 간략히 소개하겠지만 이 책에서 언급하는 CO_2 배출은 따로 명시하지 않는 경우에 '비농경' 인간 활동에 의한 배출을 의미한다.

에너지는 대기 중 CO_2 농도 증가의 주범이며 따라서 에너지 관련 배출량을 줄이기 위한 방법을 고민할 필요가 있다. 제4장에서는 광범위한 에너지 기술에 대해 논의한다. 몇 가지 기술은 친숙하고 나머지는 그렇지 않은 것들일 것이다. 각 기술들은 각각의 장단점을 가지고 있으며 이 책에서는 독자로 하여금 자신의 관점에서 이것들을 생각해볼 수 있도록 설명할 것이다. 일반 대중(그리고 정치인들)이 매우 많은 이유에서 재생에너지에 호의적이라는 점은 의심의 여지가 없으며 신재생에너지가 대부분 이산화탄소를 배출하지 않고 '지속 가능'하다는 점도 매우 당연한 것이다.

제5장은 증가하는 CO_2 배출을 줄이기 위한 대응방안을 뒷받침하는 중요한 원칙 중 하나를 강조하고 있는데 그것은 단일 기술보다는 여러 에너지 기술로 구성된 포트폴리오가 필요하다는 것이다. 또한 몇몇 '지속 가능 sustainable'한 기술에 대한 의문이 있는데 다음과 같은 관점이다.

- 해결책의 전체 라이프 사이클 : 그것은 사용하는 것과 비교해 더 많은 에너지를 만들어내는가?; 그것은 물이나 토양과 같은 다른 자원에 부적합한 영향을 미치지 않는가?
- '지속 가능성'이 고려되어야 하는 기간 : 백 년 또는 천 년 아니면 그냥 뭔가가 나타날 때까지 수십 년 동안 지속 가능한 정도면 되는가?

다양한 기술의 실용성은 분명히 중대한 문제로 이에 대해 제5장은 다음과 같이 요약하고 있다.

- 기술의 성숙도 : 지금 적용될 수 있는지 또는 몇십 년이 걸릴 것인지?
- 기술이 에너지 수요를 충족할 수 있는 수준 : 기술들이 중단 없이 연속적으로 에너지를 제공할 수 있는지 또는 일부 시간 동안 제한적인가?
- 우리 자연환경과 사회환경에 미치는 영향 정도

데이빗 맥케이 David McKay는 그의 책에서 실질적으로 채택될 수 있는 다양한 에너지기술에 대해 어느 정도 자세하게 설명한 바 있다. 그는 영국의 전체 에너지 수요를 재생에너지로 충족할 수 없다는 결론을 내린다. 이것은 아마도 상대적으로 많은 인구를 가진 작은 나라에게는 놀라운 일이 아닐 것이다. 호주의 청정에너지 기술 전략에 대한 Peter Seligman의 연구는 매우 비슷한 방법론을 사용했음에도 다른 결론에 도달하는데 호주와 같이 매우 크고 뜨겁고, 건조하고 인구밀도가 낮은 나라의 경우에는 놀라운 것이 아니다. 이 분석은 화석연료가 필요하지 않게 되면 매년 7~800억 호주 달러 수준의 수출이 줄어들게 될 것이라는 점까지 고려하지는 않았다. 하지만 이러한 변화는 호주 경제와 다른 나라의 경제에 엄청난 구조조정을 요구할 것이다.

특정 기술에 대한 어떠한 주장이라도 신중한 접근이 필요하다. 특별히 어떠한 기술이 '답'이라는 주장이라면 더더욱 그러하다. 앞으로 설명되겠지만 사실 하나의 답은 없으며 CO_2 배출을 줄이기 위해서는 여러 기술의 포트폴리오가 필요하다. 청정에너지 포트폴리오는 나라마다 다르며 지역마다 다를 것이다. 그러나 모든 국가에 공통적으로 피할 수 없는 두 가지 사실이 있다.

- 지구상 대부분의 전기는 화석연료로 만들어진다.
- 우리는 '불편한 진실'에 직면해 있는데 국제에너지기구에 따르면 화석연료의 사용이 줄어들기보다는 늘어나고 있으며 미래에도 계속해서 늘어날 가능성이 높다는 것이다.

화석연료를 계속적으로 사용하면서 온실가스 배출을 줄일 수 있는 유일한 기술이 바로 이산화탄소 포집 및 저장CCS : Carbon Capture and Storage이다. 그러나 이 기술은 잘 알려져 있지 않아서 2009년 MIT의 연구에 따르면 미국인의 17% 또는 여섯 명 중 한 명만이 CCS에 대해 들어본 일이 있다고 답했다. 미국인과 다른 대부분의 선진국들의 인구 사실상 100% 모두가 화석연료 사용에 중독된 상황에서도 말이다. 그러므로 이 책의 목적은 CCS를 이해하도록 설명하는 데 있다.

제6장에서 제9장까지는 매우 구체적으로 CCS의 주요 사안을 다룬다. 제6장은 주요 고정 배출원으로부터 CO_2를 분리하고 포집하는 데 사용되는 기술을 설명하며 제7장에서는 대규모 CO_2를 수송하는 방법에 대해 설명한다. 제8장은 지질학적 CO_2 저장방법을 제9장은 CCS기술의 안전성과 효율성에 초점을 맞춘다.

CCS기술과 다른 에너지 기술 사이의 비용차이에 대한 궁금증은 제10장에서 설명한다. CCS 프로젝트가 계획되는 장소와 기술적 속성에 따라, 또한 각각의 청정에너지 기술의 비용을 추정하는 방식이 서로 달라 답하기는 매우 어렵다. 결과적으로 서로 달라 비교할 수 없거나 매우 엉뚱한 비교가 되기도 한다.

최근 발전원별 발전원가LCOE, Levelized Cost of Electricity 분석을 시도하고 있는데 비용 비교를 위한 근거를 제공한다는 점에서 매우 도움이 되었다. LCOE를 고려함으로써 얻은 결론은 화석연료를 계속적으로 사용하기 위해서는 CCS가 청정에너지 믹스(국가에너지원별 구성비)의 일부가 될 수밖에 없다는 것이다.

화석연료에 대한 매우 높은 수준의 의존성 때문에 우리는 CO_2 배출량을 큰 폭으로 줄여야 하는 문제에 직면하고 있다. CCS를 청정에너지 포트폴리오에서 제외시킨다면 이러한 도전이 더욱 커질 수밖에 없다. 제11장에서는 이 질문을 다루었는데 정치적 이슈 또는 정책 이슈화되는 것을 회피할 수 없음을 인정하는 것이 중요하다. 그러나 이러한 맥락에서 이 책이 CCS가 유일한 '해답'이라고 주장하지 않는다는 것 또한 기억해주기 바란다. 오히려 CCS가 신재생에너지, 에너지 효율 제고, 저배출연료로의 전환 등의 기술과 함께 그 '해답'의 일부라는 관점을 가지고 있다.

이 책은 CCS가 포트폴리오에 포함되지 않으면 안 된다는 점과 우리가 그것을 떼어놓고는 기후변화에 대한 현실적인 해결책이 없다는 점을 분명히 하고 있다. CCS가 속도 면에서 그리고 규모 면에서 앞으로 나아가지 못하고 있기 때문에 매우 시급하다고 할 수 있다. 이렇게 된 이유는 기술적이라기보다는 정치적, 금융과 경제적 문제라고 할 수 있다. 아마도 정책에 대한 추진력이 부족하거나 기존의 정책 추진동력이 비효율적이거나 비용이 많이 들거나 또는 그런 것들이 모두 합쳐져서 그럴 수 있다.

제1장에서 제11장까지의 대부분 객관적인 입장에서 서술된 반면 제11장에는 인칭대명사를 일부 사용하고 있다. 이것은 관점의 속성을 강조하고 다른 사람들은 비난받지 않도록 하는 역할을 한다. 그러한 관점과 제안이 받아들여지는지와 상관없이, 그것들이 주의 깊게 고려된 것이라는 점을 인정받게 되길 바란다. 제11장의 의견과 제안들은 지난 20년 넘게 과학적인 관점에서 그러나 가끔은 정책관점 내 또는 그 경계에서 개발되어 왔다.

IPCC는 정책과 관련되지만 정책처방 policy-prescriptive에 관한 것이 아닌 기술적 조언을 제공하고 있다고 자신한다. 이러한 기술적 내용이 처음 10장까지를 말하는 것이라면 11장은 더더욱 정책처방이 아니며 핵심적인 정책과 다른 이슈들을 확인하고 해결방안으로 생각해볼 만한 대안을 제시하고 있다.

과학자들은 경제성이나 정책을 고려하지 말아야 한다고 믿는 사람들에게 11장은 불편할지도 모르겠다. 그러나 경제학자나 정치인 또는 정책수립자가 본질적으로 과학적이고 기술적 이슈(예를 들어 기후변화나 기술적 수단)에 아주 태연하게 참견을 하는 모습을 자주 보게 된다. 가능하다면 같은 수준의 관용이 과학자들에게 적용되어 엄격한 과학의 굴레 밖으로 나설 수 있게 되기를 바란다. 매우 예외적으로 복잡한 기후변화 이슈를 해결할 수 있다면 전통적인 학문의 장벽을 초월하여 종합적인 접근이 가능해지는 것이 중요하다. 이 책 또한 그 노력의 일환이기 때문이다.

제2장 이산화탄소와 기후변화

온실가스

앞에서 온실가스 배출과 관련된 다양한 이슈들을 언급했다. 그중 가장 중요한 것은 대기 중 이산화탄소 농도가 증가하고 있다는 사실과 이로 인한 기후변화이다. 그런데 온실가스가 무엇이며 온실가스가 어떻게 지구온난화와 기후에 영향을 미치는 것일까?

대부분의 사람들은 이산화탄소에 대해 들어봤고 그것이 '온실가스'라는 점을 알고 있다. 그러나 이산화탄소는 온실가스 중 하나일 뿐이다. 대표적인 온실가스로는 수증기 H_2O, 이산화탄소 CO_2, 메탄 CH_4과 아산화질소 N_2O가 있다. 이들은 자연적으로 생겨나지만 일부는 인간 활동에 의해 대기 중에 쌓여가고 있으며 그 추세가 우려할 만한 수준이다. 추가로 과불화탄소 PFCs, 수소불화탄소 HFCs와 육플루오린화 황 SF_6과 같이 인간 활동에 의해서 만들어지는 온실가스가 있으며 교토의정서에도 명시되어 있다. 이러한 물질들은 냉매, 용제 및 세척제 등으로 사용되며 매우 강력한 온실가스이다. 그러나 대기 중 농도는 매우 낮아서 다른 온실가스들에 비하면 총 온실효과는 매우 낮은 수준이다. 일부 프레온과 같은 염불화탄소는 대기 상부 오존층 파괴의 주범이기도 하다.

태양의 에너지는 태양복사의 형태로 방출되며 대부분은 대기를 통과해 지구표면을 따뜻하게 만든다. 그 다음 적외선 히터에서 열이 방출되는 것과 마찬가지로 지구 복사에 의해 대기 중으로 방출된다. 이러한 복사열 중 많은 부분은 우주로 빠져나가지만 온실가스들이 적외선 에너지를 흡수하고 다시 지구로 방출하여 결과적으로 대기를 데우는 역할을 한다(그림 2.1).

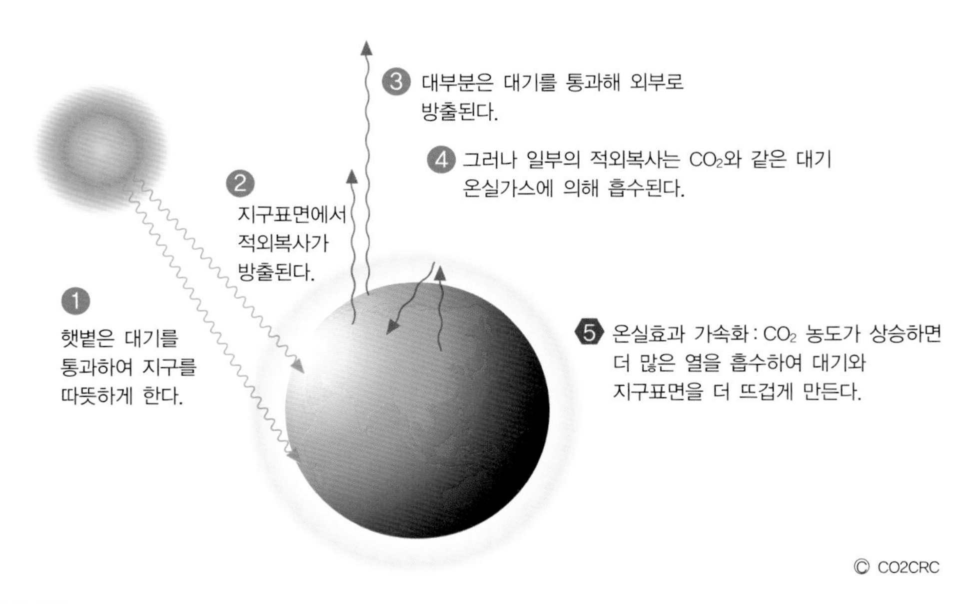

그림 2.1 온실효과. 지구표면에 반사된 태양에너지는 온실가스에 의해 흡수되고 대기를 데우고 결과적으로 온실효과와 지구온난화를 야기한다.

지구의 대기를 데워서 우리가 거주할 수 있게 만들어준 것이 자연 상태의 온실가스다. 다시 말하면 이미 알고 있듯이 온실가스 없이는 지구 상에 생명체는 불가능했을 것이다. 그렇다면 온실가스가 왜 문제일까? 지구의 온도는 지구에 도달하는 태양복사 에너지와 방출되는 지구복사 에너지의 차이에 의해 조절된다. 들어오는 양이 빠져나가는 양보다 많다면 지구는 따뜻해진다. 기후변화를 야기할 수 있는 인자(예 : 온실가스)의 영향력을 복사강제력 Radiative Forcing이라는 용어로 평가하는데, 복사강제력은 기후에 영향을 주는 인자가 변할 때 지구 – 대기 시스템의 에너지 균형이 어떤 영향을 받는지를 나타내는 척도이다. 이때 기여도는 분자조성과 대기 중 특정 분자가 얼마나 존재하는지에 따라 달라진다. 각 온실가스는 표 2.1과 같은 온난화 잠재량 지수 Global Warning Potential를 가지고 있다. CO_2를 기준으로 하여 다른 온실가스들이 훨씬 더 강한 온난화 지수를 보이고 있으나 실제 대기 중에 존재하는 양은 이산화탄소에 비해 매우 적다. 결과적으로 상대적으로는 온난화 지수가 낮은 CO_2가 가장 중요한 온실가스인 것이다. 분자 수준에서는 육플루오린화 황 SF_6, sulphure hexafluoride이 CO_2와 메탄가스에 비해 훨씬 더 강력한 온실가스이다. 그러나 대기 중 농도는 반대로 훨씬 더 적기 때문에 CO_2의 복사강제력이 메탄가스보다 훨씬 크며 마찬가지로 육황화 플루오르보다도 훨씬 더 크다.

표 2.1 온실가스별 100년간의 지구온난화지수*

이산화탄소(CO_2)	1
메탄 CH_4(ppb)	25
아산화질소 N_2O(ppb)	298
HFC – 134a CF_3CH_2F(냉매)	1,430
사염화탄소 CCl_4	1,400
CFC – 12 CF_2Cl_2(냉매)	10,900
육불화황가스 SF_6	22,800

*지구온난화지수(Global Warming Potential)는 CO_2를 기준으로 한 상대적인 복사효과를 의미한다.

대기 중의 수증기로 인한 총 복사영향은 다른 어떠한 온실가스보다 크며 때로는 대기 중 이산화탄소의 증가를 무시하는 데 사용되기도 한다. 그러나 지난 200년 동안 이산화탄소는 자연적인 수준에 비해 1/3 정도 증가한 반면, 인간 활동이 대기 중 수증기 농도를 증가시켰다는 증거는 아무것도 없다. 미래의 기후변화는 수증기와 구름의 분포에 영향을 미치지만 현재의 대기 모델은 그 영향을 정확하게 평가할 수 없다.

대기 중 메탄과 질소 산화물 농도 또한 측정 가능한 정도로 크게 증가되었으나 아직 낮은 상태이다(그림 2.2).

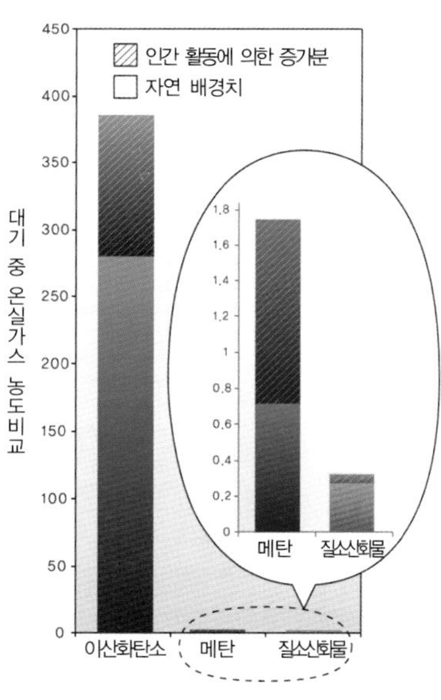

그림 2.2 메탄과 질소산화물의 대기 중 농도가 유의미하게 늘어난 것은 사실이지만 여전히 매우 낮은 수준이다(Data source : Blasing 2001).

에어로졸과 미세먼지와 같은 몇 가지 성분들은 태양의 복사열을 반사하여 지구를 냉각시키는 경향이 있다. 이러한 성분들 중 일부는 화산폭발 시 방출되며 생물학적으로 생성되기도 하고 석탄연소 시에 배출된다. 다시 말해 아이러니하게도 석탄연소는 잠재적으로 지구온난화와 지구냉각 양쪽에 기여할 수 있다는 것이다. 그러나 전자의 영향이 후자의 영향보다 훨씬 크게 나타난다.

대기권 상층부에 에어로졸을 분사하는 등의 지오엔지니어링 geoengineering이 지구온난화에 대한 하나의 해결책이 될 수 있다는 제안이 있다. 그러나 지금까지 인류가 기후, 날씨, 침식, 사막화 등의 문제를 막기 위해 시도한 노력들은 효과적이지 못했으며, 현 단계에서는 증상을 다루기보다는 원인을 치료하는 것이 더 현명해보인다.

이산화탄소의 속성

이산화탄소 CO_2는 총 복사강제력 기준으로 인간 활동에 의해 만들어지는 가장 중요한 온실가스로 하나의 탄소 원자와 2개의 산소 원자로 구성된 분자이다(그림 2.3). 흔히 일어나는 온실 '혼란' 중 하나는 사람들이 곧잘 탄소(원자량 12)를 언급하면서 이산화탄소(분자량 44)에 대해 이야기한다는 것이다. 탄소량으로 표시된 배출량을 이산화탄소로 변환하기 위해서는 44/12 (3.67배)를 곱해야 한다. 이산화탄소 분자의 안정성과 분자 내의 연결강도 때문에 탄소와 산소로 쉽게 분리할 수 없다.

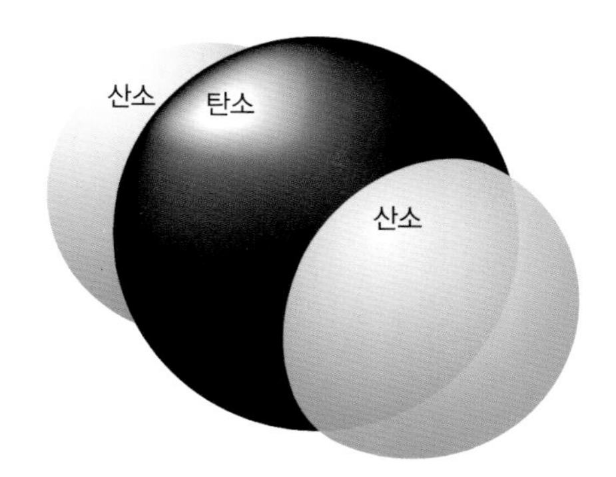

그림 2.3 이산화탄소 분자는 하나의 탄소 원자와 두개의 산소 원자로 이루어져 있는 매우 안전한 구조를 가지고 있다. 온도와 압력에 따라 기체, 액체 또는 고체가 될 수 있다.

따라서 분리를 위해서는 상당한 에너지를 필요로 하고 결국에는 더욱 더 많은 이산화탄소를 만들게 된다. CO_2 분자를 좀 더 긴 연결구조의 플라스틱과 같은 탄소분자로 전환하는 방법이 제안되었지만 현실적으로 분자구조를 깨뜨리기 위해 에너지가 필요하다는 것은 이러한 전환을 어렵고도 에너지 집약적인 공정으로 만든다. 반면에 식물은 이러한 과정을 광합성을 통해 성공적으로 수행할 수 있다는 점이 다르다(그림 2.4).

일반적인 온도와 압력조건에서 이산화탄소는 무색, 무취의 기체로 대기 중의 이산화탄소 농도는 대략 0.039% 또는 390 ppm이며, 지구 상의 생명체의 가장 기본적인 구성요소이다. 태양의 빛에너지는 물과 대기 중의 이산화탄소, 그리고 식물 내 다양한 영양소를 탄수화물과

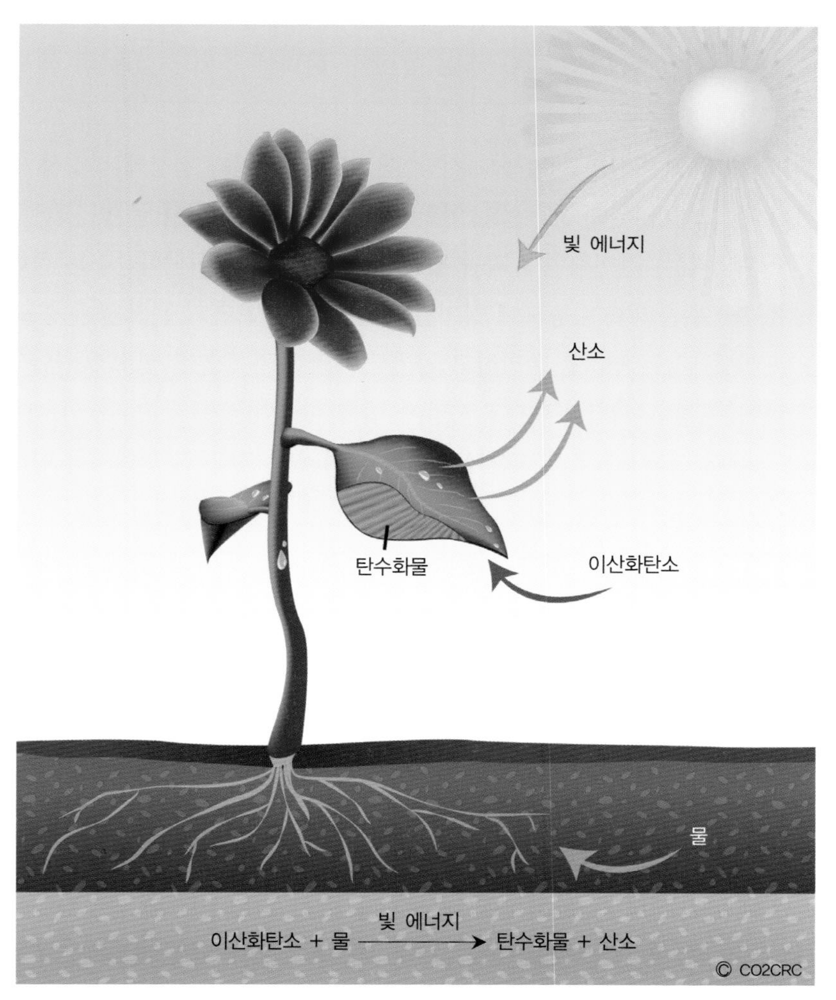

그림 2.4 광합성은 탄소 사이클의 핵심요소이다. 식물은 대기 중 CO_2를 탄수화물과 산소로 전환시키며 호흡 시에는 CO_2를 배출한다.

산소로 전환하는 데 도움을 준다(그림 2.4). 식물세포 내에서 엽록체는 가시광선의 청색과 적색을 흡수하고 녹색을 반사하여 대부분의 식물이 녹색을 띠게 만든다. 식물은 호흡과정에서 탄수화물을 에너지로 전환하여 성장하게 되며, 이 과정에서 이산화탄소를 배출한다. 식물은 또한 저장된 탄소와 함께 동물에 의해 소비될 수 있으며 최종적으로 탄소는 폐기물 형태로 지구에 되돌려지거나 호흡을 통해 이산화탄소로 대기 중에 방출된다.

탄소와 이산화탄소는 우리 삶에 필수적인 부분이다. CO_2를 '유독하다', '독성' 또는 '오염물질'로 설명하는 것은 그것이 생명체의 매우 필수적인 요소라는 점을 고려할 때 오해의 소지가 있다. 청량음료나 샴페인의 탄산이 바로 이산화탄소이다. 우리의 날숨에는 몇 퍼센트의 CO_2가 포함되어 있다. 사무실이나 교실의 CO_2 농도가 처음에는 400 ppm 정도이지만 하루가 끝나는 시점에서는 500 ppm(0.05%)을 초과할 수도 있으며, 이러한 수치는 2050년 예상되는 대기 중 농도이기도 하다.

2050년까지의 대기 중 이산화탄소 농도 전망 중 어느 것도 인간 건강에 직접적 영향을 미치는 수준은 아니다. 그러나 온도 상승으로 인한 유해 곤충의 확산이나 좀 더 잦은, 그리고 더 심각한 산불, 더위와 같은 간접적인 효과가 있을 것이다. 고농도 이산화탄소는 질식성 기체이며 위험하다. 3~5% 수준의 CO_2 농도에 장기간 노출될 경우 호흡기 문제와 두통을 일으킨다. 8~15% 또는 그 이상에서는 구토를 유발하고 이어서 야외 또는 충분한 산소가 공급되는 지역으로 이동되지 못하는 경우 의식불명이나 사망에 이를 수 있다.

CO_2는 대기 중에서 화학적으로 안정한 상태이나 물이 있는 경우 잘 녹아서 불안정하고 매우 부식성이 있는 탄산을 형성한다. 정상적인 대기 온도와 압력 상태에서 CO_2는 기체 상태로 존재한다. 천연가스전natural gas fields 또는 산업공정과 같이 고압 조건에서는 상대적으로 밀도가 높은 기체 또는 액체 상태로 존재한다. 반대로 −78도 이하의 저온에서는 음식산업에서 널리 사용되는 드라이아이스라는 고체 상태가 된다. 고압의 CO_2가 갑자기 방출되어 팽창하게 되면 온도가 낮아지고 일정한 조건 이하가 되면 드라이아이스가 형성된다. 이러한 조건에서는 냉각된 공기와 함께 극장이나 콘서트홀에서 사용되는 안개를 만들 때 사용된다.

이산화탄소는 전 지구적 탄소 사이클(그림 2.5)의 필수적 부분으로 탄소와 이산화탄소의 근원과 농도는 지질학적 탄소 사이클(암석 풍화, 대륙판의 이동, 화산활동과 같은 지질학적 프로세스 포함)과 해양 및 생물학적 탄소 사이클에 따라 시대에 따라 많은 변화가 있었다. 시대와 변화를 일으키는 동인 등에 따라 달라지며 이러한 변화는 지질학적 기록의 탄소 동위원소를 연구함으로써 확인할 수 있다.

자연적으로 나타나는 탄소 동위원소에는 다음과 같이 세 가지가 있다.

- ^{12}C는 가장 가볍고 가장 흔한 동위원소로 식물의 광합성에 우선적으로 사용된다.
- ^{13}C는 다소 무거운 동위원소로 화산과 같은 심부의 지질학적 기원에 흔히 나타난다.
- ^{14}C는 자연적으로 발생하는 동위원소 중 가장 무겁고 희귀하며 덜 안정하다. 그리고 우주 방사선과 최근에는 핵실험의 낙진이 이산화탄소 분자에 영향을 미친 결과로 만들어진다.

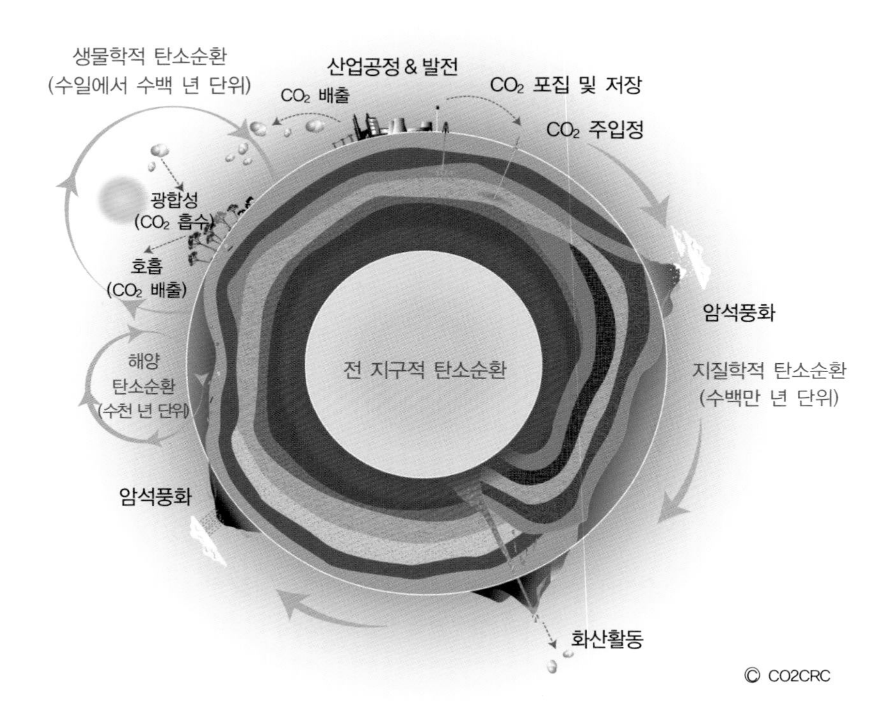

그림 2.5 전 지구적 탄소순환. 탄소순환에는 화산활동, 대륙판 이동, 풍화작용과 같은 지질학적 프로세스, 동물의 활동, 식물의 광합성과 호흡과 같은 생물학적 프로세스와 함께 산업공정이나 난방, 전력생산과 같은 인간 활동 간의 상호작용에 의해 일어난다. 현재는 인간 활동에 의한 영향이 매우 커져서 자연적인 순환을 교란시키고 있다.

델타 C13($\delta^{13}C$)으로 표현되는 대기 중 ^{13}C와 ^{12}C 사이의 비율은 식물의 광합성 증가 또는 감소 시기에 따라 또는 지질학적 탄소 '싱크 sink' 또는 최근의 화석연료 사용에 의한 CO_2 배출에 따라 달라진다(그림 2.6). 산소 동위원소 ^{18}O와 ^{16}O도 시대에 따라 다르지만 탄소 사이클이 아닌 온도변화의 영향을 받는다. 그러므로 산소와 탄소 동위원소의 변화를 연구함으로써 온도와 탄소기원이 시대에 따라 어떻게 달라지는지를 추정할 수 있다.

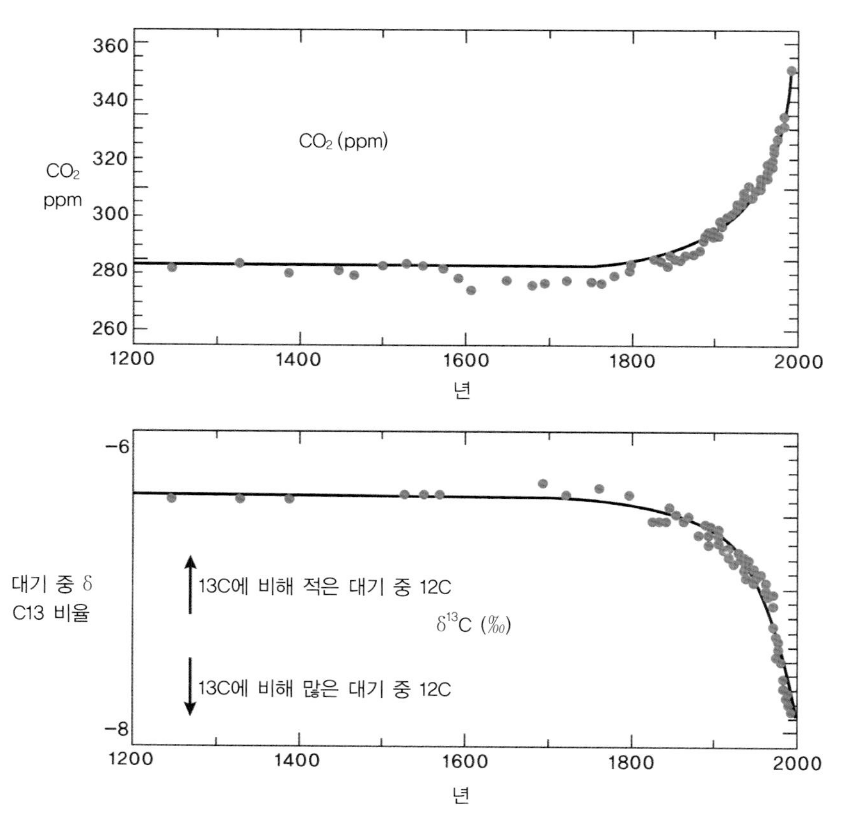

그림 2.6 수백 년간의 대기 중 CO_2 농도를 살펴볼 때 지난 200년간 가장 큰 폭의 상승이 있었으며, 탄소 동위원소 변화는 CO_2 농도 증가가 화석연료 연소에 의한 것임을 반영하고 있다(Trudinger et al. 2005 참조).

이산화탄소와 지구의 역사

지구의 나이는 약 45억 살이다. 가장 원시적 형태의 생명체는 적어도 30억 년 전에 등장하였으며 아마도 20억 년 전 처음에는 원시적 단세포생물, 다음에는 다세포생물로 만들어진 생물군이 있었다. 좀 더 복잡한 무척추동물이 약 6억 년 전인 에디아카라기 Ediacaran period(신원생중 가장 앞선 지질시대) 동안 출현하였으며, 약 5.3억 년 전인 선캄브리아기와 캄브리아기 경계시점의 무척추동물의 폭발적 증가는 인산염과 같은 대규모 영양분의 공급과 관련이 있어 보인다. 그때부터 생물상과 탄소 사이클은 혁신적으로 복잡해졌으며 지권 geosphere, 수권 hydrosphere, 생물권 biosphere, 대기권 atmosphere 사이의 탄소 사이클이 안정화되었다.

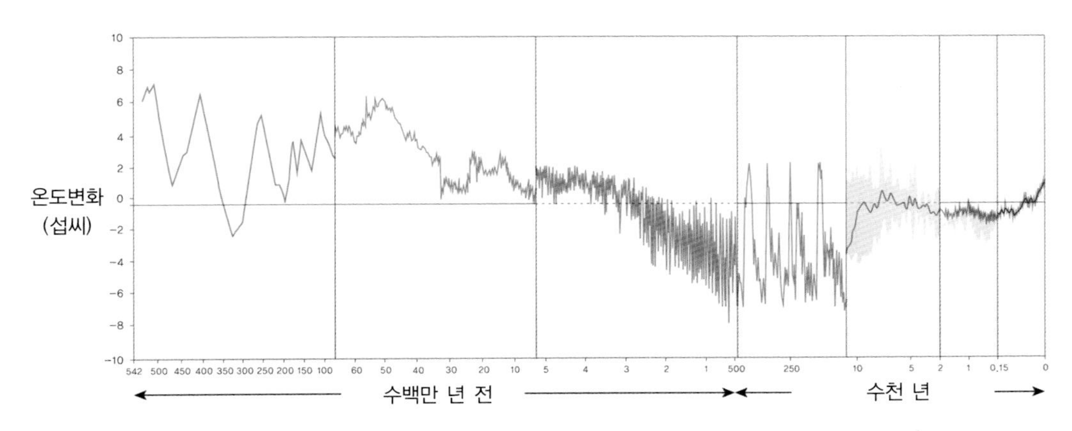

그림 2.7 지구의 과거 온도는 다양한 지질학적 증거들을 통해 확인될 수 있으며, 현재까지 알려진 바로는 과거 5억 년 이상의 기간 동안 상당한 정도의 변화를 겪어왔다. 그 이전 시점에 대해서는 시간과 온도변화의 확실성이 많이 떨어진다. 지난 1만 년을 따져보면 아이스 코어, 산호 코어와 나무 나이테와 같은 다양한 지표를 통해 큰 변동성이 있었다는 점을 확인할 수 있다(Data source : Royer et al. 2004, Zachos et al. 2001, Lisiecki et al. 2005, Petit et al. 1999, Jouzel et al. 2007. Image adapted from Rhodes).

탄소 사이클은 시대에 따라 하나 이상의 탄소 저장소(탄소 싱크)에 저장되어 있는 탄소의 양과 탄소 싱크 사이에 재활용되는 속도에 의해 변화한다. 엄청난 양의 탄소가 지권에 저장된 시대가 몇 차례 있었다. 예를 들어 3억~3억 5,000만 년 전 석탄기에 두꺼운 석탄층이 전 세계 많은 지역의 삼각주에 쌓였으며 6,500만 년에서 1억 4,500만 년 전의 백악기에는 두꺼운 유기성이 풍부한 해양 셰일이 전 세계 해양에 쌓였는데, 아마도 해양 유기생산과 심해 해류 순환이 약해진 결과로 보인다.

가장 큰 변화 중 하나는 약 4억 년 전 육상생물의 진화와 함께 일어났으며 지질기록에서 찾아볼 수 있다. 또 다른 대규모이면서도 훨씬 최근에 일어난 변화는 수십만 년 전 인류의 출현에서 초래된 변화로 첫째는 불의 사용이며 다음은 농경생활이다. 버지니아 대학의 고기후학자古氣候學者인 윌리엄 러디맨은 CO_2와 메탄가스의 상승은 8,000년 전에 일어났으며 이는 그때의 농경생활의 확장을 의미한다고 말한다.

농사를 위한 토지정리와 좀 더 최근의 도시개발뿐만 아니라, 예를 들어 벼농사의 대규모 증가와 같은 토지용도 변화는 대기 중 CO_2 농도변화에 어느 정도 책임이 있다. 반추동물을 비롯한 가축의 증가는 앞에서도 지적했지만 총 온실가스 효과가 CO_2에 비해 적기는 하지만 메탄가스의 증가를 초래했다.

대기 이산화탄소 증가의 대부분이 화석연료의 연소 결과라는 강력한 증거는 대기의 이산화탄소 농도의 상승을 반영하는 탄소 동위원소 기록이다. 지구의 온도는 인간이 만들어낸 온실가스 농도변화의 결과로 증가할 가능성이 매우 높다. 그러나 지질시대에 따른 기후의 자연적 변화 때문에 확실하게 인간 활동에 의한 변화로부터 자연적 변화를 분리하기가 쉽지 않아서 그 상관관계는 단순하지 않다.

기상과 기후에 대해서도 사람들의 혼동이 있다.

기상 vs 기후

기상 또는 날씨는 무엇이며 기후는 무엇인가? 둘의 차이점은 지역의 크기와 어느 정도 시간을 대상으로 하는지의 여부에 달렸다. 기후와 기상에 대한 토론에서 NASA는 둘 사이의 차이점을 다음과 같이 설명한다.

> ‘대부분의 장소에서 날씨는 분 단위, 시간 단위, 일 단위, 그리고 계절 단위로 변할 수 있다. 그러나 기후는 시간과 공간을 넘어선 날씨 또는 기상의 평균이다. 이 차이를 기억하기 위한 쉬운 방법의 하나는 기후는 매우 뜨거운 여름과 같이 여러분이 기대하는 것이고 날씨는 뜨거운 대낮에 갑작스런 천둥번개와 같이 여러분이 실제 경험하는 것이다. 기상은 매우 짧은 시간에 걸친 대기 조건이며 기후는 상대적으로 긴 시간에 걸쳐 대기가 어떻게 움직이느냐 하는 것이다.’

그래서 기상은 단기적이며 기후는 장기적이다.

또한 공간적 구성요소가 있어서 기상은 어떤 지점이나 지역region 또는 구역zone에 관련된 것으로 전 지구적으로 사용하기에는 의미가 없는 것이다. 반면에 기후는 모든 공간적 크기에 사용될 수 있다. 물론 기후변화는 전 지구적 규모에만 사용될 수 있다. 기후변화라는 용어는 충분한 시간에 걸쳐 평균화했을 때 전 지구적으로 기온이 오르거나 내릴 때 습해지거나 건조해진다는 추세가 있을 때만 사용될 수 있는 것이다.

거시적 관점에서의 전 지구적 기후의 경향은 지질학적 기록에 잘 드러나 있다.

지구의 역사에서 특정 시간에 빙하에 의한 퇴적물이 이미 6억 5,000만 년 전 적도 가까이까지 퍼져 있다는 점은 광범위한 빙하 작용의 확실한 증거를 제공하고 있다. 마찬가지로 따뜻한 열대바다의 지표인 석회암 limestone이 현생보다 훨씬 광범위하게, 즉 극지역 가까이까지 확대되었던 시대가 있었다. 이러한 명백한 변화 중 일부는 대륙판이 서로 다른 기후지역으로 떠다녔다는 판구조론의 결과이다. 그러나 다른 것들은 이러한 근거로 설명되지 못하고 전 지구적으로 추워지거나 더워지는 기후변화의 결과로 해석될 수 있다.

수십만 년에서 수억 년의 스케일에서 보자면 물론 과거로 돌아갈수록 정확성은 떨어지지만 지구의 기후는 시간에 따라 변해왔다는 것은 분명하다. 기후의 변화는 해수면이 상승하거나 하강하는 데 기여하기도 하는데, 이때 변화는 수 m에서 수백 m에 이르기도 하며 이에 걸리는 시간은 수천 년에서 수백만 년이 되기도 한다. 이러한 증거는 탄성파 탐사, 심부 시추 및 지질학적 맵핑과 같은 퇴적학적 기록에서 나온다. 해수면 변화에 대한 기록은 노출된 암석 층서와 파푸아 뉴기니와 티모르에서 발견되는 것과 같은 산호초의 융기현상이나 호주 남부 해안에서도 찾아볼 수 있다(그림 2.9). 좀 더 자세한 기후변화에 대한 정보는 퇴적층 그 자체에서, 호수와 바다의 퇴적층 코어에서 발견된 동위원소 기록, 그리고 산호 코어와 아이스 코어에서뿐만 아니라 나무 나이테로부터 얻을 수 있다. 이러한 정보들은 모두 온도 및 해수면 상승과 하강의 '프록시' 지표를 제공한다.

인간 출현 이전 기후변화의 원인

분명히 인간이 영향을 미치지 못했던 과거의 변화는 어떤 이유에서 일어났을까? 태양 방사선 또는 대형 운석의 충격과 같은 외부적 사건으로 인해 일어났을 수 있다. 아니면 앞에서 간략히 설명하였지만 화산활동의 증가, 대량의 에어로졸, 수증기와 미세입자가 대기권으로 상부 대기권에 유입되거나 대륙판의 이동과 자리 잡기 등의 결과일 수 있다.

기후의 변화는 지구 전체 규모의 탄소 사이클과 생물진화 organic evolution에 반영되었다. 진화는 때로 그 자체로 기후변화를 일으켰을 수 있다. 예를 들어 해양식물 marine plants이나 육서식물 terrestrial plants과 같은 광합성 유기체의 첫 번째 대규모 출현은 이산화탄소 생산에 큰 영향을 미쳤을 것이다. 데이비드 프랭크 등의 연구에 따르면 대기 중 탄소 사이클을 제어하는 프로세스인 해양과 육상의 생물권 biosphere은 온도의 영향을 받아 지구온난화에 기여한 것으로 보인다. 즉, 지구의 기후가 따뜻해지는 것은 생물학적 활동을 증가시키고 대기로의 이산화탄소 배출을 증가시켜 지구온난화를 가속화시킬 수 있다.

지구 궤도 변화는 지질학적 기록(그림 2.8)에서 나타난 기후변화에 거의 확실한 설명이다.

기후에 대한 지구 자체 운동의 집합적 영향은 세르비아의 수학자 밀루틴 밀란코비치 Milutin Milankovitch가 처음으로 제기하였다. 그는 기후변화가 23,000년 주기를 갖는 지구자전축의 변화와 41,000년 주기를 갖는 황도면에 대한 지구자전축 변화, 100,000년 주기를 갖는 공전궤도 이심율과 같은 지구 자체 운동과 관련이 있다는 가설을 세웠다. 이런 다양한 변화들 사이의 상호작용이 기후의 사이클과 해수변 변화를 일으킨다.

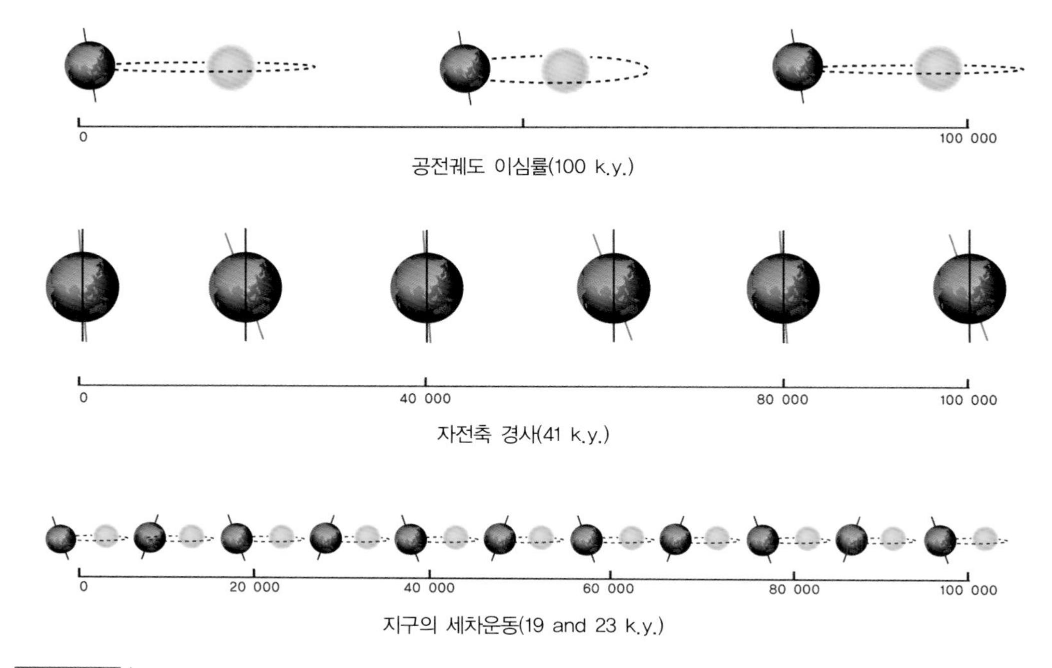

그림 2.8 19세기 수학자 밀루틴 밀란코비치는 지구의 공전 및 자전축 변화가 태양복사와 기후변화를 야기했다고 주장하였다.

이러한 이론이 지질학에 적용된 것은 호주의 지질학자인 레그 스프릭 Reg Sprigg에 의해서다. 그는 1948년 호주 남부에 잘 보존되어 있는 해변 beach ridge 또는 해빈구릉 海濱丘陵이 해수변 변화와 밀란코비치 사이클과 관련이 있을 수 있다고 발표했다(그림 2.9). 좀 더 최근 연구는 스프릭의 주장을 뒷받침하고 있는데, 해수면 변화 기록은 궤도 강제력 orbital forcing과 관련이 있으며 기후의 주기성을 보여주는 증거라는 것이다. 흥미롭게도 밀란코비치 주기는 헤이즈 Hays, 임브레 Imbrie와 셰클레톤 Shackleton에 의해 인간 활동에 의한 온실효과가 없다면 앞으로 7,000년 이상의 장기적 추세에서는 북반구에 광범위한 빙하활동이 올 것이라는 점을 강조하는 데 사용되었다.

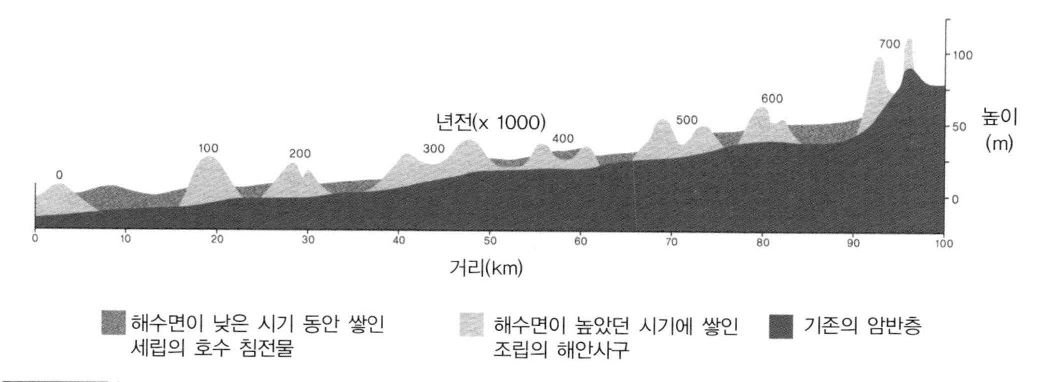

그림 2.9 밀란코비치 사이클의 참고사례로 언급되는 지역 중 하나가 남호주 남동쪽에 있다. 잘 보존되어 있는 해빈구릉으로 가장 오래된 것은 약 70만 년 전 것으로, 내륙 100 km에 나타나 있으며 높이는 현재 해수면 기준 100 m에 이른다. 해안 쪽으로 가면서 지질학적으로 젊은 구릉이 나타나는데, 10만 년 주기의 해수면 변화와 일치하며 이는 지구 공전궤도 이심율과 같다(Idnurm and Cook 1980. 그림 수정).

과거 기후에 지대한 영향을 미쳤던 좀 더 무작위적 지구 활동도 있었다. 커다란 대륙판이 고위도와 저위도로 이동하는 대륙이동은 주요한 장기 기후변화 요인이었다. 대륙판이 분리되고 새로운 바다가 생성되거나 원래 있던 바다가 닫히게 되면 전 지구적 해류 순환과 기후의 단절을 불러와 기후가 변했다는 것이다. 약 5,000만 년 전 인도판과 아시아판 사이의 충돌은 히말라야 산맥을 만들었으며 아시아 지역의 기후의 중요한 변화를 일으켰는데, 이로 인해 몬순 기후와 중앙아시아의 사막화가 시작되었다.

이와 같이 선사 이전에 이미 수많은 기후변화에 대한 증거가 있으며 인간 활동이 아닌 다른 원인에 의해 기후변화가 계속되고 있으며 지질학적 시간으로는 미래에도 계속될 것이라고 가정하는 것이 합리적이다. 고대의 기후와 대기의 CO_2 농도 사이의 직접적 연관관계에 대한 지질학적 증거는 덜 명확하다. 수백만 년 이상의 장기적인 기후순환을 뛰어넘는 수준의 기후변화는 이산화탄소의 자연적 변화보다는 태양복사, 궤도 변화, 판구조론, 그리고 이것들의 조합과 좀 더 연관이 있을 수 있다. 실제, 때로는 대기 중 CO_2 농도변화는 CO_2 그 자체가 그러한 변화의 직접적 동인이 되기보다는 지구온난화 또는 냉각과정의 결과와 생물권과 탄소 사이클에 수반되는 충격일 수 있다.

그러나 지질학적 기록에서 분명히 드러나 있는 과거의 변화들이 현재 인류가 기후변화를 일으키고 있다는 개념이 틀렸다고 하는 것이 아니라는 점을 강조해야 한다. 200년간의 기후변화가 200만 년 이상의 훨씬 장기적인 기후변화의 일부분을 차지하면서 일을 좀 더 복잡하게 만들었을 뿐이다.

인간에 의한 기후변화와 자연적인 기후변화 구분하기

그렇다면 어떻게 자연적인 기후변화와 인간에 의한 기후변화를 구분할 수 있을까? 지난 200년 동안의 대기 중 CO_2 농도의 증가 속도는 오랜 시간 동안의 빙하, 나이테 또는 지질학적으로 확인된 증거에 비해 훨씬 빨라졌으며 심각해졌다. 마찬가지로 아마도 좀 더 논쟁적이지만 지난 200년간의 온도 상승이 지난 천 년간보다 훨씬 뚜렷하다.

나이테(그림 2.10)는 과거 수천 년까지의 온도변화와 탄소수지 carbon budget에 대한 기록을 제공한다. 산호초의 성장 나이테 coral banding도 해안의 기후변화 양상을 수백 년에서 수천 년까지 제공할 수 있다. 호수나 연안의 퇴적물의 신뢰 수준은 다소 다를 수 있지만 수백에서 수천 년간의 기후변화 증거를 제공한다.

그림 2.10 나이테의 밀도, 두께 및 조성을 분석하여 최대 수천 년까지 범위에서 과거 기후변화의 패턴을 분명하게 볼 수 있다(사진 : T. Bartlett).

신뢰할 만한 장기 온도변화 기록 중 하나로 빙하 시추 코어(그림 2.12)를 꼽을 수 있다. 코어 내부의 공기방울들은 '공기 화석 fossil air'이라 할 수 있으며 공기와 빙하의 동위원소 조성을 측정함으로써 빙하가 만들어질 당시의 대기 온도와 CO_2 농도를 계산할 수 있다. 빙하의 시추 코어는 약 80만 년 전까지의 온도와 CO_2 기록을 보여주고 있으며, 현재는 100만 년 전 코어에서 정보를 추출하기 위해 노력하고 있다.

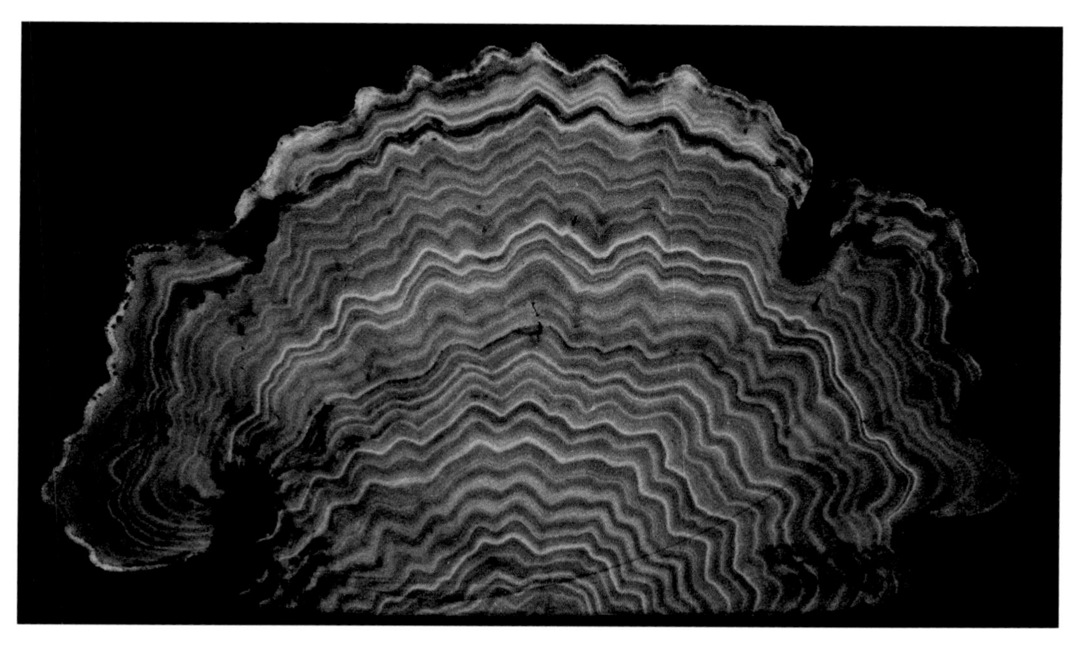

그림 2.11 산호에도 나이테와 비슷한 테가 만들어지며 해안지역에서 일어나는 우기 중의 빗물 유입이나 건기에 일어나는 유입감소와 같은 변화의 유용한 지시자가 된다(Australian Institute of Marine Sciences의 E. Matson).

CO_2와 기후와의 상관관계가 빙하에 기록되어 있을까? 대기 CO_2 농도와 온도변화는 동일한 추세를 보인다는 것은 매우 분명하다(그림 2.13). 미소 규모의 상관관계는 항상 뚜렷하지 않고 때로는 온도변화가 CO_2 변화에 선행하는 것처럼 보인다. 그러나 온도에 대한 지표로 빙하기록을 사용하는 것에는 일정 정도 불확실한 점이 있다는 것을 기억해야 한다. 그에 비해 지난 200년간의 역사적 기록은 살펴볼수록 불확실성이 사라지고 있다.

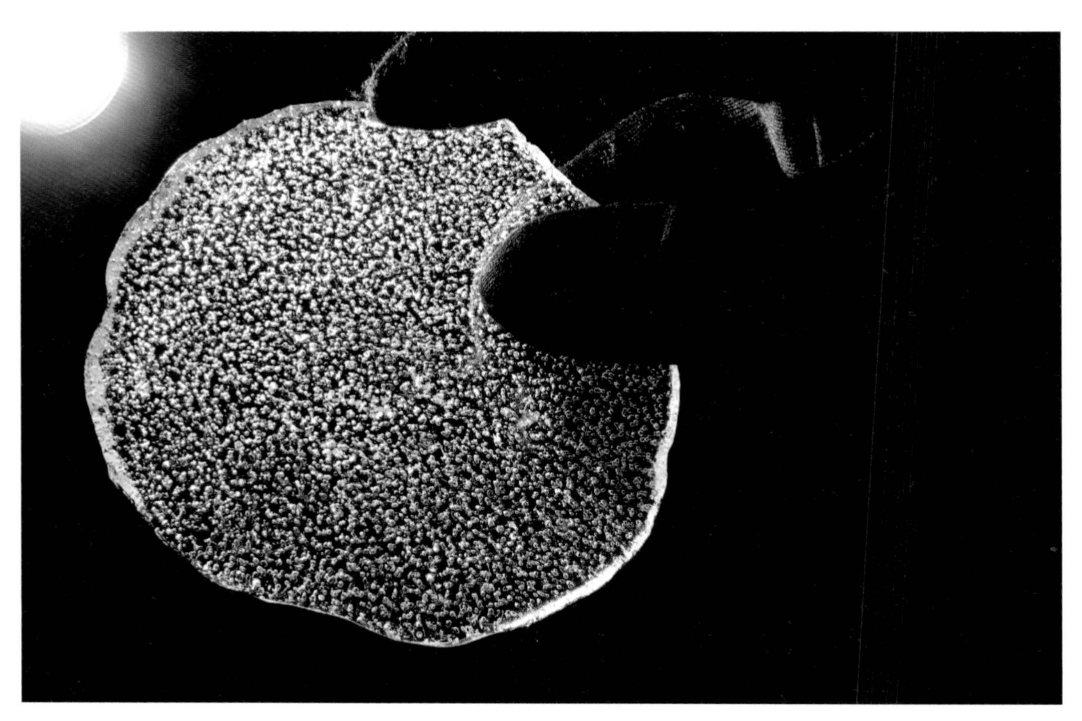

그림 2.12 극지방의 아이스 코어는 매우 풍부한 화석화된 공기 방울을 포함하고 있으며 이 공기 중 CO_2, 메탄, 동위원소 분석을 통해 과거 대기조건을 확인할 수 있다(사진 : Tas Van Ommen).

서기 약 1800년까지 탄소는 부패와 호흡과정에서 만들어졌으며 식물에 의해 사용되는 양과 어느 정도 균형을 맞추었다. 그러나 산업혁명의 도래와 특히 석탄과 같은 화석연료 사용이 급증하면서 이러한 균형에 엄청난 영향을 미치게 된다. 농업, 자원개발, 도시화, 삼림벌채 그것 말고도 수없이 많은 인간 활동은 생물권과 지구표면의 자연에 전 지구적 영향을 미쳤다. 매우 그러해서 네덜란드의 크뤼천 Crutzen은 인류로 인한 지구온난화 및 생태계 변화를 특징으로 하는 약 200년 전의 산업혁명 시점부터를 '인류세 Anthropocene'라는 지질학적 시기로 부를 것을 제안하였다.

산업혁명과 연관된 대기 중 CO_2 농도 상승으로 인한 지구온난화 가능성은 1896년 처음 스웨덴 화학자인 아레니우스 Arrhenius에 의해 제기되었다. 하지만 이러한 개념이 널리 퍼진 것은 기껏해야 지난 30년 정도로 지난 200년 동안의 CO_2 증가와 기후변화 사이의 관계를 증명할 수 있는 것은 어떤 것들이 있는가? 빙하 코어의 동위원소와 관련된 연구, 호소 퇴적물과 나이테에서 제공된 기록들은 수많은 지점에서 과거 200년간의 온도 기록을 보여주고 있다. 이러한 정보의 취합을 통해 기후변화의 전 지구적 그림을 나타나며 역사적 기록에 의해 뒷받침되고 있다.

약 1850년경부터는 온도 및 다른 기상 조건에 대한 신뢰할 만한 관측 자료를 축적할 수 있게 되었다. 국가 차원의 기상대 설립도 이 시기부터로 처음에는 대기 온도, 바다표면 온도와 대기 및 해양의 온도분포, 그리고 좀 더 최근에는 위성자료까지 제공하고 있다. 지난 200년간의 온난화와 지구 기온의 상승이 CO_2 농도의 상승과 직접적으로 연결된다는 것이 일부에서는 불확실하다고 주장하지만 지금까지의 기록들은 지구온난화 추세를 잘 보여주고 있다.

과학계의 합의된 의견은 지구라는 행성에 전반적 온난화가 있으며 기후변화에 관한 정부간 협의체 IPCC 보고서는 이에 관한 유용한 증거를 요약해 제공한다는 것이다. 지구표면의 각 부분의 온도 기록 간에, 그리고 대기 또한 영역별로 불일치가 있다. 이것은 지구온난화에 반대되는 증거라기보다는 불완전한 데이터 또는 불완전한 컴퓨터 모델이 반영된 것일 수 있다. 그럼에도 불구하고 이러한 불일치를 풀기 위해서는 계속적으로 자료를 수집하는 것이 중요하다. 지난 50년간 급격히 늘어난 1,000만 이상이 거주하는 메가시티 megacity에 나타나는 열섬 heat island들은 기록을 복잡하게 만든다. 그럼에도 불구하고 전 지구적 추세는 온난화로 보인다.

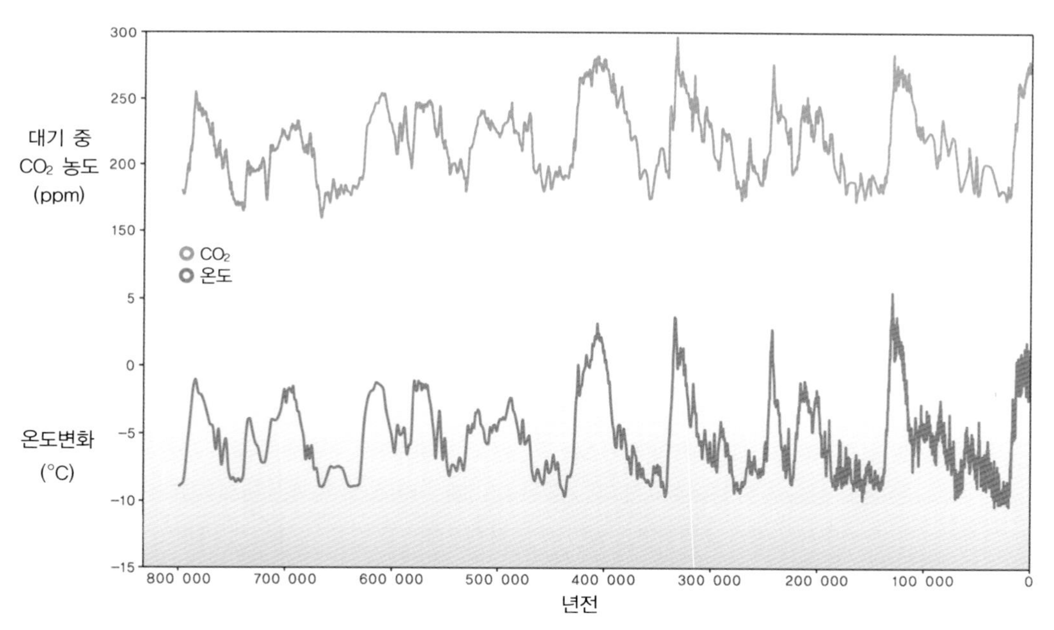

그림 2.13 극지방 아이스 코어 분석을 통한 과거 대기 중 CO_2 농도 및 평균기온 추정치(기온의 경우 산소 동위원소 분석을 통해 추정함). 과거 80만 년의 자료에서 기온과 CO_2 농도 사이에 강한 상관관계가 있음을 확인할 수 있다(자료 : US Global Change Research Program).

소위 하키스틱 곡선이라고 불리는 맨, 브래들리, 그리고 휴즈Mann, Bradley and Hughes의 그래프는 1998년 처음 발표되었는데, 지난 200년간의 지구온도 증가, 특히 지난 세기의 온도변화를 잘 보여주고 있다(그림 2.14). 주로 나이테 연구를 기반으로 한 온도 그래프는 수많은 사람들, 특히 매킨타이어McIntyre와 맥키트릭McKitrick 같은 연구자에 의해 '자료에 노이즈가 많으며 인식할 수 있는 수준의 상승추세가 없거나 나이테 자료 중 일부는 포함되지 말아야 했었다'는 등의 문제제기가 있었다.

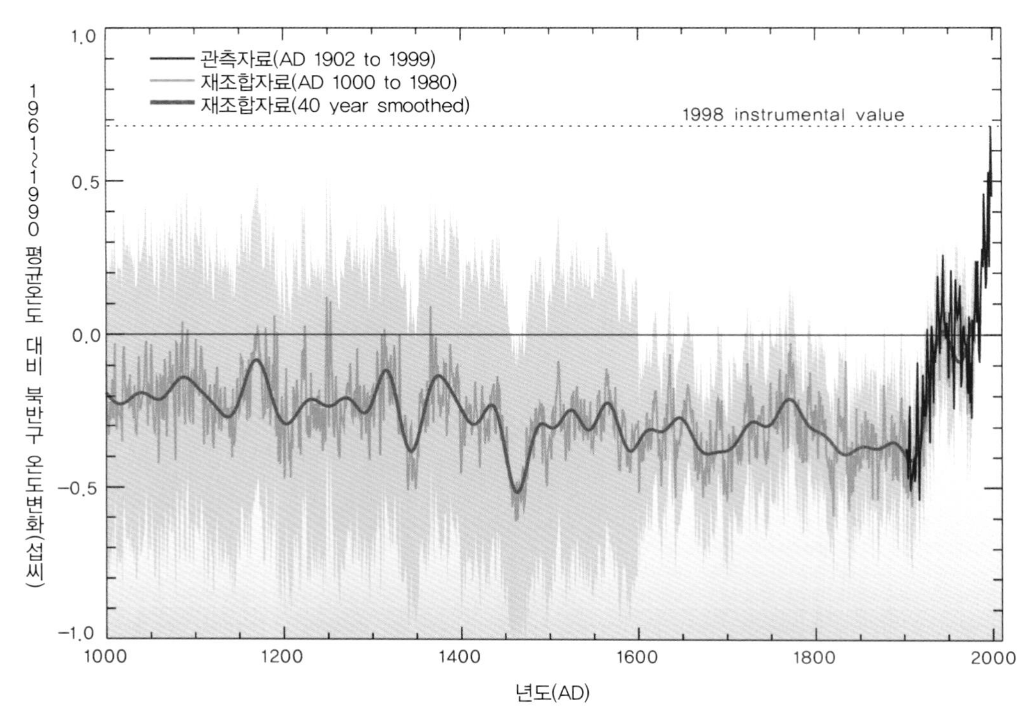

그림 2.14 맨 브래들리, 그리고 휴즈의 하키스틱 곡선은 과거 북반구의 온도변화 특히 지난 100년간의 급격한 온도 상승을 잘 보여주고 있다. 기온은 나이테, 아이스 코어, 동위원소 자료와 최근의 위성과 다른 관측자료 등을 조합하여 만들어졌다. 일부의 비판을 받고 있지만 재조합된 기온자료는 철저한 검토를 통해 온난화 양상임을 보여주는 데 부족함이 없다고 인정받고 있다(자료 : Mann et al., 2009).

문자 그대로 수백 명의 기후학자, 수학자, 통계학자, 모델링 전문가, 그리고 다른 여러 분야의 과학자들이 분석하고, 평가하여 하키스틱 곡선을 재현해냈다고 해도 틀리지 않는다. 이 곡선의 유효성에 의문을 표하는 사람이 분명히 있을 것이고 과학이라는 것이 모든 것에 의문을 품는 것이 당연하지만 압도적인 다수가 하키스틱 형상이 유효하며 지난 200년간 지구온도 상승이 과거 1,000~2,000년간뿐만 아니라 과거 10만 년 이상 기간에 비해서도 이례적이라고 결론내리고 있다.

그리고 지난 세기 동안 섭씨 0.6도 정도의 상승이 있었으며 이러한 수치가 정상적인 변동성 범위를 넘어선다는 것을 받아들일 수 있다면 우리가 아무런 조치를 취하지 않을 때 앞으로 어떤 일이 벌어질 것인가? 다시 말하지만 이를 결정하기 위한 많은 모델과 전망이 있으며 특히 IPCC 평가 보고서를 가장 쉽게 인용할 수 있다. 향후 전망이 어떻게 될 것인가에 대해서는 논란이 있지만 현재와 같은 수준으로 CO_2를 배출할 경우 향후 100년간 섭씨 2도 또는 그 이상의 온난화가 있을 것이라는 데에는 의견의 일치를 보인다.

지구온난화에 대한 증거로 해수면 변화

지구온난화의 증거로 빙하의 후퇴(그림 2.15), 그린란드의 만년설의 축소와 북극해빙海氷·Sea Ice의 감소(그림 2.16)가 꼽히고 있다. 현재로서는 남극 만년설의 상당한 감소 또는 해수면의 상승에 대한 증거는 특별한 것이 없다. 그러나 최근 수십 년 동안 빙하가 녹아 바닷물을 증가시킴과 동시에 해양의 열적 팽창으로 인해 약 3 mm의 해수면 상승이 있는 것으로 추정된다. 상대 해수면 변화로부터 절대적인 해수면 변화를 분리해내는 것은 대륙과 대륙붕이 융기하는 것과 같은 대륙판의 운동이 결과적으로 해수면의 상대적 상승 또는 하강을 일으키기 때문에 쉽지 않다. 또한 빙하기 이후 지각의 반동상승을 뜻하는 빙하반동gracial rebound을 겪을 수 있는데, 빙하가 녹으면 그 밑의 암반이 위로 솟아오른다(그림 2.17). 스칸디나비아는 이러한 종류의 반동에 대한 충분한 증거를 보여준다.

그림 2.15 뉴질랜드의 빙하(Franz Josef Galcier)로 전 세계 다른 빙하들과 마찬가지로 후퇴하고 있다. 20세기 초에는 단기적인 전진 시기도 있었다.

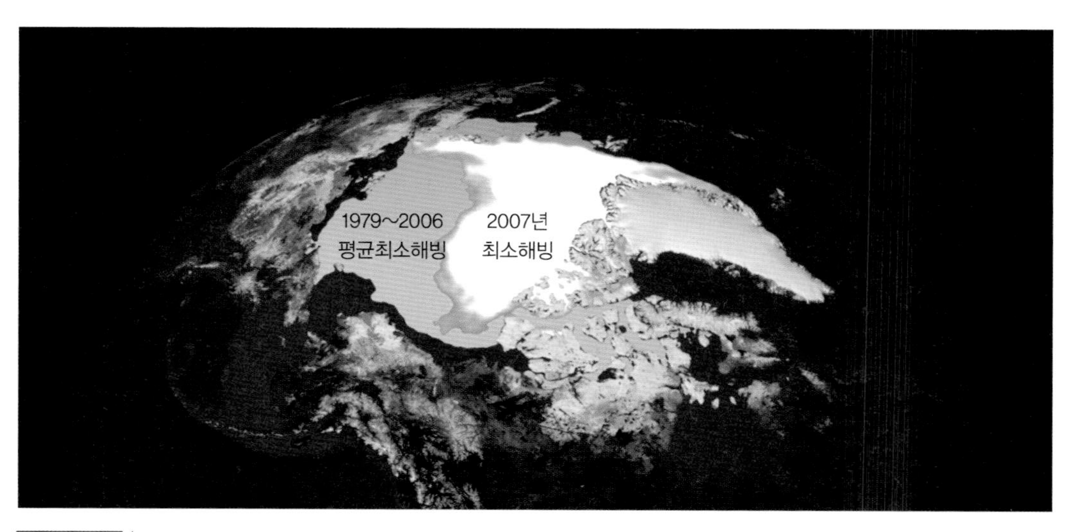

그림 2.16 북극해빙의 급격한 감소는 지구온난화의 증거로 사용되고 있다. 그러나 해빙의 영역은 매년 크게 달라지며 여러 요인들의 복합적인 작용에 의한 것이라는 점을 명심해야 한다. 온도는 그중 하나일 뿐이다(이미지 출처 : NASA/Goddard Space Flight Center Scientific Visualization Studio).

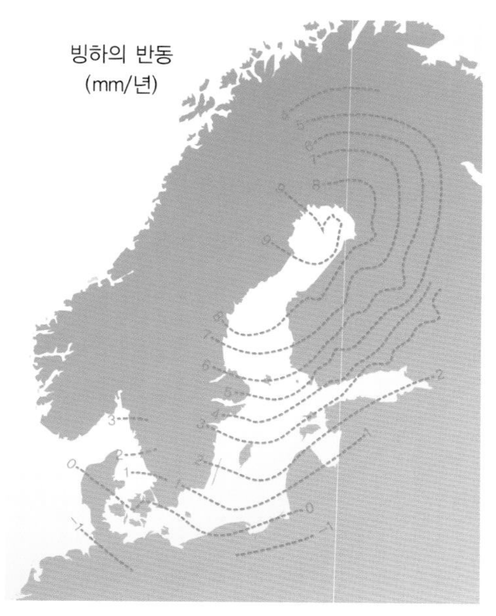

그림 2.17 육지 쪽에 대규모 빙하가 쌓이면 무게 때문에 대륙이 침하하게 된다. 온난화와 빙하가 후퇴할 경우 무게가 없어지며 땅이 반동하고 상대적으로 해수면이 낮아지게 된다. 스칸디나비아는 이러한 반동으로 인해 아직도 융기가 일어나고 있다(자료 : Flint 1971).

지구의 표면은 도시지역의 퇴적층 다짐현상이나 지하수 개발의 결과로 침하가 일어날 수 있다. 연안 도시로 대표적인 자카르타, 방콕, 상하이는 지반침하의 중요한 사례이다. 사실 이러한 지역에서는 지구온난화보다 연안지역의 침하가 정부에 더 중요한 문제가 되고 있다(그림 2.18).

그림 2.18 상하이는 도시개발과 지하수 이용으로 지반침하가 진행되고 있어 해수면 상승으로 인한 위협을 받고 있는 도시 중 하나이다.

그렇다고 특별히 작은 섬나라 또는 전 세계 주요 삼각지들에 위협이 될 수 있는 해수면 상승과 관련된 지구온난화의 잠재적 결과를 무시하자고 말하는 것은 아니다. 상대적 해수면 상승으로 인해 한 지역이 가라앉고 있고 이것이 전 지구적 해수면 상승이랑 연결되어 있다면 그 지역은 해안을 방어하기 위해 노력해야 하며 취약계층은 좀 더 고지대로 이동해야 할 수 있다.

반대로 지반이 향후 해수면 상승에 비해 더 많이 융기 uplift하는 지역에서는 관심이 덜 할 수밖에 없다. 이와 같이 해안지역의 커뮤니티와 인프라에 대한 해수면 상승의 영향은 안정성(융기나 침하)과 해안 지대의 지형에 따라 무시할 만큼에서 엄청난 정도까지 크게 달라진다.

지구온난화와 기상 이변

일부 기후 모델은 지구온난화가 뉴올리언스를 강타한 허리케인 카트리나와 같은 열대 폭풍의 강도 증가를 예측하고 있다. 그러나 현재 이에 대한 상관관계는 불확실하다. 예를 들어 폭력적인 허리케인이나 태풍들은 기후변화보다는 기상 또는 날씨와 더 관련이 있을 수 있으며 뜨거운 여름이 지구온난화의 확실한 증거로 인정받기 힘들다. 그럼에도 불구하고 바다가 따뜻해지면 더 많은 에너지를 열대 폭풍우에 공급해서 더 강하고 폭력적으로 만든다는 가정은 합리적이다. 다만 더 자주 일어날지에 대해서는 다소 불확실성이 있다.

지구온난화의 결과로 가능한 생물학적·생태학적 변화와 열대질병의 확산은 이 책의 범위를 벗어난다. 그러나 이런 것들이 일부 국가에는 엄청난 영향을 미칠 수 있다. 사막화 또한 반갑지 않지만 기후변화의 결과로 나타날 수 있다.

당장 나서야 하는가?

지구온난화와 기후변화가 증가하는 이산화탄소 농도의 결과로 나타난다는 것을 절대적으로 확신할 때까지 대응조치를 연기하는 것은 어리석은 일이다. 지난 200년 동안 인간 활동은 과거 수백 년간의 그 어떤 시기보다 엄청나게 많은 5,000억 t 이상의 CO_2를 대기 중으로 배출했다.

이는 자연적인 탄소 사이클과 현재의 탄소 플럭스와 싱크(그림 2.19)에 대한 중요한 변화를 의미한다. 퇴적암은 현재까지 가장 커다란 탄소 싱크(탄소 싱크란 탄소를 배출하기보다는 흡수하는 무엇을 나타낸다)이며 우리들이 사용하는 화석연료의 근원이다. 퇴적암은 상상하기도 힘든 양인 100,000,000,000,000,000 t(10경 t)의 이산화탄소를 저장하고 있다. 그러나 이러한 지질학적 탄소는 우리가 연료로 태우기 전까지는 완전히 갇혀 있게 된다.

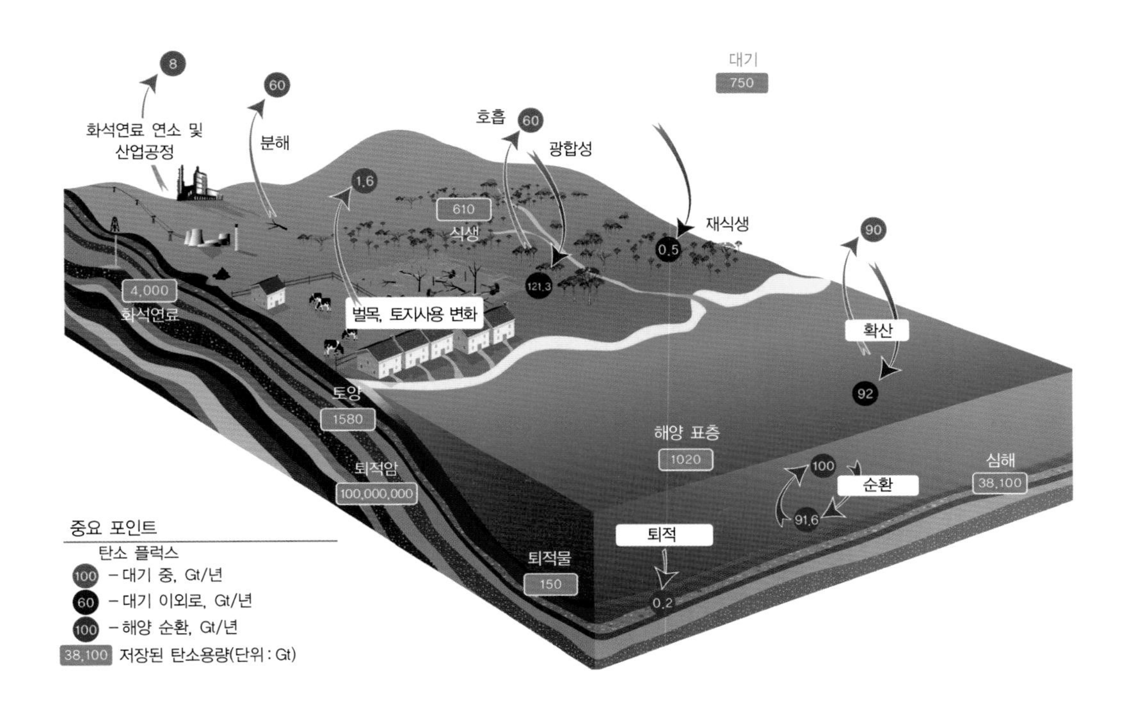

그림 2.19 식물과 같은 발생원으로부터 해양과 같은 싱크까지 CO_2가 이동하는 경로는 매우 다양하다. 그러나 최근 벌목, 토지개발, 화석연료 사용 등과 같은 인간활동은 자연스러운 CO_2 이동경로를 크게 바꾸고 있다. 대규모 탄소싱크의 대표적 사례로는 화석연료를 들 수 있는데, 수억년 넘는 시간에 걸쳐 쌓이고 만들어졌지만 지금은 태워져서 고대의 탄소를 대기중에 CO_2의 형태로 내뿜고 있는 것이다.

바다는 약 1조 t의 이산화탄소를 저장하고 있으며 대기는 7,500억 t을, 식물은 6,000억 t의 이산화탄소를 저장하고 있다. 현재의 인간 활동은 매년 대기 중으로 300억 t 넘게 CO_2를 내뿜고 있다. 만약 우리가 위험한 수준의 CO_2 농도 이하로 유지하기 위해서는 2050년까지 추가적으로 4,000억~5,000억 이상으로 배출시키지 말아야 한다. 배출된 CO_2 모두가 대기 중에 남지 않고 일부는 해양에 의해 흡수되지만 대부분은 수백 년 동안 대기 중에 온실가스로 남게 된다. 다시 말하면 아무런 '즉효약'도 없으며 대기 중에 이미 존재하고 있는 인간 활동에 의한, 과도한 온실가스에 의한 그 어떤 변화에도 무방비 상태가 될 수밖에 없다.

취하고자 하는 조치의 특성, 강도, 타이밍과 비용 효율성 등에 논란이 있다 하더라도 지금 당장의 '즉효약'이 없다는 이유로 우리가 조치를 취하지 않아도 되는 것은 아니다. 지구 대기 중 CO_2 농도가 증가하고 있다는 사실에는 이의가 있을 수 없으며 다음과 같은 간접적 증거가 있다.

- 나이테와 빙하 코어 기록
- 나이테와 코어 기록에 비해 훨씬 더 설득력 있을 수 있는 하와이 마우나 로아 기상대Mauna Loa Observatory에서 관측된 대기 중 CO_2 농도 기록
- 호주 태즈매니아 섬의 케이프 그림 기상대Cape Grim Observatory의 남반구 자료

마지막 두 자료는 매년 약 2 ppm 정도의 꾸준한 CO_2 농도변화를 보여준다(그림 2.20). 북반구 자료에서 특히나 잘 나타나는 그래프의 연간 변동성은 계절적 식물 성장과 광합성 차이가 반영된 것이다. 북반구와 남반구의 패턴 차이는 남반구 해양의 대규모 CO_2 흡수의 결과이다.

증가하는 CO_2 농도와 탄소 동위원소 비의 상관관계는 화석연료가 증가하는 이산화탄소 대부분의 근원이라는 분명한 증거이며 앞에서 지적한 것처럼 토지이용 변화 또한 관련이 있다. 대기의 이산화탄소 증가와 관련된 무시할 수 없는 재앙이 기다리고 있다.

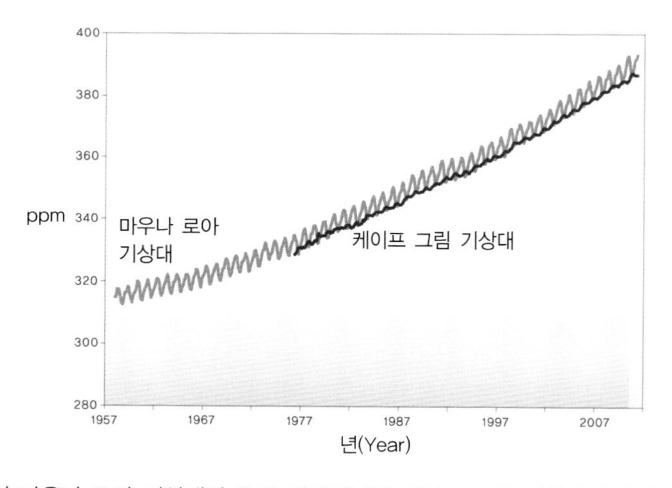

그림 2.20 하와이 마우나 로아 기상대와 호주 태즈매니아 케이프 그림 기상대의 대기 중 CO_2 농도자료는 지속적으로 상승하고 있는 경향을 잘 보여주고 있다. 놀라울 것이 없는 것이 두 기상대의 자료가 매우 비슷한 경향을 보여주고 있지만 동시에 몇 가지 흥미로운 차이점도 있다. 예를 들어 북반구 자료는 남반구에 비해 계절적 변화가 크게 나타난다. 이는 북반구에 육상식생이 풍부하기 때문이며 남반구의 해양이 매년 2 Gt의 CO_2를 흡수하기 때문이다. 이 때문에 북반구의 CO_2 농도가 남반구보다 높게 나타난다(자료 : NDOAA/CSIRO).

앞서 언급했듯이, 인간 활동으로 방출되는 모든 이산화탄소가 대기에 남아 있는 것이 아니라 1/3 정도는 해양에 의해 흡수된다. 지구온난화 관점에서 볼 때 좋은 일이기는 하지만 또 하나의 역효과인 해양 산성화를 일으킨다. 산성화는 산호와 조개와 같은 패각류(칼슘으로 외부 골격물질을 만들어내는 생물)에 영향을 미치기 때문에 우려되는 것이다. 해양 산성화는 전체 해양 생물군의 매우 중요한 비중을 이루는 작은 생물과 플랑크톤에 훨씬 더 심각한 영향을 미칠 것이다. 일부는 대기 중 CO_2 증가로 식물성장 촉진과 같은 이점이 있을 수 있다고 주장하지만 해양 생태계에 오직 부정적 영향을 미칠 수밖에 없는 해양 산성화로부터 얻을 수 있는 명백한 혜택은 없다.

결 론

어쩌면 극단적인 기후변화로 인한 모든 예상이 일어나지 않을지 모르고 예측되는 사회적, 그리고 생태학적 재앙이 모두 일어나지는 않을 것이다. 그러나 가장 강력한 회의론자마저도 우리가 주택보험을 가입하는 것처럼 모든 불확실성이 제거될 때까지 조치를 미루는 것보다는 CO_2 배출량을 줄이는 것으로 지구 기후 보험을 가입하는 것을 받아들일 것이다. 우리가 CO_2 증가로 인한 결과를 확신할 수 없고 무엇을 하고 있는지 모른다면 당장 그 일을 중단하는 것이 옳은 것이다. 이를 사전예방 원칙Precautionary principle이라고 한다.

CO_2 배출을 줄이기 위해서 얼마나 빨리 행동을 개시해야 하는가? 가장 쉬운 답은 '가능한 한 빨리'이지만 동시에 우리가 하룻밤 사이에 화석연료 사용을 중단할 수 없으며 이것으로 인해 세계 식량생산을 중단시킬 수 있으며 세계 많은 도시들을 거주 불가능한 상태로 만들고 인류에게 그 누구도 원하지 않는 어둡고 배고픈 미래만을 남겨줄 수 있다는 문제가 있다. 따라서 대응 조치는 반드시 적절하고 실현 가능해야 하며 이 책의 뒷부분에서 논의되겠지만 화석연료의 사용으로 인한 이산화탄소의 배출량을 감소하기 위한 조치에 대한 포트폴리오를 준비하는 것이 필요하다.

제3장 어디에서, 그리고 왜 우리는 이렇게 많은 CO_2를 만들어내는가?

에너지의 생산과 사용, 그리고 그것이 CO_2 배출에 미치는 영향 : 개요

이산화탄소는 수많은 자연적인 또는 인간 활동 과정에서 생성된다. 이들 중 가장 중요한 것이 에너지의 생산과 사용이다. 에너지는 가정, 기업과 농장에서 냉난방, 취사 및 세탁·세정, 가전제품과 조명 등에 사용된다. 또한 동력운송(자동차, 버스, 오토바이, 비행기, 기차, 트램, 그리고 선박)과 우리가 사는 물건의 생산과 우리가 먹는 식량의 수확과 처리를 포함한 산업 공정에도 에너지가 필요하다. 에너지는 집과 회사, 인프라를 건설하여 환경을 변화시킨다. 또한 가정과 농장, 그리고 도시에 물을 공급하고 병원이나 학교를 운영하며 식량을 키우고 직장에 조명을 공급하며 냉난방을 가능하게 한다. 우리가 아는 바와 같이 에너지에 대한 접근은 우리 삶에 필수적이다. 그러나 에너지 공급은 엄청난 양의 CO_2를 만들어낸다(그림 3.1).

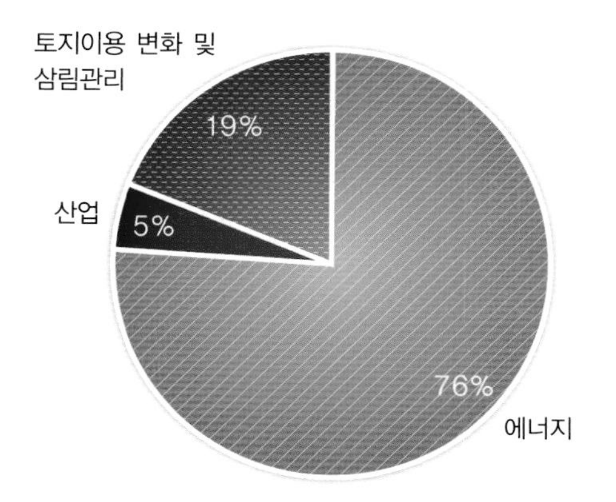

그림 3.1 전 세계적으로 인간 활동에 의한 CO_2 배출은 에너지 생산과 이용이 대부분을 차지한다. 에너지 이용을 제외한 산업 활동으로 인한 배출은 시멘트 제조나 철강공정에 의한 배출 등의 활동에 국한된다. 토지이용 변화 또한 분명히 CO_2 배출의 중요한 근원이 된다(자료 : OECD/IEA 2010).

저비용 에너지의 광범위한 활용은 단순히 물질적 혜택뿐만 아니라 이동성과 편의, 건강과 평균수명을 증가시키는 등 전 세계적으로 삶의 질을 높이는 데 큰 역할을 해왔다. 동시에 급격한 인구의 증가, 특히 개발도상국가에서의 인구증가는 기후변화를 더욱 가속화시키는 동인이 되고 있다. 전기에 대한 수요와 교통과 철강, 시멘트, 비료와 같이 에너지 집약 산업제품으로 인한 에너지 수요는 특히 지난 30년간 대기 중으로의 CO_2 배출을 증가시켰다(그림 3.2).

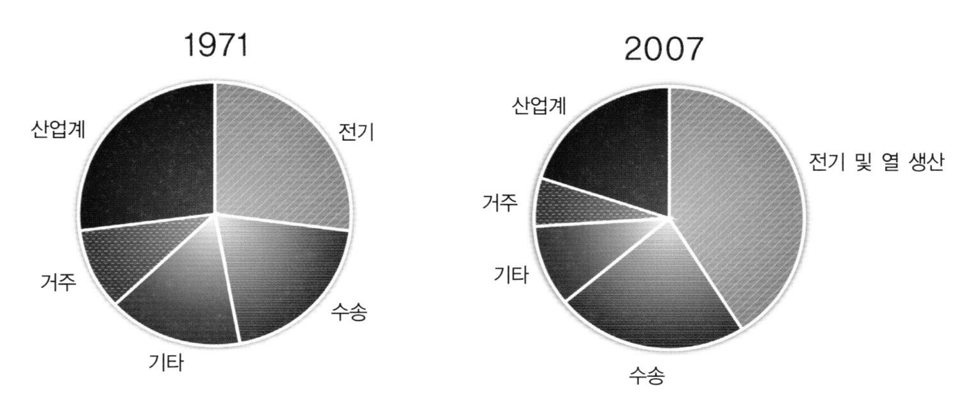

그림 3.2 에너지 섹터에서의 CO_2 배출비율은 1971년과 2007년 사이에 큰 변화가 있었는데 주로 전력생산 분야에서 증가가 있었고 수송 분야에서는 약간 증가, 그리고 나머지 분야에서는 감소되었다. 그러나 실상 절대량에 있어서는 큰 폭의 배출증가가 있었으며 동 기간 중 2배 이상 증가되었다(자료 : IEA 2009).

국제에너지기구IEA, International Energy Agency는 1971년 에너지 사용으로 인한 전 세계 CO_2 총 배출량을 14.1 Gt으로 추정하였다. 그리고 36년 후 배출량은 두 배가 넘는 30 Gt으로 증가했다. 우리가 에너지를 사용하는 방식을 보면 모든 분야에서 CO_2 배출량이 절대적으로 증가하였는데, 특히 전기와 난방공급 분야에서 가장 크게 늘어났으며 그다음은 수송 분야이다. 절대 배출량에서는 크게 늘었으나 산업 및 주거부문의 배출량 점유율은 크게 줄어들었다. 이러한 변화 중 일부는 각 분야별로 그 원인이 다를 수 있지만 전기 부문의 대규모 배출량 증가는 의심할 여지가 없다.

에너지가 CO_2의 유일한 원인은 아니며 토지개간 또한 중요한 발생원이다. 2장에서 설명한 것처럼 식물은 태양의 에너지를 고정하고 CO_2의 탄소를 저장하기 위해 광합성을 한다. 토지개간은 두 가지 방식으로 탄소 사이클에 영향을 미친다. 먼저 제거되고 태워지면서 식물에 저장되어 있던 탄소가 대기 중으로 배출된다. 둘째 대기 중에 이미 존재하고 있는 CO_2를 제거하는 식물의 양이 줄어드는 방식으로 영향을 미친다. 라시드 Rasheed에 따르면 아프리카와 중남미 일부에서는 1950년 이후 전체 삼림의 50%에 이르는 벌채가 있었으며 지금도 매년 1% 정도의 삼림이 파괴되고 있다.

삼림파괴에 이은 경작과 같은 농업활동은 토양에 저장되어 있는 탄소를 더 많이 배출시킬 수 있다. 그러나 대기 중 CO_2와 탄소 사이클에 충격을 미치는 것은 단지 농경과 도시개발을 위한 토지개간만은 아니다. 전 세계적으로 10억 명 이상의 인구가 음식과 난방을 위한 에너지를 전적으로 나무에 의존하고 있으며 이것 또한 벌채를 일으킬 수 있다. 특히 아프리카에서 뚜렷한 상황으로 급격한 인구증가는 이런 식의 목재사용을 지속 가능하지 못한 상황으로 만들고 있다(그림 3.3). 토지이용, 토지이용 변화 및 산림 활동 LULUCF, Land Use, Land Use Change and Forestry으로 인한 배출량은 기후조건에 따라 달라질 수 있으며 결과적인 배출량의 측정과 검증에 대한 보편적으로 합의된 방법은 없으나 대기 중의 과도한 CO_2 증가의 중요한 원인이다.

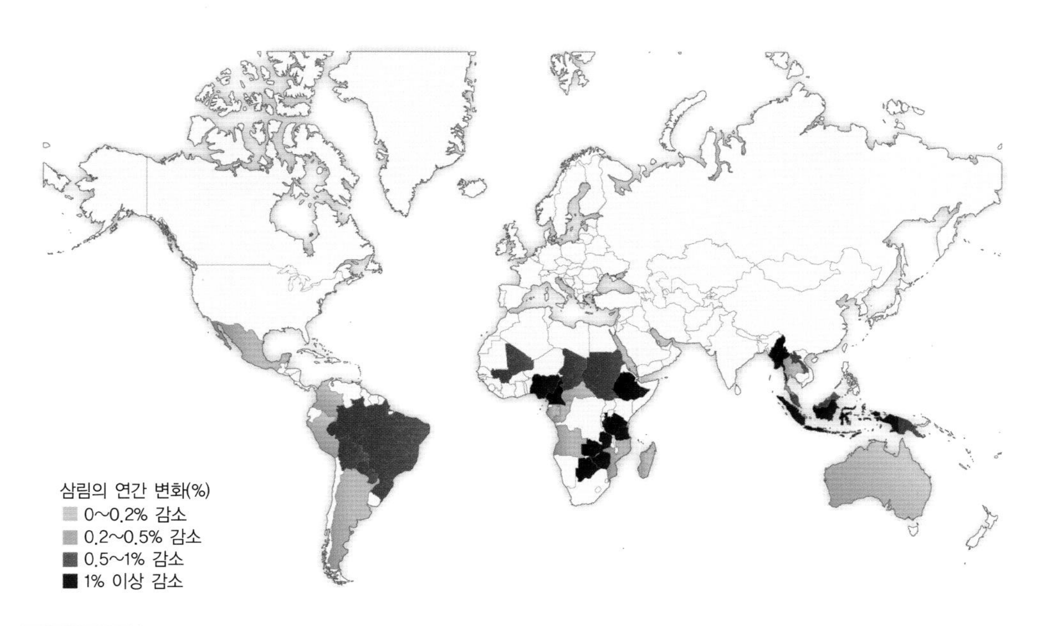

그림 3.3 토지이용 변화(개간, 벌채, 농경 변화)는 간혹 이산화탄소의 배출량을 늘린다. 삼림의 감소는 남아메리카, 적도 근처의 아프리카와 남동 아시아에서 많이 일어난다. 일부 지역에서는 삼림 감소가 거의 끝나가고 있지만 대기 중 CO_2를 흡수할 수 있는 부분을 잃게 됨으로써 영향이 지속될 것이다(자료 : FAO 2011).

에너지, 토지사용과 함께 제조 또는 정제과정의 일환으로 CO_2를 배출하는 업종이 있다. 석유, 가스 및 석탄 정제는 부산물로 메탄가스와 CO_2 같은 온실가스를 생산한다. 철강 생산과정에서는 산화철을 환원시키기 위해 석탄을 사용한다. 시멘트를 생산하기 위해서는 석회암을 줄이기 위한 화학공정에서 CO_2를 생성시킨다.

CO_2 배출의 거시적 그림은 각 국가가 발생원을 정리하는 데 대한 서로 다른 접근방식을 취하고 있다는 사실 때문에 복잡하다. 동아시아, 유럽, 그리고 북미와 같은 지역에서는 다수의 고정 배출원이 있는 것에 비해 특히 아프리카와 대부분의 남미지역은 매우 낮은 전기 사용과 대형 배출원도 거의 없는 상황이다. 미국과 중국이 절대적인 CO_2 배출 국가이기는 하지만 인도, 일본과 러시아 또한 주요한 배출국이다. 그다음으로 연 3억~6억 t 수준의 CO_2를 배출하는 국가들이 뒤를 잇는다(그림 3.4).

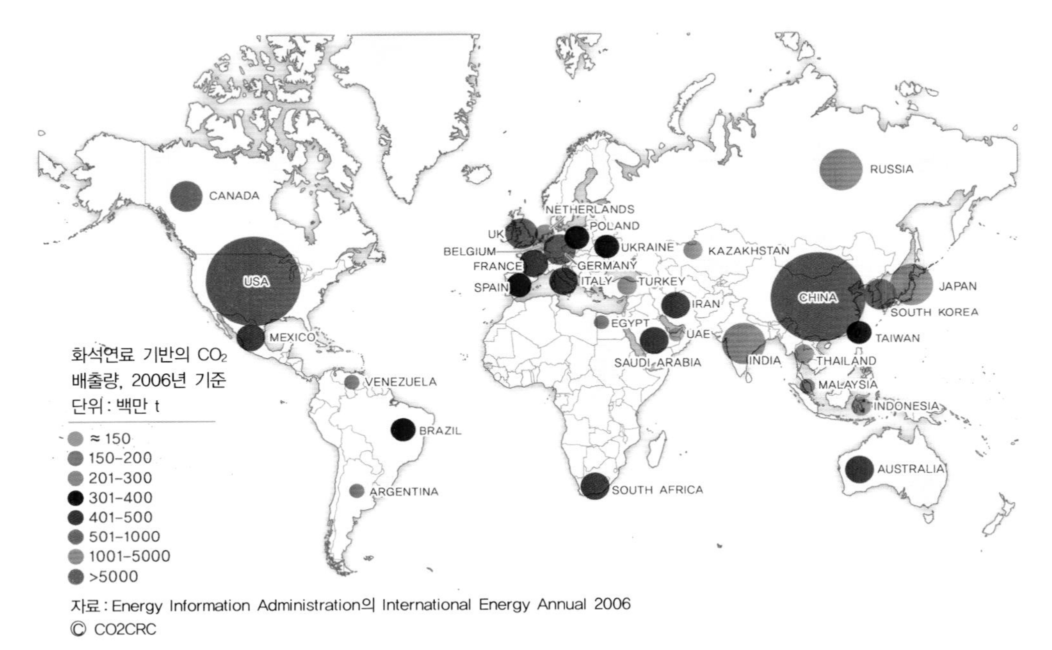

그림 3.4 고정 배출원을 중심으로 한 지리적인 배출량을 국가별로 표시하였다. 중국과 미국이 분명히 주요 배출원이며 이들 국가들을 포함하지 않는 어떠한 전 지구적 온실가스 관련 협약도 효과적이지 않을 것이라는 것이 확실하다(자료 : Boden et al., 2011).

1인당 CO_2 배출량을 고려한다면 그림은 또 달라진다(그림 3.5). 예를 들어 중국과 인도는 다른 선진국에 비해 1인당 배출량이 매우 낮은 수준이다. 반대로 호주, 캐나다, 네덜란드, 사우디아라비아나 타이완 같은 국가들은 절대배출량 기준으로는 많지 않으나 1인당 배출량 기준으로는 주요 배출국이 된다. 선진국들 사이의 1인당 배출량 차이는 일부 국가의 에너지 생산에 화석연료에 대한 높은 의존도를 잘 나타낸다. 이 외에도 인구밀도, 도시화, 수력 또는 원자력 사용 여부, 산업의 에너지 집약 정도, 그리고 기후와 같은 여러 가지 요인이 1인당 배출량에 영향을 미친다. 그래서 나라마다 탄소발자국 carbon footprint(개인 또는 단체가 직간접적으로 발생시키는 온실가스의 총량)이 크게 달라지며 논란이 될 수 있지만 인류의 공공재인 대기 중으로 CO_2를 배출하는 것에 대한 불공정함이 있다. 그러나 정확히 누가 배출을 줄여야 하고 또 얼마만큼을 줄여야 하는지는 매우 복잡한 문제다. 1인당 배출량의 극단적 차이는 일반적으로 해당 국가의 개발정도와 관련이 있으며 선진국에서는 대부분의 개발도상국에 비해 몇 배 정도의 1인당 배출량을 보인다. 개발도상국은 선진국이 그러했듯이 신뢰할 수 있고 저렴하고 풍부한 에너지를 사용하고자 하고 그에 따른 대기로의 온실가스 배출을 원하고 있다. 물론 이러한 권리는 지난 200년 동안 선진국들이 누려왔던 것들이다. 반면에 선진국들은 자신들의 에너지 집약 산업에서 얻어지는 경제적 이득을 배출량 감축의무를 지고 있지 않는 국가들에 잃는 것을 꺼리고 있다.

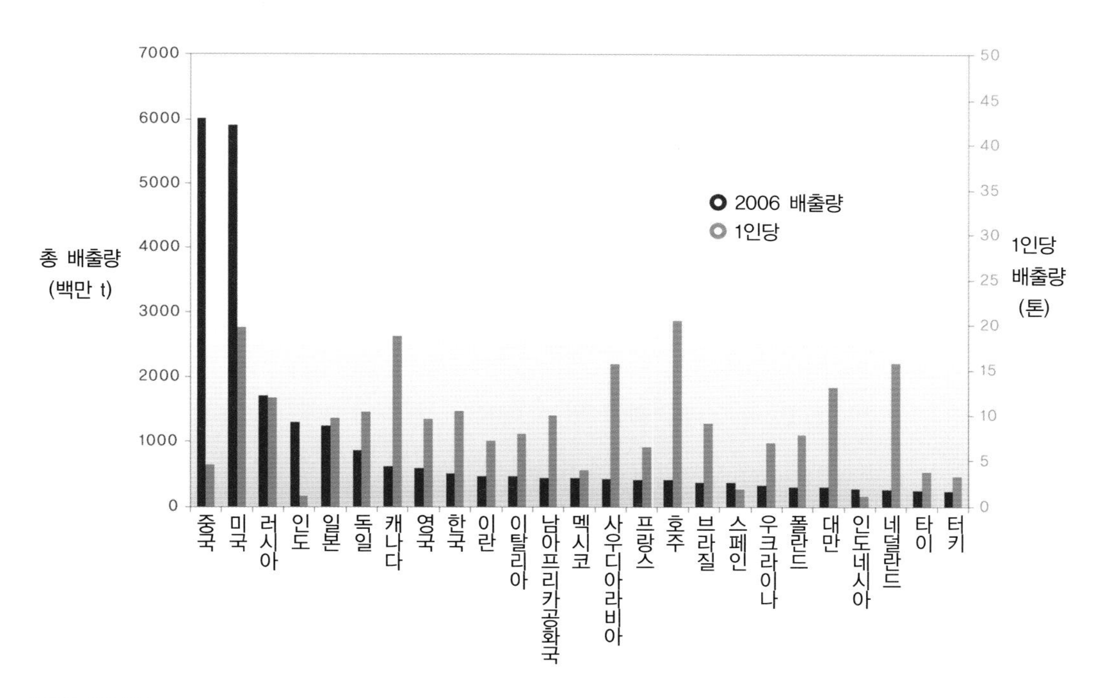

그림 3.5 중국과 미국은 그 어떤 나라보다 훨씬 많은 양을 배출하고 있다. 그러나 1인당 배출량을 고려한다면 사정이 좀 더 복잡해진다. 호주, 미국, 캐나다, 사우디아라비아, 네덜란드, 대만 등은 모든 국가 평균을 훨씬 넘는 수준이다(자료 : Boden et al., 2011).

우리 모두의 공공재인 대기의 유한한 속성을 인식하는 것으로 이의 활용에 대해 공평한 접근 방식을 개발할 수 있을까? 분명히 하나의 목표가 되고 있지만 국제협약의 부재와 CO_2 배출량 감축을 위한 교토의정서 또는 코펜하겐 합의의 비효율성 때문에 지금 이 순간 그 목표를 어떻게 달성할 수 있는지는 불확실하다. 일반적인 대응방안의 일부는 이 책의 마지막 장에서 설명할 것이다.

연소는 인류가 처음 불을 발견한 이래로 에너지의 가장 중요한 원천이 되었다. 기원전 3세기에 들어 중국에서 석탄이 난방을 위해 사용되었다. 영국은 13세기에 처음 사용되었으며 16세기에는 런던 등 주요 도시의 에너지원으로 나무를 대신하기에 이르렀다. 증기기관의 발달로 인간은 화석연료 특히 석탄을 이용하여 처음에는 양수기, 기타 기계 그다음으로 철도에 에너지를 제공하였다. 1800년대 중반 들어서 석탄이 거리의 조명을 밝히기 위해 가스로 전환되었다. 석유와 천연가스의 발견은 조명과 교통용 엔진에 새로운 시대를 열었다. 20세기를 지나면서는 전력생산을 위한 석탄의 사용이 지속적으로 중요해졌다.

오늘날 교통과 전력생산 부문은 전 세계 에너지 생산의 80%를 차지할 정도로 대부분의 화석연료를 소비하고 있다. 따라서 CO_2 배출량 측면에서도 지배적인 분야인 것이다. 우리가 CO_2 배출을 우려한다면 특별히 전력생산과 수송 분야에서의 감축을 고민해야 한다.

화석연료의 사용

도대체 왜 우리는 화석연료에 중독되었을까? 현재까지는 선진국에서 특히 그렇지만 개발도상국도 매우 빠르게 화석연료에 집착하고 있는 데에는 세 가지 이유가 있다. 비용, 편의성 및 가용성이 그 이유로 화석연료는 지닌 에너지의 양에 비해 매우 저렴하다. 수송용 연료는 각 정부가 부과하는 과세 수준에 따라 가격이 나라마다 크게 다르다. 그러나 원유의 배럴당 기본 가격은 전 세계적으로 거래될 수 있는 상품이기 때문에 거의 비슷하다. 심지어 100달러 이상이더라도 석유가 제공할 수 있는 에너지에 비해서는 여전히 저렴하다.

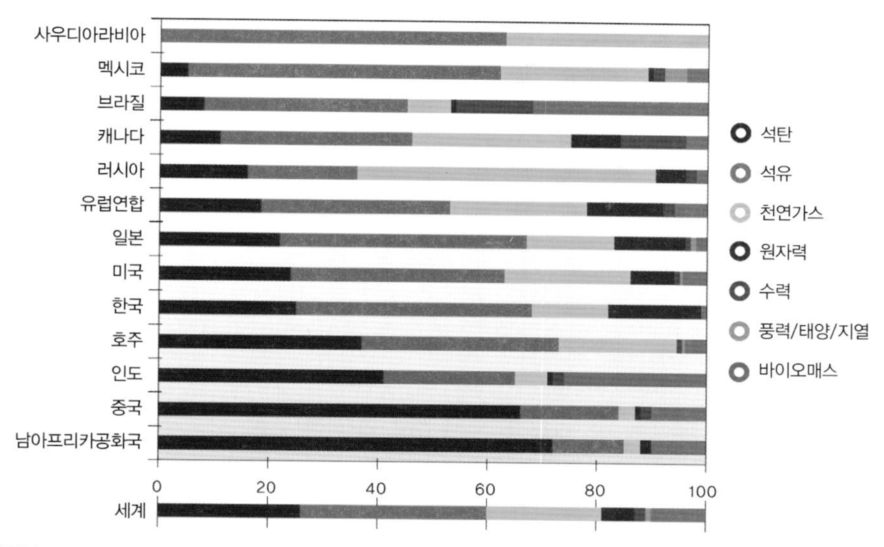

그림 3.6 각 국가별로 어디에서 에너지를 얻는지 나타내는 에너지 믹스는 나라에 따라 크게 달라지며 어떠한 종류의 에너지 자원을 소유하고 있는지 또는 소유하고 있지 못한지를 반영한다. 스펙트럼 한쪽 끝에 있는 사우디아라비아는 대부분의 에너지를 석유에서 얻는다. 남아프리카공화국은 주로 석탄에 의존하며 중국도 비슷하다. 러시아는 가장 중요한 에너지원으로 천연가스를 사용하며 브라질은 바이오매스가 중요하게 사용된다(자료 : OECD/IEA 2011).

그러나 소위 외부적인 요인을 고려한다면 석유의 실제 가격은 높아진다. 이것은 신재생에너지를 포함한 모든 에너지에 일정 정도 부과되는 간접적인 비용이지만 화석연료에는 특별하다. 외부적인 요인으로는 단순한 CO_2 배출량과 기후변화의 잠재적 결과와 비용뿐만 아니라 다음과 같은 부정적 영향을 포함한다.

- 채광이나 시추와 관련된 부상 또는 사망
- 미세입자가 건강에 미치는 영향
- 차량 이용에 따른 신체 운동 감소와 높은 수준의 비만

생활수준의 관점에서 화석연료의 사용은 긍정적 측면도 있어서 우리의 삶을 좀 더 풍요롭고 안전하게 해준다는 것이다. 항상 조명을 사용할 수 있게 되었고 사람들은 여행할 수 있게 되었다. 전기나 가스를 요리에 손쉽게 사용할 수 있는 등 여러 가지 긍정적 측면이 있다. 전기의 사용 증가는 향상된 건강과 수명과 연관시킬 수 있다. 그러나 절대적 상관관계는 없다. 예를 들어 수많은 유럽 국가들은 낮은 수준의 1인당 CO_2 배출량에도 매우 높은 수준의 생활수준을 보여준다.

화석연료는 풍부하고 편리하고 손쉽게 사용할 수 있다. 화석연료 엔진은 사용하기에 매우 쉽고 신뢰할 수 있으며 거의 즉각적인 냉난방을 기대할 수 있고 충분한 힘과 이동성을 제공한다. 우리의 인프라와 생활방식은 화석연료를 중심으로 되어 있다. 지난 100~200년간 우리가 해왔던 방식을 계속하는 것이 편리하기 때문에 그러한 종속성을 포기하는 것은 쉽지 않다.

특별히 석탄은 매우 널리 쓰이고 있으며 전 세계 많은 지역에서 대규모 매장량을 확보하고 있다. 전 세계 석탄자원의 규모는 석유에 비해 엄청나다. 현재의 사용 추세로 미루어 알려진 자원량은 수세기 동안 사용될 수 있으나 만일 지금과 같이 계속 사용한다면 결국엔 그로 인한 온실가스 배출로 잠재적으로 매우 무서운 결과에 직면하게 될 것이다. 석유는 석탄보다 훨씬 덜 풍부하며 주요 석유자원은 몇 개국에 국한되어 발견되는데, 이는 많은 국가들이 공급과 관련된 보안문제에 직면한다는 것이다(그림 3.7)

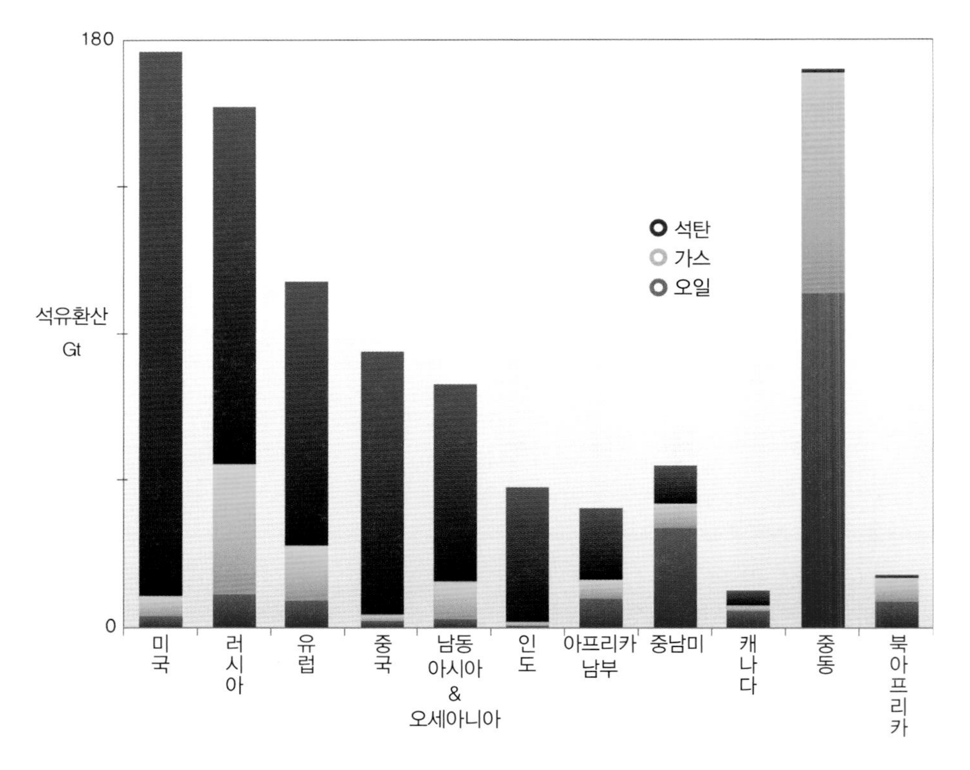

그림 3.7 석탄은 전 세계적으로 널리 분포하고 있으며 엄청난 규모의 매장량을 갖고 있다. 천연가스도 널리 분포되어 있지만 총 매장량은 석탄에 비해 매우 적다. 석유는 지리적으로 중동지역과 같이 제한된 지역에 주로 분포되어 있는 화석연료다. 이러한 분포는 에너지 사용과 교역 및 에너지 보안 문제에 중요한 영향을 미친다.

석유의 유한성 때문에 60년 전 킹 허버트는 '피크오일 peak oil' 또는 '석유생산 정점' 이라는 개념을 개발했다. 석유생산이 계속 증가하면 결국 생산량이 새로운 유전을 발견하는 속도보다 크게 될 것이라는 점을 지적했다. 즉, 생산량은 더 이상 지속될 수 없으며 줄어들어서 결국엔 생산할 석유가 없게 될 것이라는 것이다.

이것은 매우 단순한 개념으로 200년 전 영국 맬서스의 견해로 처음 주목받은 자원의 지속가능성에 대한 아디이어의 핵심이다. 맬서스는 기하급수적인 인구증가와 제한된 식량생산으로 인한 기근이 닥칠 것이라고 믿었다. 물론 그는 훨씬 개선된 농경, 다양한 품종과 개선된 비료를 고려하지 못하였다.

비슷한 이치로, 개선된 기술은 이전에는 접근할 수 없었거나 알려지지 않은 자원을 활용할 수 있게 하며 이전에는 너무 비싸서 개발할 수 없었던 유전에서 석유를 생산할 수 있게 만든다. 석유가격이 상승하면 경제적으로 회수 가능한 석유, 즉 가채매장량이 증가한다. 생산정점의 석유(또는 가스나 우라늄)라는 개념이 단지 자원이 유한하다는 관점뿐만 아니라 미래에 그것을 생산하기 위해 얼마나 많이 지불할 수 있는지도 고려되어야 한다는 것이다. 과거 10년간 원유의 가격이 배럴당 20달러에서 높게는 150달러까지 올랐는데, 이론적으로는 경제적으로 채굴할 수 있는 매장량 또한 그 가격에 따라 오르락내리락 했다. 석유회사들은 새로운 유전이나 가스전을 개발할 때 가장 높았을 때의 가격이 아닌 과거 가격동향과 시장예측을 토대로 10~20년간 확률적으로 가능성이 높은 또는 일반적으로 매우 보수적인 가격 예측에 따라 투자 결정을 한다.

그러나 원유와 같은 재화는 매우 낮은 가격탄력성 price elasticity을 보인다. 다른 말로 하면, 사람들은 유가가 오르더라도 기꺼이 편의를 위해 이를 감수할 준비가 되어 있으며 이에 따라 생산은 계속해서 증가한다. 분명하지만 증가는 계속될 수 없으나 왜 '피크오일'과 같은 개념이 거의 신기루처럼 보이는지를 설명할 수는 있다. 그리고 그런 이유로 피크오일은 항상 몇 년밖에 남지 않은 것처럼 보인다.

대체 에너지원을 활용할 수 있다면 유가상승은 결국엔 우리가 '재래식 conventional' 석유자원의 사용을 중단하고 장기적으로 오일샌드 또는 오일셰일과 같은 '비재래식 unconventional' 석유자원까지도 사용할 수 없게 된다는 것을 뜻한다. 비재래식 자원의 경우 생산과정에서 발생하는 엄청난 CO_2 배출량을 처리할 수 없을 수 있다. 또는 탄소 처리비용 때문에 너무 비싸게 될 수 있다.

석유와 마찬가지로 천연가스도 특정 지역에만 부존되는 경향이 있다. 마찬가지로 천연가스 또한 유한하지만 파이프라인에 의해 쉽고 편리하고 사용자에게 운반할 수 있는 천연가스 자원을 계속해서 더 많이 발견하고 있다. 국제에너지기구에 따르면 전 세계 천연가스 매장량은 현재 생산량을 기준으로 200년 이상 사용할 수 있는 양이다. 일부 가스전은 소비지역에서 매우 멀어서 파이프라인을 사용할 수 없는 경우도 있다. 이를 극복하기 위해서 가스를 액화하여 액화천연가스 Liquified Natural Gas로 수송할 수 있다. 이러한 경우에 액화과정에서 대규모 CO_2 배출을 야기한다. 그러나 그럼에도 불구하고 같은 양의 에너지를 사용한다고 가정할 때 CO_2 배출량은 석탄보다 낮은 수준이다.

탄소제한사회 carbon – constrained world에서는 석탄에서 탄소 집약도가 낮은 가스로의 이동이 있지만 석탄과 비교해 천연가스 또는 액화천연가스 가격과 접근성에 따라, 지역에 따라 그 정도가 달라질 것이다. 기술이 자원에 미치는 영향의 한 사례로 셰일가스를 들 수 있다(그림 3.8). 지금까지 셰일(입자 크기가 매우 작은 진흙이 퇴적되어 형성된 퇴적암)은 가스개발에는 유망하지 않다고 간주되었다. 그러나 혁신적인 시추기술로 수평정 활용이 가능해지고 암석에서 가스가 잘 빠져나올 수 있도록 하는 파쇄 fracturing 또는 fracking와 같은 셰일에 대한 새로운 기술은 갑작스레 엄청난 양의 천연가스 생산을 가능하게 만들었다. 과거 5~10년 정도에 벌어진 미국 동부의 바넷 셰일과 같은 셰일가스 개발의 결과로 미국은 가스 부족국가에서 엄청난 가스 매장량을 가진 국가가 되었다.

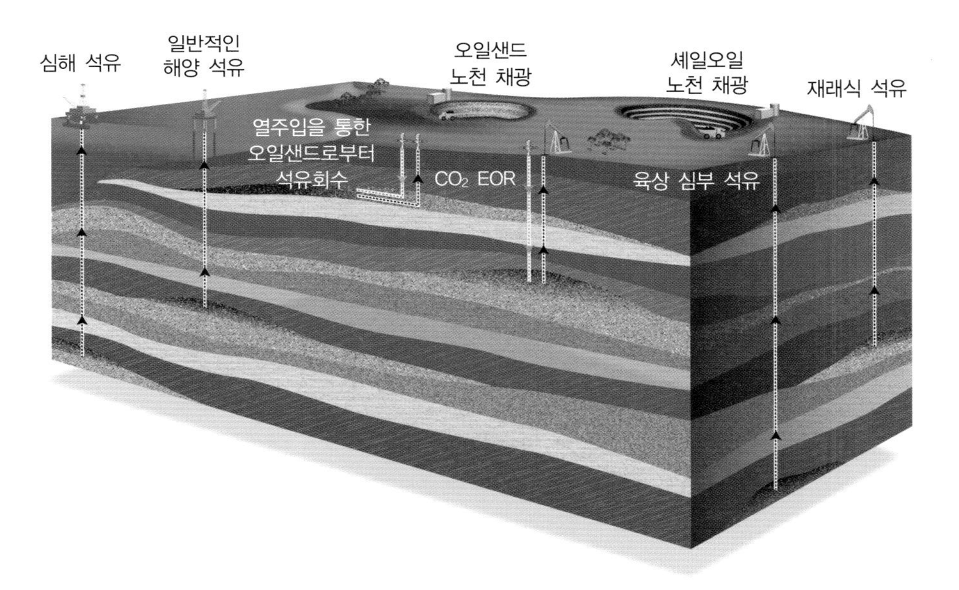

그림 3.8 여러 종류의 석유개발 관련 모식도. 기술개발은 오일 추출 비용을 낮추거나 기존에는 너무 깊어서 개발할 수 없었던 심도의 석유를 개발하는 등 자원개발에 큰 영향을 미친다. 최근 비재래식 자원인 오일샌드와 오일셰일 등이 관심의 대상이 되고 있다. CO_2를 이용하여 원유생산을 증진하는 방법도 있다. 이러한 기술들을 활용함으로써 전 세계 확인 매장량과 석유자원량을 크게 증가시킬 수 있었다.

그러나 코넬 대학의 연구원인 로버트 호워드는 파쇄 과정은 대규모 메탄가스의 방출을 일으켜 석탄 대신 가스를 사용함으로 얻을 수 있는 이점을 약화시킨다고 주장했다. 이를 해결하기 위해서는 더 많은 연구가 필요하다. 이 기술은 미국의 전체 에너지 공급과 석탄 대신 가스를 사용함으로써 CO_2 배출량을 줄일 수 있는 기회에도 영향을 미친다. 호주 동부에 아직 가스가 부족한 지역에서도 대규모 석탄층에서 가스를 생산하여 액화천연가스 수출지역으로 변모되고 있다.

그러므로 우리가 매우 빠른 속도로 석유와 가스자원을 소비하고 있지만 약 50년가량의 중기 전망에서는 비록 개발과 처리비용이 급격하게 비싸지기는 하겠지만 고갈 가능성은 없어 보인다. 석유나 가스 사용으로 인해 배출되는 CO_2에 비용을 물린다면 훨씬 더 비싸질 것이다. 석탄은 풍부하고 광범위하게 부존되어 있으며 많은 국가에서 채굴되고 사용될 것이며 앞으로도 오랜 시간 동안 많은 국가들에 수출될 것이다. 예를 들어 국제에너지기구 전망에 따르면 앞으로도 오랫동안 수송, 전력생산 및 산업분야에서 화석연료가 지속적으로 사용될 것이지만 동시에 신재생에너지와 같은 청정에너지 기술이 널리 사용될 때까지 화석연료 사용을 좀 더 스마트하게, 그리고 좀 더 깨끗한 방법으로 사용할 필요가 있다.

두 가지 핵심 분야 : 전력생산과 교통 분야

국제에너지기구에 따르면 전 세계적으로 교통 분야 CO_2 배출량은 1970년부터 매년 2% 이상 증가했으며 현재는 전체 에너지 관련 배출량 중 25%를 차지한다. 여러 가지 교통수단의 에너지 효율에 상당한 효율 개선이 있었지만 승용차와 트럭 숫자 증가를 쫓아가지 못하고 있다. 개인적 교통수단이 전체 중 가장 큰 부분을 차지하지만 10%는 식량과 상품 수송에 사용되고 경제의 세계화로 인해 이러한 부분은 매년 3% 이상씩 증가되고 있다. 결과적으로 식량의 '탄소 발자국'은 원거리 수송에 따라 점차 증가하고 있다.

교통 분야의 배출량은 차량을 공기역학적으로 디자인하고 타이어를 개선하고 경량 소재를 사용함으로써 연비를 향상시켜 혁신적으로 감소시킬 수 있다. 하이브리드 자동차나 전기자동차의 설계와 생산 또한 많은 관심을 받고 있다. 그러나 효율적인 교통 시스템은 단지 개선된 차량뿐만 아니라 좋은 도로, 교통 체증 관리와 운송 시스템의 통합설계가 도로 위 차량이 낭비하는 시간을 줄이는 데 중요하다. 개선된 대중교통 수단 또한 중요한 역할을 한다. 교통 분야에서 배출되는 CO_2는 개별 차량에서 배출되기 때문에 이러한 CO_2를 포집하는 것은 불가능하다. 그러나 일부 바이오연료는 더 적은 탄소 집약도를 나타낸다. 앞으로도 수소와 같은 저탄소

연료 또는 낮은 탄소 집약도를 갖는 바이오연료 등의 사용이 크게 늘어나겠지만 가장 큰 변화는 전력망에서 공급되는 전기로 구동되는 차량의 사용이 될 가능성이 높다. 그럼에도 배터리가 전적으로 재생 가능한 에너지 또는 원자력으로 충전되지 않는다면 전기차로의 이동은 CO_2 배출을 가스나 석탄화력발전에 전가시키는 것뿐이다. 수소와 같은 새로운 연료를 사용하거나 배터리를 충전하기 위해서는 새로운 교통 인프라 구축을 필요로 한다.

그림 3.9 액체연료의 가격이 오르면 재래식 자동차 연료에서 전기차로의 급속한 이동이 있을 수 있다.

앞에서 지적한 것과 같이 현재 시점에는 인간 활동에 의한 최대 CO_2 배출은 화석연료에 의한 전력생산에서 일어난다. 전기는 주로 석탄과 같은 연료를 태워서 열을 만들고 이것으로 증기를 만들어 증기 터빈을 돌리는 과정에서 만들어진다. 증기는 고압의 과열증기를 만들기 위해 추가로 가열되고 압축된 증기가 팽창하면서 터빈을 회전시켜 전기를 만든다(그림 3.10). 가스 터빈의 경우 연소가스의 급격한 팽창이 터빈을 회전하는 공기의 흐름을 만들어낸다.

그림 3.10 상하이 Waigaoqiao 발전소에 새로이 설치된 증기 터빈과 발전기로 전 세계적으로도 가장 효율이 높은 초임계 석탄화력발전소 중 하나다.

선진국의 경우 전력소비 증가속도가 지난 50년 동안 느려졌는데, 그 이유는 제조업 분야를 저비용의 개발도상국으로 이전했기 때문이다. 개선된 에너지 효율 또한 중요했다. 그러나 개발도상국의 전력소비는 여전히 매우 크게 증가하고 있다.

대부분의 경우 석탄이나 가스화력발전의 분포는 인구밀도를 반영한다. 당연하지만 사람들이 사는 지역에서 전기가 만들어진다. 중국 동부, 미국 동부와 서부 유럽과 같은 지역이 이의 좋은 예이다. 그러나 언제나 그런 것은 아니어서 미국에서 인구밀도가 가장 낮은 와이오밍과 서부지역에 대규모 석탄화력발전소들이 있는데, 이는 그 지역에 대규모 석탄이 매장되어 있기 때문이다. 석탄 자체를 수송하는 것보다 전기 형태로 보내는 것이 쉽고 저렴하기 때문에 이 지역에 대규모 발전소가 건설되고 전기가 이웃지역으로 판매되고 있다. 캘리포니아의 경우 몇 년에 걸쳐 석탄화력발전소 건설을 불가능하게 하는 환경규제를 만들어 결과적으로 발전소들이 아리조나와 같은 주변 주에 건설되었다.

결 론

국제에너지기구와 경제협력개발기구 OECD에 따르면 단기적으로 풍력과 같은 신재생에너지 사용의 급격한 증가에도 불구하고 전 세계 전체 에너지 소비가 증가에 따라 화석연료는 오랜 기간 전력생산의 지배적 에너지원 자리를 유지할 것으로 예상된다(그림 3.11). 전지구적 대응 노력 없이는 다음 30~50년 동안 대부분의 주요 신흥공업국들은 재생에너지가 좀 더 널리 사용되고, 좀 더 신뢰하고 비용 효율적이 될 때까지 화석연료를 통한 에너지 생산을 늘리게 될 것이다.

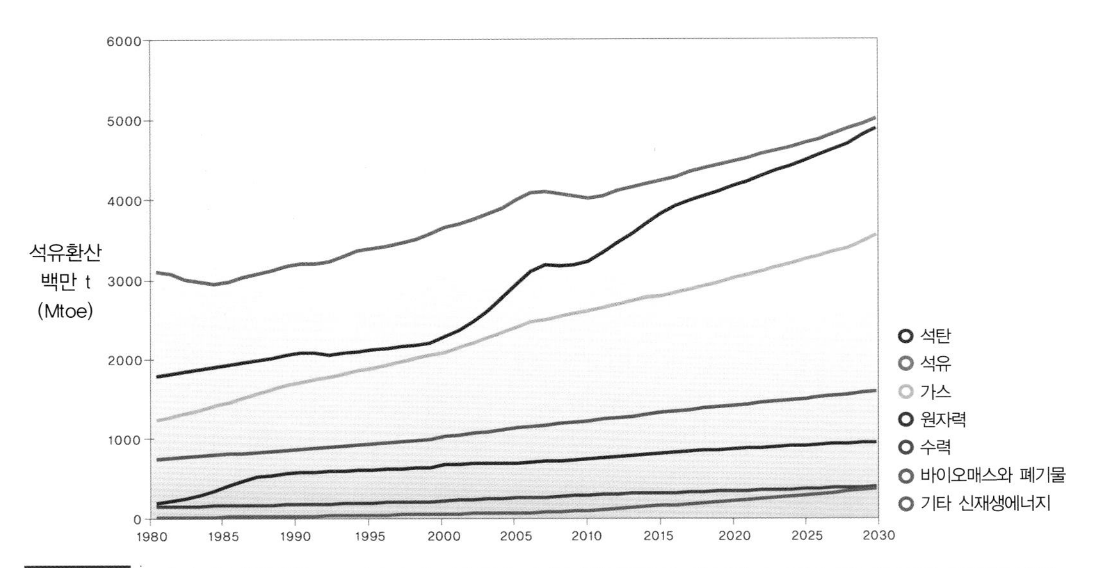

그림 3.11 에너지 사용량은 2030년까지 지속적으로 증가할 것으로 예상된다. 모든 화석연료의 사용이 증가할 것으로 보이는데 대부분이 개발도상국의 소비분이 될 것이다. 원자력이나 수력은 미미한 수준의 증가에 그칠 것이지만 신재생에너지는 증가율로는 큰 폭이지만 절대적인 수준에서는 여전히 낮을 것으로 보인다. 이 그림에서 확인할 수 있는 것은 그 어떤 단일 청정에너지 기술로는 에너지 수요를 충족시킬 수 없다는 것이다(자료 : OECD/IEA 2010).

어떤 나라도 중국보다 이를 더 잘 보여줄 수 없는데, 중국은 현재 다른 나라에 비해 가장 많은 풍력발전 시설을 하고 있지만 그럼에도 석탄화력발전 설비를 매주 1GW씩 늘려 나가고 있다. 새로운 발전소의 대부분은 다른 선진국의 발전소보다 고효율의 현대적인 디자인이다. 그럼에도 조치를 취하지 않을 경우 이러한 새로운 화력발전소들이 앞으로 40~50년간 계속해서 대기 중으로 CO_2를 배출한다. 장기적인 목표는 우리의 에너지 시스템을 신재생에너지로 전환하는 것이지만 이는 많은 시간을 필요로 한다. 화석연료의 지속적 사용에 수반되는 배출량 감축은 매우 시급하면서도 필요한 조치이다. 그것은 신재생에너지 사용에 대한 대용품이 아니며 필수적인 연결고리와 같은 것이다. 우리는 배출량을 줄이기 위한 기술적 방법에 대한 포트폴리오를 마련해야만 한다. 다음 장에서는 이러한 기술들을 살펴보려고 한다.

제4장 CO_2 배출량을 줄일 수 있는 기술

온실가스 배출을 줄일 수 있는 가장 간단하고 비용 효과적인 방법 중 하나는 에너지 효율 향상과 에너지 전환이다. 고효율의 전구나 가전제품, 향상된 단열재와 패시브 하우스(역자 : 최소의 에너지로 최소의 에너지로 생활하기에 쾌적한 실내온도를 유지할 수 있는 주택), 자전거 또는 도보 출퇴근과 같은 실생활의 작은 변화는 작지만 의미 있는 기여를 할 수 있다. 그러나 에너지 효율은 좀 더 광범위한 '라이프스타일' 문제와도 같이 생각되어야 한다. 2008년 호주 환경부의 연구에 따르면 단열이나 복층 유리 등과 같은 수단으로 얻어지는 효율 향상은 대체로 주택 크기가 커지고 가전제품 사용 증가에 의해 대부분 상쇄된다. 결과적으로 1인당 에너지 소비는 매우 일정하게 유지되고 있는 것이다.

효율은 전력생산 과정에서도 중요한 역할을 해야 한다. 구형 석탄화력발전의 경우 에너지의 30% 정도만 전기에너지로 전환되는 데 비해 최신의 슈퍼 초임계 화력발전의 경우 45% 또는 그 이상의 효율을 보인다(그림 4.1). 중국의 발전효율은 증가하는 발전용량에 맞춰 최신 전력생산설비가 추가되면서 미국을 능가하고 있다. 에너지 효율은 온실가스 정책에서 매우 중요한 부분이지만 일단 개선이 되고 나면 추가적으로 효율을 높이는 것은 엄청나게 까다롭다.

우리는 현재의 에너지 사용 구조에서 신재생에너지 사용을 늘리거나 원자력을 사용하고 화석연료 사용 방법을 개선하는 식으로 온실가스 배출량을 줄일 수 있다. 신재생에너지에는 태양광, 풍력, 수력, 파력, 조력, 바이오매스와 지열 등을 꼽을 수 있다. 석탄을 가스화하는 것으로도 온실가스 배출량을 크게 줄일 수 있다. 또한 이산화탄소 포집 및 저장CCS 프로세스를 통해 CO_2 배출을 회피할 수 있다. 제4장에서는 이러한 기술과 전지구적 배출감축에서 기술이 어떠한 역할을 할 수 있을지에 대해 간략히 소개하고자 한다.

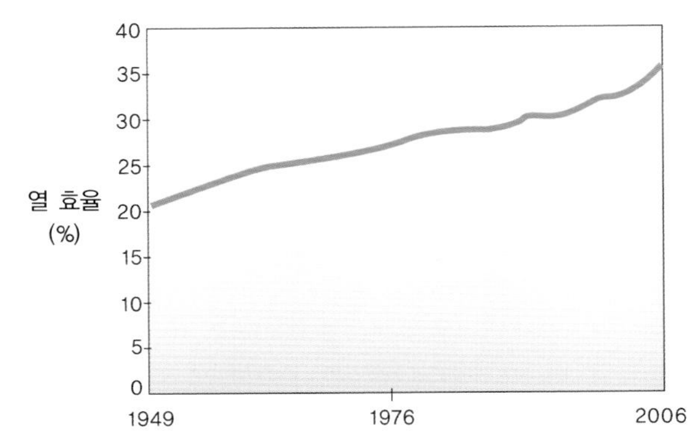

그림 4.1 화력발전소의 에너지 효율을 높이는 것은 화석연료 사용과 그에 따른 CO_2 배출량을 줄일 수 있는 매우 중요한 수단이 될 수 있다. 예를 들어 중국에서는 지난 50년간 대형 화력발전소의 효율을 50% 이상 높인 바 있다(자료 : Seligsohn et al., 2009).

태양에너지

태양에너지 자원은 광대하며, 본질적으로 무한하기 때문에 전 세계적으로 에너지 수요를 맞추기에 점차 더 중요한 역할을 할 것이라는 것에는 의문의 여지가 없다. 최근 태양광 패널 가격 하락은 정부의 인센티브와 결합되어 많은 선진국 교외지역에 소규모 태양광 발전 모습을 쉽게 볼 수 있게 되었다. 그럼에도 불구하고 저비용의 에너지 저장 방법을 개발하지 못했기 때문에 태양에너지에 의한 대규모 발전은 요원하다. 태양에너지를 활용하는 방법에는 태양열과 태양광 두 가지가 있다.

태양열

많은 사람들이 가정에서 태양에너지로 물을 데우는 온수 시스템에 익숙하다(그림 4.2). 대규모로는 태양을 추적하는 파라볼릭 또는 접시형태의 집열기나 거울로 태양복사에너지에 의한 열에너지를 모으고 이 열에너지로 유체를 가열한다. 가열된 유체는 증기 터빈을 회전시키는 데 사용된다. 집열판에 따라서 온도는 700°C에 이르기도 한다. 다른 형태의 태양에너지가 전기를 직접적으로 만드는 데 비해서(다만 저장하기가 힘들다) 태양열은 '열'을 만들어내고 이것은 저장하기에 유리하다. 이렇게 저장된 열은 직접적으로 사용되거나 요구에 따라 전기 발전에 사용될 수도 있다. 물이 사용될 수 있지만 대규모 태양열 발전소는 좀 더 복잡한 유체나 화학물질을 사용한다. 태양열을 사용하기 위해서는 직사광선을 필요로 하기 때문에 태양광의 효과적 이용에는 기후적 제약이 따르게 되고 뜨거운 사막과 같은 곳이 매우 유리하다. 그러한 지역은 일반적으로 인구밀도가 낮고 장거리 송전비용이 매우 커질 수 있다(2개의 고압송전선로는 km 당 100백만 불 정도가 소요된다).

그림 4.2 태양열은 기저부하를 담당할 수 있는 수준의 잠재력을 가지고 있다. 호주 뉴캐슬에 있는 실증 플랜트의 사진으로 많은 숫자의 거울을 이용해 태양에너지를 한 곳으로 모으고 있다(사진: CSIRO).

태양열 발전은 원칙적으로 간단하며 전력생산에 흔히 활용되는 랭킨 사이클 터빈Rankin cycle turbine을 사용한다. 그러나 거울 집열판의 구성, 열교환기 시스템과 작동유체 등을 최적화하고 열저장용량을 극대화하기에는 아직 남은 문제들이 많다. 마찬가지로 열 수집 장치와 저장유체 및 저장매체를 고온에서 안정화하고 태양복사량에 따라 빠르게 대응할 수 있게 하기 위해서도 많은 개선작업이 필요하다. 태양열 발전을 위한 소위 발전탑은 상대적으로 높은 위치에 수많은 거울의 초점이 모이는 부분에 위치하는데 개선된 효율, 태양추적 시스템, 그리고 좀 더 단순한 거울 집열판이 매우 중요하다.

현재로선 태양열 시스템은 매우 비싸지만 기존의 가스 또는 화력발전소와의 연계를 통해 비용을 낮출 수 있는 잠재력이 있다. 이 개념은 현재 기존발전소에 추가되는 형태보다는 새로 건설되는 발전소에 태양열을 통합하는 형태로 실험 중에 있다. 그러나 완전하게 작동되며 비용 효과적인 시스템으로 에너지 공급에 중요한 역할을 하기까지는 수십 년이 걸릴 수 있다. 태양열의 상대비용은 제10장에서 설명한다.

태양광

태양열과 달리 태양광 전지 패널은 직접 전기를 생산하고 굴절되거나 산란된 햇볕을 사용할 수 있다(그림 4.3). 솔라 패널은 직사광선하에서 당연히 더 효율적이지만 흐린 날에도 여전히 작동한다. 태양에너지가 솔라 패널에 부딪치면 패널 내부 웨이퍼 wafer에서 전자를 방출하여 전기가 생산된다. 이때 사용되는 웨이퍼는 가장 흔하게는 매우 순수한 실리콘(99.9999% 순도)으로 제작되는데, 생산비용이 매우 높고 에너지 집약적인 상품이다. 그래서 최근 웨이퍼 기술

그림 4.3 태양전지판은 직접적으로 전기를 생산해내지만 시간 개념으로는 전체의 20% 정도만 가동이 가능하다(사진 : CSIRO).

의 발전은 주로 카드뮴 텔루라이드 cadmium telluride 또는 구리 인듐 copper indium과 갈륨 gallium 의 화합물과 같이 저비용의 물질을 사용하는 데 초점을 맞추고 있다. 다른 광전지 패널 원소의 경우 초고순도의 실리콘보다 저렴하지만 지질학적 분포와 자원량은 어느 정도 제한적이어서 태양광전지 패널 재료로 선호된다면 그 가격이 크게 뛸 수도 있다. 그것과 함께 전지 웨이퍼에 사용되는 카드뮴과 같은 원소들은 그 독성으로 인해 우려가 있기도 하다. 그러나 더 저렴하고 유해하지 않은 붕소와 같은 재질에 대해서도 연구가 계속되고 있다.

역사적으로 태양광 패널은 전 세계적인 모듈생산량이 두 배가 될 때 20% 정도씩 낮아졌다. 2007년에서 2009년의 3년 동안 전지모듈의 가격은 약 50% 떨어졌고 다음과 같은 새로운 기술에 의해 추가적인 하락이 예상된다.

- 박막필름과 비실리콘 재질
- 전지제작과 같은 산업공정의 개선
- 핫캐리어 태양전지(여분의 에너지에 의해 온도가 높아진 전자 hot electron와 정동 hot hole의 운반체의 에너지를 효율적으로 이용하는 방법)에 사용되는 나노 물질

소규모의 태양광 발전비용은 다른 어떠한 발전방법보다 높지만 몇 가지 중요한 장점이 있다. 첫째, 모듈형태로 제작될 수 있어서 대규모 태양광전지 패널 설치에는 문제가 될 수 있지만 발전에 필요한 공간이 큰 제약요소가 되지 않는다. 둘째, 전기가 필요하지만 기존의 전기가 도입되기에는 외딴 곳이어서 비용이 크게 들거나 개발도상국에서는 비용 효율적인 대안이 될 수 있다. 셋째, 전력소비가 최대가 되는 시점과 태양광전지에 의한 발전에 필요한 최적인 시간대를 일치시킬 수 있다는 것이다. 이러한 경우는 특별히 뜨거운 여름 낮 태양이 강할 때 동시에 에어컨 사용으로 인한 에너지 수요가 매우 높은 지역에서 가능하다.

이러한 모든 잠재적 장점에도 불구하고 현재 시점에는 태양광전지는 비용 측면에서 대부분의 다른 에너지와 경쟁하기 힘들다(제10장과 제11장 참조). 이를 해결하기 위해 독일, 스페인, 호주와 한국에서 태양광전지 보급 확대를 위해 보조금을 지급하고 있다. 이러한 국가에서는 정부에서 태양광전지에 의해 발전된 전기를 기존 전력망에 연결할 경우 더 비싼 값에 사주도록 강제한다. 이때 구매하는 발전단가가 기존의 일반적인 발전단가에 비해 몇 배 높은 수준일 수 있다. 또한 강제적인 신재생에너지 공급비율은 태양광전지의 사용을 장려하여 발전사와 고객으로 하여금 매우 비싸지만 저탄소 전기를 받아들이도록 한다. 기술이 발전하고 비용이 낮아짐에 따라 태양에너지에 의한 발전은 전력수요 중 늘어나는 부분을 해결해줄 것이다.

풍 력

풍력은 현시점에서 가장 완성도가 높고 가장 저렴한 신재생에너지의 하나이다(그림 4.4). 풍력 터빈은 이미 기술적 성숙도가 높은 기술이다. 지난 30년간의 기술향상은 터빈 블레이드 크기를 늘리는 데 집중되어 30년 전 15 m 직경이었던 것이 현재는 계획된 것 중에 126 m짜리가 있을 정도이다. 탑의 높이는 고지대의 강하고 좀 더 일관된 풍속의 장점을 취하기 위해 140 m까지 증가되었다. 건축재료 또한 개선되고 있는데, 비용과 무게를 줄이기 위해 탄소섬유와 복합재료 사용이 크게 증가하고 있다. 해양의 풍속이 인근 육상에 비해 2~3배 빠르고 좀 더 신뢰할 수 있기 때문에 덴마크나 영국 등 일부 국가들은 대규모 해양 풍력단지를 만들고 있다. 해양 풍력단지의 단점은 설치, 유지보수 비용이 매우 높다는 것이다.

그림 4.4 풍력발전은 신재생에너지 가운데 가장 저렴한 기술이지만 30% 정도의 시간 동안만 발전할 수 있다 (사진 : CSIRO).

태양을 이용한 발전과 마찬가지로 풍력은 지속적으로 발전할 수 없다는 단점과 효과적인 전기에너지 생산이라는 문제에 봉착해 있다. 풍력에너지 생산량이 감소할 때를 대비해서 풍력에너지를 저장하기 위한 여러 방법들이 시도되고 있다.

• 전기 저장 배터리
• 열저장 시스템
• 화학 에너지 저장(수소 기반 시스템 등)
• 압축공기 에너지 저장
• 양수발전 시스템
• 고에너지 초소형 커패시터 및 플라이휠을 이용한 단기저장

이러한 고정 에너지 저장기술과 함께 차량용 배터리를 이용하는 방법도 연구 중에 있다. 풍력발전에서 생산되는 간헐적 전력을 고려하여 남는 전기를 자동차 충전에 사용하는 방식으로 흡수될 수 있다.

지리적으로 광범위한 지역으로의 풍력단지의 확산은 '바람은 어디에선가 항상 불고 있다.'라는 생각을 바탕으로 간헐적 전력생산 문제를 완화할 수 있는 가능한 방법이다. 그러나 전 세계 많은 지역에서 이를 적용하기에는 적용 면적이 충분하지 못하다.

풍력은 에너지 수요에 상당한 기여를 하고 있다. 예를 들어 2011년 3월 스페인 전력수요의 21%(4,738 GWh)를 차지했다. 동월 기준 스페인의 에너지 믹스(에너지공급비율) 중 최대 공급원으로 원자력(19%), 수력(17%), 가스(17%) 또는 석탄(13%)보다 높은 수치다. 다른 극단적인 사례로 호주를 살펴보자. The Australian Energy Market에 따르면 풍력사용이 가장 활발한 남호주에서 2011년 2월 어느 뜨거운 오후 4시 30분 총 전력수요는 3,399 MW였으나 단지 19 MW만 풍력에 의해 공급되었다. 19 MW는 총수요의 0.5%밖에 안 되는 수치로 심지어 풍력발전설비는 1,000 MW 이상이었다.

바람의 경우 예보와 축적된 기상자료로부터 일부 예측 가능함에도 불구하고 풍력 터빈은 30% 정도의 시간 동안만 전기를 생산한다. 현재 양수발전 외에 풍력발전의 간헐성을 해결할 수 있는 기술적으로 타당한 대규모 방식은 백업 전력원을 마련하는 것으로 대부분은 가스와 같은 화력발전이 될 수밖에 없다. 이전에 언급한 바와 같이 덴마크가 매우 높은 풍력 보급율의 타당성을 이야기하는 사례로 꼽히지만 이를 위해서는 주변국가로부터 석탄, 원자력 또는 수력에 의해 만들어진 전기를 수입하여 간헐성 문제를 해결할 수밖에 없다. 세계의 대부분의 지역들도 그러한 전력 공급의 다양성을 갖지 못하고 있으며 따라서 좀 더 자급자족을 할 수 있어야 한다.

많은 국가들이 풍력 사용을 늘려서 전력의 20% 정도를 풍력으로 맞추려고 한다. 간헐성 문제를 해결하기 위한 전력망의 용량이 개선되고 있지만 전력망 구성은 풍력의 사용을 전체

수요의 20% 정도로 제한하는 문제가 있다. 전력망을 업그레이드 하는 비용은 가스나 다른 에너지원에 의한 풍력을 백업하는 비용과 맞물려 풍력의 전반적 비용으로 고려되어야 한다.

풍력발전 보급에 또 다른 장애물들이 있다. 풍력 터빈은 풍속의 관점에서 최적의 설치장소가 보통은 해안이나 연안의 돌출부, 언덕과 같은 예술적으로나 상업적으로 가치가 있는 위치여서 시각적으로 방해요인이 된다. 소음 또한 문제가 될 수 있다. 일반적으로 소수의 지주가 재정적 혜택을 얻을 수 있는 데 비해 주변지역 지주들은 손실에 대한 보상을 받을 수 없다. 또한 철새의 이동경로와 같은 환경에 부정적 영향일 끼칠 수 있다. 호주의 국립과학아카데미에 따르면 풍력 터빈에 의해 만들어지는 난류는 밤 시간대에 주변 지표의 온도를 1.5도 상승시켜서 토양을 건조하게 만들고 잠재적으로 작물에 추가적인 관개가 필요하게 되는 상황을 만들 수 있다고 한다. 이러한 우려로 인해 풍력발전에 대한 반대가 있다.

이러한 문제들에도 불구하고 풍력발전은 온실가스 배출을 줄이는 데 중요한 역할을 하고 있으며 전체 에너지 수요의 20%를 공급할 수 있는 잠재력을 갖고 있다. 다만 백업전원과 전력망 개선에 소요되는 비용을 고려한 총비용이 매우 크다는 단점이 있다. 또한 대중의 수용성은 현재도 그렇고 앞으로도 풍력발전이 한발 나아갈 수 있을지 없을지에 매우 중요한 요인이 될 것이다.

수력발전

수력발전은 기술적으로 완성단계에 있는 비용 효율적이며 신뢰할 수 있는 에너지원이다. 전 세계적으로는 설비 기준 거의 800GW 정도의 수력발전이 있으며 시간적으로는 40% 정도가 평균 가동률을 보이고 있다(그림 4.5). 전기는 댐에서 대형 터빈을 통과해 방출되는 물에 의해 만들어지지만 자연적인 내리막에 파이프를 이용해서도 만들 수 있다.

풍부한 강수량과 산악지형의 노르웨이, 뉴질랜드, 브라질, 캐나다와 같은 국가들에서는 수력발전을 많이 사용하고 있다. 이러한 나라들은 추가적으로 활용 가능한 수력발전 잠재력을 가지고 있다. 그러나 호주, 미국의 서부, 동부 유럽의 경우에는 이미 가능한 대부분의 수력 관련 자원 중 상당부분을 개발한 상태다. 또한 계곡이 잠기며 생태계 파괴가 일어나는 등 환경적 우려 때문에 수력발전에 대한 새로운 기회는 매우 제한적일 수밖에 없다.

그림 4.5 수력발전은 신재생에너지 가운데 대규모 발전이 가능한 가장 잘 확립된 기술 중 하나이다. 미국 콜로라도 강에 있는 후버 댐은 현대 수력 관련 공학기술의 좋은 사례이며 동시에 수력발전이 자연 상태의 하천에 얼마나 큰 영향을 미치는지를 보여주는 사례로 사용되기도 한다(사진 : United States Bureau of Reclamation).

지역사회가 파괴된다는 것도 큰 이슈가 될 수 있다. 중국의 삼협댐 건설은 수천 개의 마을을 물에 잠기게 했으며 수백만의 사람들이 고향을 떠날 수밖에 없었다. 대부분의 선진국에서 수력발전이 신뢰할 수 있는 깨끗한 에너지를 제공한다는 측면에서는 매우 긍정적이지만 지역사회의 반대는 비교적 작은 규모인 경우라 하더라도 수력발전 허가를 받는 것을 어렵게 만들고 있다. 개발도상국의 경우, 예를 들어 브라질은 여전히 대규모 수력발전 계획을 적극적으로 추진하고 있다.

미래 사회에서 수력발전이 갖는 가장 큰 혜택으로는 양수발전과 같이 물을 저장할 수 있는 능력 때문으로 필요할 때 매우 깨끗한 기저부하의 전기를 생산할 수 있다는 것이다. 현실적으로는 수력의 사용이 앞으로 크게 늘어날 것 같지는 않으며 전체 에너지 믹스의 상대적 비율에서는 아마도 줄어들 것으로 예측된다.

해양에너지

조수 간만의 차를 전력생산에 사용할 수 있다. 조류가 높을 때에는 바다가 만나는 지점에 갇혀 있던 물이 낮아질 때 강에서 바다로 흐르면서 터빈을 돌려서 전기를 만들어낸다. 이러한 종류의 발전은 날씨나 계절에 영향을 받지 않으며 연속적이지는 않지만 예측 가능하다.

강 하구 생태계에 대한 충격과 해안침식과 큰 변화를 일으키는 해류를 변화시키는 것과 같은 환경적 우려가 있다. 프랑스의 240 MW의 랜스 조류발전소(그림 4.6)는 1967년부터 프랑스 전력망에 전기를 공급하고 있다. 의심의 여지없이 캐나다 동부와 호주 북부와 같이 조력이 풍부한 지역에서는 조력발전 개발에 대한 기회가 있을 것이지만 지역사회와 환경적 우려는 그러한 개발을 제한한다.

파력에너지는 코일에 자기축을 수직적으로 움직이는 방식으로 파도의 기계적 에너지를 전기에너지로 바꾸는 방식으로 발전에 이용된다. 또는 파도에 의해 만들어진 공기흐름이 직접적으로 터빈을 움직이도록 하기도 한다. 파력발전을 추가적으로 사용할 수 있는 잠재력은 매우 크고 자원 또한 거의 무한하다. 그러나 해양환경은 매우 거칠어서 큰 파도가 고가의 장비를 파괴할 수 있고 원래 위치를 유지하는 데 큰 어려움을 겪을 수 있다. 또한 해양설비로부터 송전은 비싸고 어렵고 해수가 부식성이 매우 크다. 현재 시점에서 파력에너지 시스템과 관련된 수많은 실험들이 진행되고 있으나 아직 어떤 것도 상업적 규모의 발전에는 도달하지 못하고 있다.

그림 4.6 조력발전은 상당한 잠재력을 가지고 있지만 현재 가동 중인 시스템은 거의 없다. 사진은 프랑스 서부의 랜스 강의 조력발전 시스템으로 거의 50년간 240 MW의 전기를 생산해왔다.

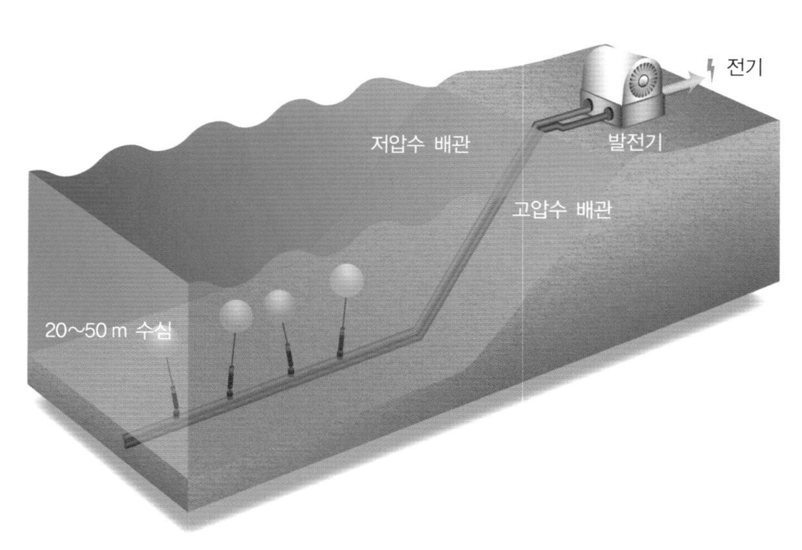

그림 4.7 파력을 이용하기 위해 여러 가지 시스템이 제안되었다. 다만 파도의 파괴적인 힘이 큰 문제로 인식되고 있다. 그림은 폭풍에 의한 위험을 최소화하기 위한 Carnegie Wave Energy Ltd의 잠수식 CETO 시스템이다. 파도에 의해 작동되는 펌프가 고압의 물을 육상에 위치한 발전기를 돌린다(그림 : Carnegie Wave Ltd).

해수면에 떠 있어야 하는 파력발전 시스템의 고유의 기술적 어려움 때문에 관심은 수면 아래에 고정되어 있는 CETO 시스템(그림 4.7)이 관심의 대상이 되고 있다. 이 시스템은 장치를 지나는 파도의 힘으로 물을 압축하고 육상의 발전기에서 전기를 생산한다. 현재 서부 호주 연안에서 테스트 중인 개념으로 파도 패턴과 바다의 상태와 상관없이 발전을 가능하게 하며 폭풍에 의한 영향을 최소화할 수 있다. 파도의 힘은 미래 에너지 믹스에서 중요한 역할을 할 것이지만 단기적으로는 전지구적 에너지 공급에 큰 영향을 끼치기는 힘들 것으로 보인다.

해양열에너지전환 OTEC, Ocean Thermal Energy Conversion은 표층과 심층의 온도 차이를 이용해 열기관을 돌리는 방법이다. 접근 가능한 지역에서의 필요한 최대 온도구배가 일어나는 지역에 한해서 적용할 수 있다. 따뜻한 해수와 차가운 해수 사이의 온도 차이가 20도나 그 이하 정도로 크지 않기 때문에 사용 가능한 정도의 에너지를 추출하기 위해서는 대규모 물을 처리해야만 한다.

해양열에너지 전환으로 활용할 수 있는 총 에너지 자원은 대규모지만 최대 온도구배 관점에서 적지라고 꼽힐 수 있는 지역은 태양평 중부 또는 남서 태평양으로 인구밀도가 높지 않은 지역 근처에 있다. 첫 번째 OTEC 테스트 설비는 1930년대 쿠바에서 건설되어 나우루 섬 Nauru 에서 몇 년간 30kW 급의 전기를 생산하여 해양국가에서는 유용한 청정에너지 기술이라는 점을 실증하였다. 그러나 OTEC는 아직 상업적 규모에 도달하지 못하였으며 매우 특별한 지리적 조건과 대규모 수처리를 동반하여야 한다는 점 때문에 가까운 장래에 세계 에너지 공급에서는 큰 역할을 하기 힘들 것으로 예측된다. 그러나 일부 지역에서는 유용할 수 있다.

OTEC 이외에 심부의 해류가 해저 터빈을 돌려 에너지를 공급할 수 있다는 의견이 있다. 이 방법은 북태평양의 서부지역에서 북쪽으로 흐르는 매우 강한 해류인 크로시오 해류를 사용한다는 아이디어로 대만에서 연구 중이다.

바이오매스

10억 명 이상의 인구가 난방이나 조리를 위해 바이오매스 특히 목재나 동물의 배설물을 이용하고 있다. 바이오매스는 또한 전력생산에도 사용될 수 있다. 나무 조각인, 톱밥, 짚, 쓰레기, 사탕수수 줄기(그림 4.8)와 같은 폐기물을 태워서 전기를 만들어낼 수 있다. 바이오매스는 화력발전소에서 석탄과 함께 연소에 사용될 수도 있다.

그림 4.8 사탕수수는 바이오에탄올과 바이오매스를 만들기 위한 가장 효과적인 곡물이다.

바이오매스는 다음과 같은 방식으로 전기를 만들 수 있다.

- 터빈을 돌리기 위한 증기 생산을 위한 직접 연소
- 복합 사이클 터빈을 이용하거나 합성연료 생산을 위한 열분해를 통한 직접 가스화
- 바이오숯

폐기물 조성에 따라서 복잡한 혼성 가스를 배출할 수 있지만 바이오매스의 장점은 목재나 다른 농작물을 키운 뒤 활용한다면 탄소중립적으로 기저부하를 담당할 수 있다는 점이다. 대부분의 국가에서 바이오매스에는 제한된 접근만 있으며 현재는 총발전량 중 매우 적은 퍼센트만 기여하고 있다.

바이오가스라는 바이오매스에 의한 에너지 생산은 식물이나 동물이 산소가 없는 혐기성 분해에 의해 메탄가스가 형성되는 폐기물 분해과정에서 만들어진다. 이렇게 만들어진 가스를 수집하고 전기를 만드는 데 사용한다. 바이오가스는 이제 매립지나 하수처리장에서 포집되고 있으며 소규모지만 기술은 상당히 성숙되어 있는 상태이다. 메탄연소를 통해 CO_2가 생성되지

만 메탄가스가 매립지나 하수처리장에서 대기 중으로 탈출하는 것과 비교하면 훨씬 나은 방법이다.

발전과 함께 바이오매스인 곡물이나 사탕수수에서 에탄올과 같은 액체수송연료의 대량 생산이 있다. 그러나 얼마나 많은 에너지가 이러한 연료를 생산하는 데 사용되었는지가 불확실하다. 미국 농무성에 따르면 옥수수로 만든 에탄올은 평균적으로 옥수수를 키우고, 수송, 처리하는 데 필요한 것보다 34%의 추가적인 에너지를 만들어낸다고 한다. 반대로 코넬 대학교의 데이비드 피멘텔은 옥수수에서 에탄올을 뽑아낼 때 에탄올이 제공할 수 있는 것보다 29% 많은 에너지를 사용하기 때문에 결국에는 순 탄소 배출이 된다고 결론 내리고 있다. 이를 네거티브 순에너지가치 negative Net Engergy Value 또는 NEV라고 한다.

대규모 에탄올 생산도 특별히 생산 공정에서 발효 때문에 만들어지는 CO_2를 처리한다면 배출을 줄일 수 있는 잠재력이 있다. 에탄올 공정에서 배출되는 가스가 순수한 CO_2라면 상대적으로 쉽게 포집할 수 있으며 미국의 Decature CCS 프로젝트에서 현재 진행되고 있는 방식이기도 하다.

바이오 에탄올 생산과 관련해서는 이러한 작물을 재배하는 데 사용되는 토지의 규모가 문제가 될 수 있다. 다년생의 높은 생산성을 갖는 식물성 원료로 간주되는 미스칸투스 Miscanthus(억새와 유사한 식물류)와 같은 일부 식물들이 에탄올로 전환될 수 있다. 억새는 기존 생태계 교란을 덜 하는 종으로 토양에 탄소를 저장하고 물을 효율적으로 사용하고 비료를 많이 요구하지 않는다. 그러나 추가적인 연구를 통해 부정적 환경영향이 없는지를 확인할 필요가 있다. 이러한 식물들이 대규모 바이오매스를 생산할 수 있는 능력이 있으며 억새풀과 같이 30~40년 동안 발전소에서 사용되어 왔다는 것은 의심의 여지가 없다.

미국에서 농작물이 수송용 에탄올 생산에 주요 역할을 할 것으로 예상되지만 규모가 문제가 된다. 예를 들어 미국 가솔린 소비량의 25%인 매년 1,300억 L의 에탄올을 생산하기 위해서는 Switchgrass로는 3,370만 ha(미국 농경지의 20%), 옥수수로는 18.7백만 ha, 다년생 억새의 하나인 Miscanthus gaganteous는 11.8백만 ha를 필요로 한다. 또 다른 방법으로는 지푸라기와 같은 농업 잔존물 agricultrual residue로부터 추출된 셀룰로오스로 바이오에탄올을 만들어 식량과 연료문제가 충돌하는 것을 방지하는 것이다. 이 방법의 문제점은 윤작이나 또 다른 경작요인과 기후 등에 의해 영향을 받을 수 있지만 이러한 잔유물이 토양 내 유기 탄소 축적량을 유지하는 데 중요한 역할을 한다는 것이다.

바이오 에너지와 CCS를 결합하면 '탄소 네거티브'가 되어 실질적으로 대기 중 CO_2를 줄이는 기회가 된다. 몇 해 전 CCS를 연구하는 호주의 CO2CRC는 사탕수수 쓰레기로 에너지를 만들면서 CCS와 연계하는 방법을 검토하였는데, 매우 효과적인 방법이 될 수 있다는 결과를 얻었다. 최근 국제에너지기구는 2050년까지 2.4 Gt(1 Gt=1,000백만 t)의 CO_2를 지질학적으로 저장(바이오매스와 CCS 연계)할 수 있다고 발표하였다. 2009년 기준 에너지로 사용된 바이오매스에서 배출된 CO_2가 3억 t 정도이고 에탄올 생산과정에서 5,000만 t이 배출되었다. 그중 포집된 CO_2는 전혀 없었다. 미국 일리노이에서의 Decatur 프로젝트에서는 에탄올 공장에서 배출되는 CO_2를 지질학적으로 저장하는 개념을 테스트하고 있으며 유럽과 북미의 수많은 프로젝트가 이러한 개념을 진전시킬 수 있다.

그 자체만으로 또는 석탄화력과 연계된 방식이든 바이오매스를 활용한 발전에 대한 관심이 증가하고 있다. 바이오매스는 의심할 것 없이 어떠한 역할을 가지고 있다는 점은 확실하나 그 역할의 중요성이 어느 정도일지는 아직 불확실하다. 가장 커다란 제약은 바이오매스의 낮은 에너지 밀도로 1 t의 바이오매스에서 생성되는 에너지는 예를 들어 같은 무게의 석탄에서 얻는 것에 비하면 매우 낮다. 이로 인해 장거리 수송이 필요한 경우 수송과정에서 CO_2를 발생시키고 결국에는 발전을 통해 얻어지는 탄소 혜택을 감소시키기 때문에 비용 측면에서도 효과적이지 못하다. 그러나 바이오매스를 연소시킬 때 발생되는 CO_2를 CCS 기술과 연결시킬 경우 탄소배출량 면에서 (−) 효과를 낼 수 있기 때문에 주목된다.

지열에너지

지열(그림 4.9)은 현재 가정용, 산업용 또는 발전용으로 20개 이상의 국가의 화산지대에서 총 10GW 이상의 전력을 생산하는 데 사용된다. 지열의 사용은 지표 가까이의 높은 지열구배geothermal gradient 조건을 필요로 하기 때문에 필리핀, 캘리포니아, 아이슬란드, 인도네시아, 뉴질랜드와 같은 대륙판 경계 또는 그 근처 지역(그림 4.10)의 화산지대로 사용이 국한된다. 이러한 국가들에서 지열에 의한 열은 안정적 기저부하 역할을 하지만 동시에 제한적이며 과도하게 개발될 위험이 있다. 뉴질랜드의 와이라케이Wairakei 발전소에서 과잉 생산으로 인해 시스템의 온도 압력을 낮췄으며 이는 복구되기 전까지 사용할 수 있는 지열에너지의 양을 감소시키는 결과를 초래했다. 그럼에도 불구하고 지열에너지는 지열과 전체 시스템의 지하수 함양관계에 대한 주의 깊은 검토를 통해 지속적으로 사용될 수 있다.

심부 파쇄암반

매우 제한적인 투과도(물이 흐를 수 있는 능력) 때문에 인공적인 파쇄와 같은 매우 특별한 기술을 필요로 함

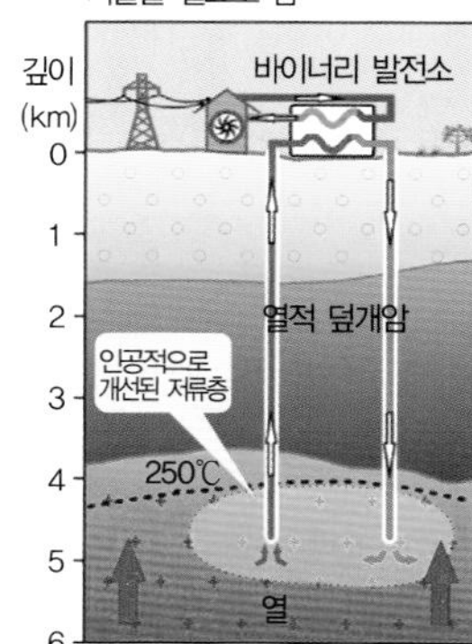

상업적 가동 사례 없음

고온 퇴적 대수층

공극률과 균열로 인한 매우 높은 수준의 자연적인 투과도 일반적인 지열기술로 개발되고 생산될 수 있음

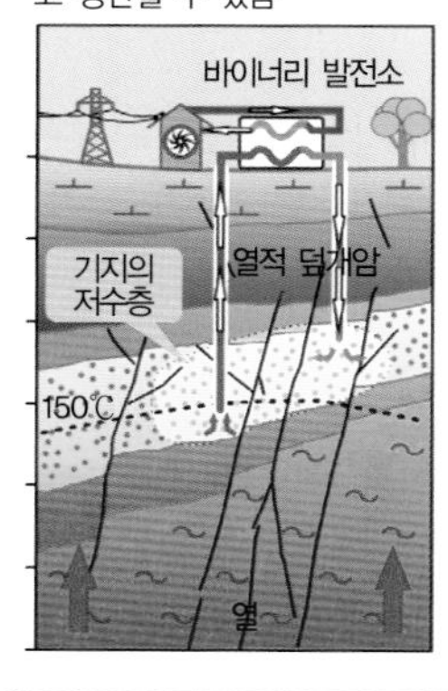

25년 이상 가동 중

화산지대 지열

균열에 의한 높은 수준의 자연적 투과도 일반적인 지열 기술로 개발되고 생산될 수 있음

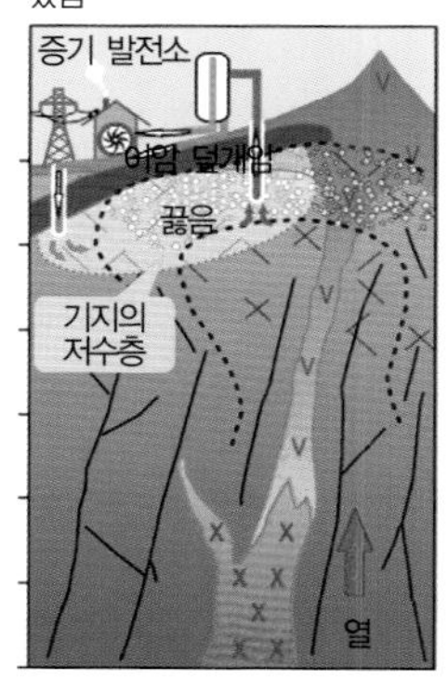

거의 100년 동안 가동되어 왔으며 현재 설치되어 있는 발전용량의 96%를 차지함

그림 4.9 발전을 하기 위한 지열발전에는 세 가지 방식이 있다. 먼저 천부 화산 지열발전, 중심도 고온 염대수층, 심부 파쇄암반을 이용하는 것이다(그림 : Hot Rock Ltd).

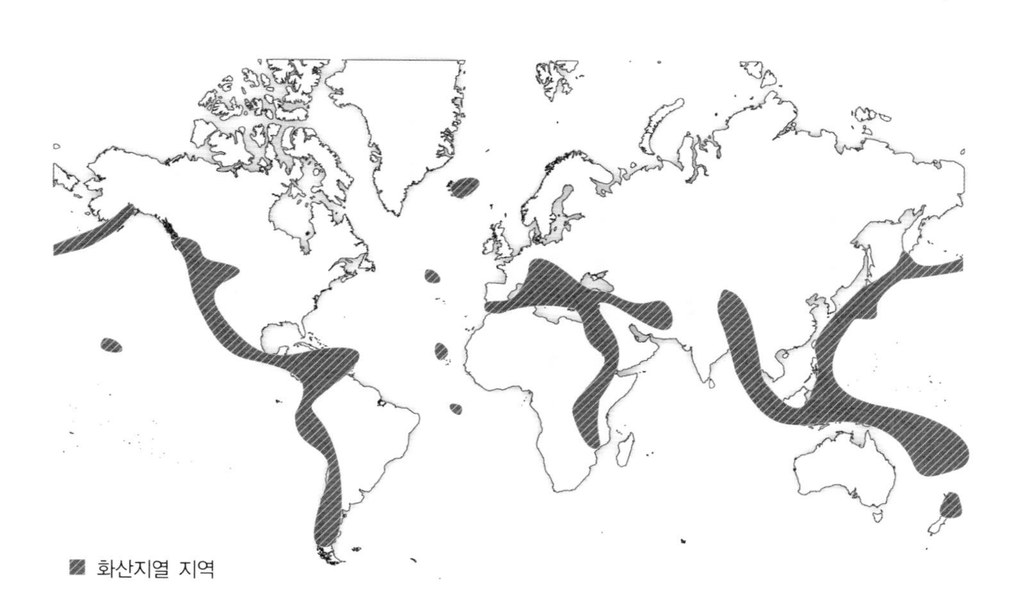

그림 4.10 천부 화산지열을 이용할 수 있는 지역은 대륙판 경계부분에 주로 위치한다(그림 : Smithsonian Institution, Global Volcanism Program).

지열에 활용될 수 있는 고온염수층 HSA, Hot Sedimentary Aqufer은 매우 깊은 심도에 일반적으로 염분 농도가 높고 지열구배가 높으며 상부층은 셰일이나 석탄층과 같이 열을 빼앗기지 않도록 하는 구조가 필요하다. 거기에 대수층은 단층이나 균열을 통해 물이 잘 흐를 수 있어서 뜨거운 물을 잘 뽑아낼 수 있어야 한다.

지열 대수층의 수온은 보통 100°C 이르지만 시추공을 통해 지표로 생산되는 과정에서 식어서 결과적으로 증기를 이용하는 발전에는 활용할 수 있는 열이 부족하게 되기도 한다. 바이너리 발전소 Binray power plant가 이러한 경우에 효과적인 방식으로 생산된 물로부터 얻은 에너지로 이소부탄과 같이 상대적으로 끓는점이 낮은 작동유체의 증기로 터빈발전기를 돌려서 CO_2 배출 없는 전기를 생산한다. 열을 빼앗긴 물은 다시 원래의 대수층이나 또 다른 적당한 지층에 재주입된다. HSA 시스템이 화산지대의 지열활용에 대한 상대적인 장점으로는 폭넓게 사용될 수 있다는 것이다. 추가적으로 HSA 시스템의 경우 CO_2를 지중에 주입하여 대수층이 압력을 조절하는 동시에 다른 에너지 기술과의 시너지 효과를 제공할 수 있다는 것이다.

세 번째 지열 시스템으로는 고온파쇄암반 HFR, Hot Fractured Rocks층을 활용하는 방식으로 HSA나 화산지대와 비슷하면서도 몇 가지 중요한 차이점이 있다. 파쇄암반 지열 시스템은 보통 4~5 km 심도의 암석을 데울 수 있는 소량의 방사성광물을 함유하는 화강암을 활용하는 방식이다. 예를 들어 Geodynamics라는 회사가 호주 중부에서 운영하고 있는 시스템의 경우 온도가 280°C에 이른다. 심부 화강암은 공극과 물이 흐를 수 있는 투과성이 없어서 인공적인 균열을 만드는 수압파쇄가 필요하다. 원하는 방향으로 심부암석에 균열을 만들고 여기에 물을 주입하여 균열을 통과하면서 데워진 물을 지상으로 끌어올리는 본질적으로 완전히 닫힌 시스템이다. 증기는 지표에서 생성되며 발전을 위한 증기 터빈을 돌리는 데 사용된다.

파쇄암반 지열 시스템에 대한 기술적 과제로는 다음과 같은 것들을 꼽을 수 있다.

- 순환용 물의 손실가능성
- 4~5 km의 깊이 화강암 시추 시 대심도 및 고온으로 인한 극단적 어려움
- 수압파쇄에 적합한 고온 화강암을 찾는 문제
- 적합한 고온의 화강암이 전기수요처로부터 떨어져 있어 잠재적으로 송전비용이 높아지는 문제

마지막 문제에 대한 해결책으로는 전기수요를 파쇄암반지열 시스템 주변으로 옮기는 것이다. 전기를 많이 사용하는 광물처리 및 대규모 데이터 센터와 같은 산업체를 HFR 기회가 있는 지역으로 옮기는 것이 가능하다.

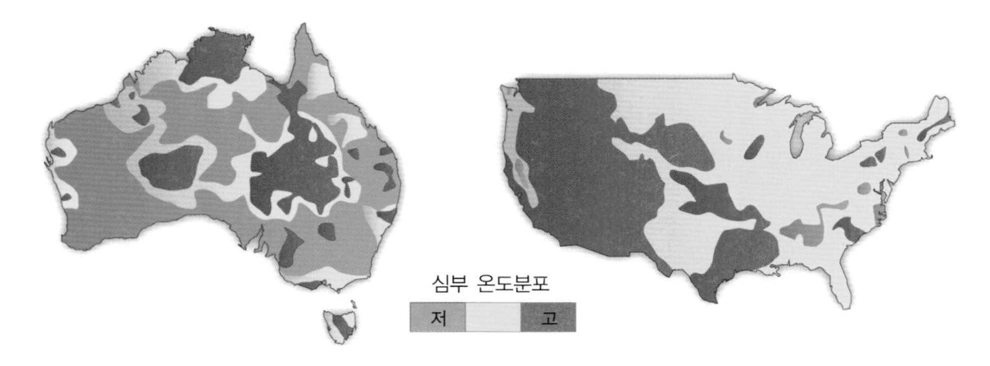

그림 4.11 세계적으로 많은 지역에서 고온 파쇄암반층을 활용할 수 있다. 호주에서는 크게 세 개 지역이 있으며 미국은 서부지역 대부분이 가능하다(자료 : Geoscience Australia; US Department of Energy/EERE).

원자력

그림 4.12 세계적으로 400개 이상의 원자로가 가동 중이다. 사진은 미국 Davis – Besse 원자력발전소로 1978년부터 889 MW 또는 7706 GWhr의 전기를 생산해왔다(사진 : US Nuclear Regulatory Commission).

현재, 원자력은 온실가스를 배출하지 않는 발전 중 가장 큰 비중을 차지하고 있다(그림 4.12). 31개국 400개 이상의 원자로가 가동 중이다. 프랑스는 발전 중 원자력 의존비율이 거의 80%에 차지할 정도로 가장 높은 비율을 가진 나라이다. 원자력은 핵분열에 의해 생산된다. 우라늄이나 플루토늄과 같이 무거운 원자핵이 중성자를 흡수하면 원자핵이 쪼개지는 핵분열이 일어나고 이때 중성자와 함께 많은 에너지가 나오게 되며 이때 중성자 숫자를 조절하는 방식으로 핵분열 속도를 관리할 수 있다. 원자로에서 생성된 열은 증기를 생산하는 보일러를 가열하고 여기서 생성된 증기가 터빈을 돌려서 전기를 만들어낸다.

우라늄은 확인된 고품위 광상만으로 현재 전 세계 사용량 대비 60~100년간 사용할 수 있을 정도로 풍부하다(그림 4.13). 또한 저급이지만 지금부터 한 세기(100년) 동안 잠재적으로 요구될 수 있는 모든 수요량을 충족시킬 수 있는 대규모로 인산염과 연결된 우라늄 자원이 있다. 덧붙여 4세대 원자로는 훨씬 적은 양의 우라늄을 필요로하기 때문에 비록 개발비용이 더 소요될지는 모르지만 우라늄의 가용성이 원자력 수요에 제한을 가하는 상황은 오지 않을 것으로 예상된다.

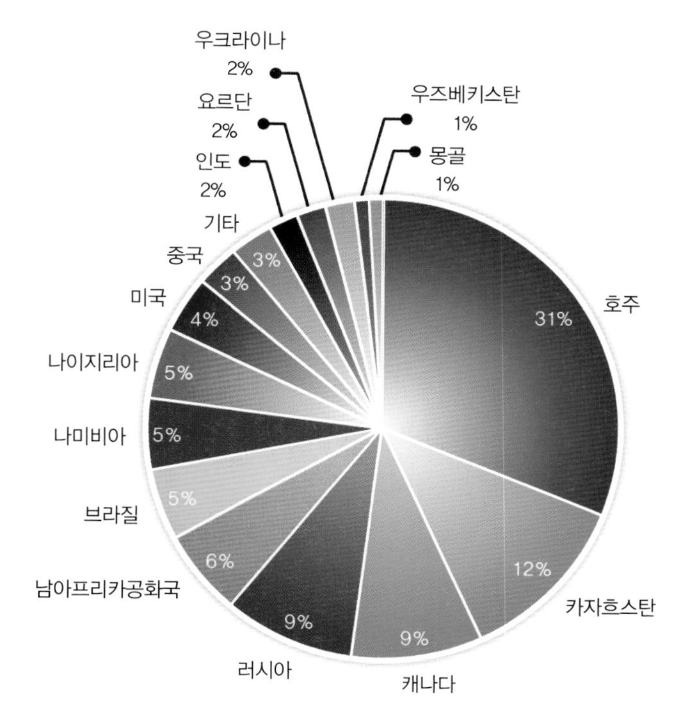

그림 4.13 전 세계 고품위 우라늄 자원의 1/3이 호주에 있지만 호주는 원자력발전소를 보유하고 있지 않다(자료: OECD/IAEA 2008).

비용 이외에 원자력에 대한 분명한 잠재적 문제는 이 기술에 대한 대중의 반대라고 할 수 있다. 쓰리마일이나 체르노빌, 가장 최근에는 후쿠시마에서의 사고는 원자력 산업 전체의 안전에 대한 기록에도 불구하고 대중의 인식에 매우 부정적인 영향을 끼쳤다. 현대의 원자력발전소가 원자력 무기와 연결된다는 점 또한 부정적으로 여겨진다. 더욱이 원자력 폐기물을 취급하거나 처분하는 것이 넘을 수 없는 과학적 또는 기술적 장애물을 만들지는 않지만 폐기물과 관련된 이슈들은 많은 이들의 감정을 자극하는 것이며 미래에 중요한 질문이 될 것이다. 어떻게 하면 사람들이 원자력으로 인한 혜택과 원자력과 원자력 폐기물로 인한 위험성 사이에서 균형을 잡게 될 것인가?

2011년 3월 지진과 쓰나미로 인한 후쿠시마 다이이치 원자력발전소 사고는 일본 전체의 발전용량 중 10GW를 잃게 만들었다. 이것은 원자력이 일본 전체 전력수요 중 30%를 차지하고 있는 상황에서 일본과 같이 지진활동이 활발한 나라들에 원자력의 미래에 대해 매우 중요한 질문을 던지고 있다. 그러나 후쿠시마 원자력발전소에 재앙 수준의 영향을 준 것은 지진이 아니라 쓰나미였다. 분명히 여기서 얻을 수 있는 교훈 중 하나는 원자력발전소가 대형 지진에 견디도록 설계하는 것뿐만 아니라 지진으로 야기되는 쓰나미와 같은 관련 결과를 피할 수 있도록 설계되어야 한다는 것이며 대규모 산사태나 대형 댐의 붕괴, 하천의 유로 변경에도 대응할 수 있어야 한다.

예를 들어 후쿠시마 발전소가 20 m 더 높은 위치에 있었더라면 지진과 그로 인한 쓰나미에서도 살아남을 수 있었을 것이다. 분명히 일본과 지진활동이 활발한 국가들에 있는 수많은 원자력발전소들의 위치는 다시 한 번 평가받게 될 것이다. 그러나 지진활동이 활발하지 않은 지역들이라 하더라도 쓰나미의 영향을 받을 수 있다는 점을 기억해야 한다. 예를 들어 스코틀랜드 동부해안과 잉글랜드 북동부 해안은 8,000년 전 광활한 300 km의 해저사면이 심해로 800 km가 흘러간 정도였던 노르웨이 스토레가Storrega 해저 산사태에 의해 일어난 쓰나미로 침수되었을 것이라고 여겨진다. 쓰나미는 영국 600 km 이상의 해안에 영향을 입혔다. 미국 동부해안에는 카나리 제도 측면의 대규모 산사태로 인한 쓰나미의 증거를 찾을 수 있기도 하다.

지금까지 설명한 것들 중 어느 것도 원자력 발전에 미래가 없다는 증거라고 하기는 부족하지만 분명한 것은 원자력발전소 운영(쓰리마일이나 체르노빌의 사고가 이와 관련이 있다)에 대해서 뿐만 아니라 후쿠시마 사고와 같은 입지조건에도 세심한 주의가 필요하다. 좀 더 엄격한 부지 조건이 원전비용에 추가되어야 하며 이러한 조건들은 원자력발전소에 대한 대중의 의구심을 없애기 위해서도 꼭 필요하다. 또한 발전소 부지나 폐기물 처분장과 마찬가지로 폐연료봉의 보관과 관련된 좀 더 엄격한 기준을 요구할 수도 있다.

핵분열 원자로에 대한 대안으로 현재 고려되고 있는 것이 토륨이다. 토륨은 우라늄보다 3~4배 풍부한 원소이지만 우라늄과 달리 토륨 원자만으로는 핵분열이 일어나지 않는다. 핵분열을 일으키기 위해서는 먼저 우라늄과 같은 중성자 공급원으로부터 추가적인 중성자를 흡수하여 핵분열이 가능한 물질로 전환되어야 한다. 이러한 전환과 추가적인 중성자 공급원에 대한 필요성은 토륨원료의 제조와 재처리에 기술적 어려움을 낳는다. 과거에 지어진 몇 개의 토륨원자로와 현재 건설 중에 있는 실증 프로젝트들이 있지만 현시점에서 토륨이 폭넓게 사용되는 원자력 연료가 될 가능성은 희박해 보인다.

수소 동위원소인 중수소와 삼중수소 같이 가벼운 원소의 핵융합은 상당한 양의 에너지를 방출하며 거의 무한한 에너지를 제공할 수 있는 잠재력을 가지고 있다(그림 4.14). 그러나 오랜 연구에도 불구하고 융합반응로는 여전히 실험적인 단계에 머물러 있으며 앞으로도 오랜 시간 동안 활용 가능한 에너지가 될 것이라고 기대되지 않는다.

그림 4.14 핵융합을 에너지원으로 사용하기 위한 수많은 연구들이 진행되고 있지만 현시점은 실험단계에 머물러 있다. 사진은 영국에 있는 토카막 반응로(Tokamak reactor)이다(사진 : European Fusion Development Agreement – Joint European Torus).

탄소 포집 및 저장(CCS)

배출되는 CO_2를 저장 또는 처분하는 것은 화석연료로 온실가스 저배출 발전 기회와 함께 주요 산업공정에서 CO_2 배출을 줄일 수 있는 기술이다. 탄소 포집 및 저장 기술은 화력발전소와 같이 대규모 CO_2 배출원에 사용될 수 있다. 다양한 시스템이 배기가스로부터 CO_2를 포집하고 분리하는 데 사용될 수 있으며 이것에 대해서는 6장에서 설명한다. 이렇게 분리된 CO_2는 저장 또는 처분될 수 있는 지역으로 수송된다(7장 참조). '저장 storage'이라는 용어를 잘못 이해하면 향후 어느 시점에 저장된 CO_2를 다시 뽑아내 사용될 것이라는 것을 의미한다고 생각할 수 있다. 사실, 저장된 CO_2를 뽑아내어 사용하는 것은 매우 한정적일 것이다. 대신 저장이라는 용어로 대기 중으로부터 CO_2를 장기적으로 제거한다는 의미로 사용되고 있는 것이다. 저장하는 방법으로는 지질학적인 방법, 해양처리, 광물화 등 세 가지 방식이 있다.

지질학적 저장(그림 4.15)은 1,000 m 이상 깊이에 영구적으로 CO_2를 간직할 수 있는 암석에 주입하는 것으로 CO_2가 수백만 년이라는 지질학적 시간 동안 그곳에 머물게 된다. 이 기술에 대해서는 제8장과 제9장에서 훨씬 더 자세하게 설명되어 있다.

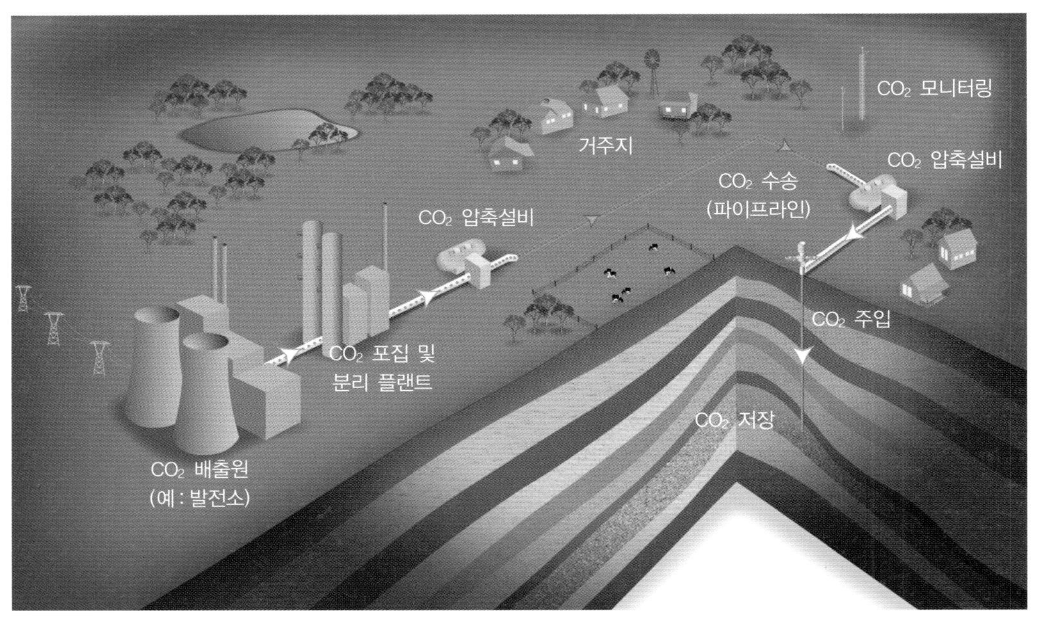

그림 4.15 탄소 포집 및 저장(CCS) 기술은 화력발전소 또는 비료공장과 같이 대규모 CO_2 고정 배출원, CO_2를 분리하기 위한 플랜트, 파이프라인을 통해 주입하기 전 압축하기 위한 시설, 그리고 적절한 저장 사이트가 필요하다. 어떠한 CCS 프로젝트도 지역사회와의 원만한 관계설정이 중요한 요소이다.

해양저장(그림 4.16)은 수심 1,000 m 이상의 심해에 CO_2를 주입하는 것으로 대기로부터 분리되어 수백 년 이상 저장한다. 해양저장의 개념은 국제응용 시스템 분석연구소 International Institute for Applied Systems Analysis의 세자르 마르게티 Cesar Marchetti가 1976년 처음 제안하였다. 그 이후 파이프라인이나 선박을 이용하거나 해저면을 관통하는 드라이아이스 '어뢰'와 같이 CO_2를 바다에 주입하는 여러 가지 방법들이 제안되었다.

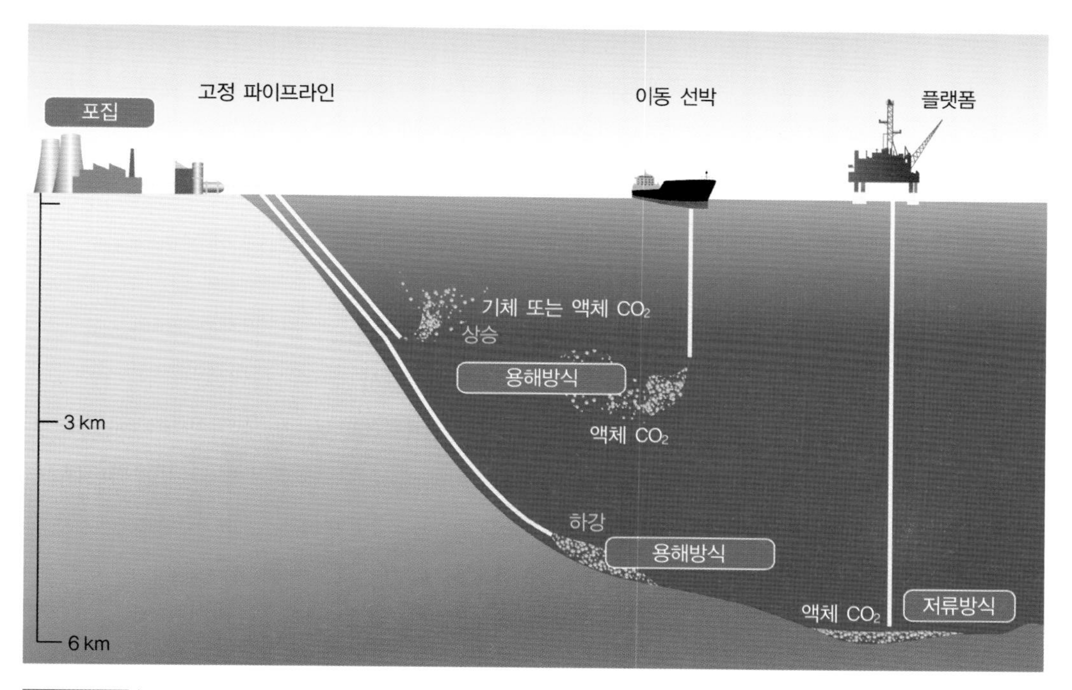

그림 4.16 CO_2를 해양에 처리하는 방법은 여러 가지가 제안되었다. 그러나 이런 처리방법은 심각한 사회적, 그리고 정부의 반대에 부딪혔다.

그렇게 되면 CO_2가 해수면에 도달하기 전에 물에 녹게 되고 수심이 충분이 깊을 경우 수면 근처까지 올라오기까지 수백 년 이상 걸릴 것이다. 또 다른 대안으로 매우 깊은 수심에서는 CO_2가 수화물(hydrate : 얼음 알갱이와 같이 물 분자로 만들어진 그물망에 CO_2가 갇히게 되는 결정구조)이 만들어지고 가라앉아서 해저면에 모인다. 또한 일정 수심 이상에서는 물보다 무겁기 때문에 해저면에 'CO_2 호수'를 형성하여 영원히 빠져나오지 못하게 된다. 추가적으로 해저면에서 최대 수십 m에 이르는 미고결 상태 퇴적층에 CO_2를 주입하는 방법을 생각해볼 수 있는데, 이는 지질학적 저장과 해양저장 중간 형태라고 할 수 있다.

일반적으로 CO_2가 깊은 심도에서 주입될수록 대기로 돌아가는 데 걸리는 시간이 길어진다. 그러나 해양저장은 이를 확인할 수 있는 만큼 오랜 시간 테스트 되지 못하였다. 실험실과 현장 실험은 주입된 CO_2가 해양 생물에게 미치는 영향이 매우 클 것이며 주입이 길어질수록 영향 또한 더 광범위해 질 것이라는 점을 보여주고 있다.

과거 200년 동안의 대기 중 CO_2 농도 증가는 해양 CO_2 농도 증가를 일으켰다. 이것은 해수면 근처의 바닷물의 pH를 0.1 정도 높이는 결과를 초래했다. CO_2의 직접주입은 산성화 과정을 크게 촉진할 것이며 잠재적으로 해양 생태계에 의도하지 않았던 심각한 문제를 일으킬 것이다. CO_2 해양저장이 해수에 끼칠 영향과 더불어 일단 CO_2가 주입되고 나면 신뢰할 만한 모니터링 방법이 없기 때문에 이 개념에 대한 시민단체와 정부의 반대가 있다. 기후변화 대응기술로 해양저장이 사용될 가능성은 해양에 배기가스와 이산화탄소를 포함한 산업폐기물 투기를 금지하는 국내법 또는 국제법에 의해 더욱 희박해진다. 이러한 모든 불확실성으로 인해 가까운 미래에 해양저장이 활용될 가능성은 거의 없을 것 같다.

광물화에 의한 CO_2 저장도 고려해볼 수 있다. 이산화탄소를 마그네슘, 칼슘과 반응시켜 새로운 탄산염 광물을 만들어 CO_2를 고정시키는 것으로 8장에서 좀 더 자세하게 다루고 있다. 탄산염 광물화는 알루미늄제련소에서 고 알칼리 빨간색 머드 highly alkaline bauxitic red muds를 처리하는 데 사용되는 방법(그림 4.17)으로 폐 CO_2를 이용해 pH를 낮추고 탄산염 광물을 형성시키는 방식이다. 이러한 접근방식의 추가적인 사례로는 호주 빅토리아 주의 헤이즐우드 포집 프로젝트를 꼽을 수 있는데, 여기에서는 포집된 CO_2를 타고 남은 석탄 슬러리에 들어 있는 수분의 pH를 낮추고 탄산칼슘을 형성시키는 방식으로 CO_2를 처리하고 있다.

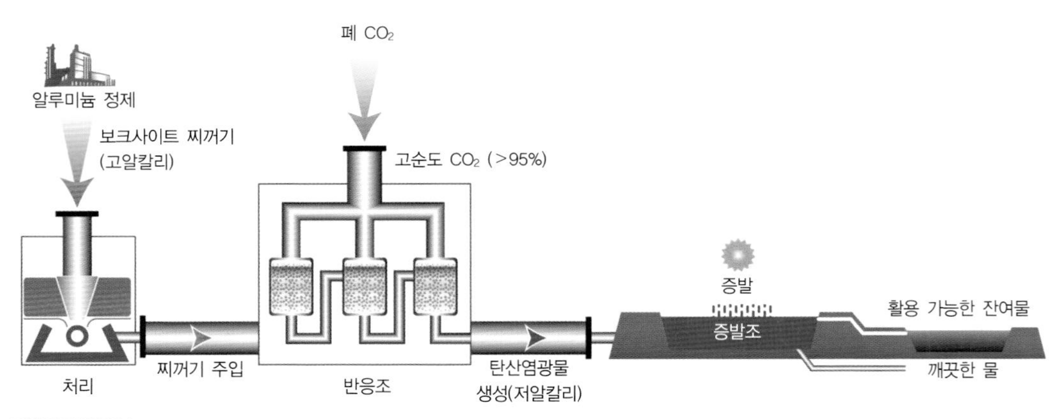

그림 4.17 CO_2는 알루미늄 정제과정에서 생성된 적니(赤泥)와 같은 광물 찌꺼기와의 반응을 통해 처리될 수도 있다. 그림은 Alcoa 알루미늄 공장의 공정으로 수많은 환경적인 이익과 함께 CO_2를 저장할 수 있다.

더 도전적인 기회로는 세계 곳곳에서 발견되는 매우 유해한 폐기물의 구성성분인 석면을 처리하는 방법으로 제공될 수 있다. 석면을 석회석 $CaCO_3$ 또는 마그네사이트 $MGCO_3$와 같은 안전한 제품으로의 전환하는 것으로 석면의 적절한 취급방법만 고안된다면 CO_2를 저장하고 환경 및 건강에 유해한 물질을 처리하는 매우 유익한 방법이 될 수 있다.

CO_2를 건축 자재와 같은 유용한 제품으로 만드는 수많은 방법들이 제안되고 있지만 현재 그러한 방법에 대한 기회는 매우 제한적인 것으로 보인다. 기후변화에 관한 정부 간 협의체 IPCC는 연간 CO_2 사용량이 1억 t을 넘지 않으며(대부분이 EOR이라고 불리는 원유회수증진에 사용되고 있음) 그 양이 가까운 장래에도 크게 변하지 않을 것으로 예상하고 있다. 원유회수증진 Enhanced Oil Recovery에 사용되는 CO_2를 산업공정 또는 발전소에 포집된 CO_2로 바꾸는 것도 하나의 진전이라 할 수 있다. Parsons Brinckerhoff의 연구는 CO_2 사용에 따른 수익은 평범한 수준으로 건축재료에 대한 높은 수요가 있는 개발도상국 같은 경우에 특별히 의미가 있을 것이라고 결론 내렸다. 하지만 이 연구는 동시에 매우 특별한 경우가 아니라면 포집된 CO_2의 사용이 CO_2 배출에 대한 전 지구적 대응에 의미 있는 정도로 기여하는 것은 어려울 것이라고 말하고 있다.

해조류를 이용한 격리 또한 저장 옵션으로 제안되고 이들 제안을 검증하기 위해 수많은 프로젝트가 진행되고 있다(그림 4.18). 간단히 설명하면 분리된 CO_2 또는 CO_2가 대부분인 배기가스를 반응조, 탱크나 연못에 넣으면 해조류의 광합성에 의해 소비되는 원리이다. 이런 방식으로 해조류가 재배되고 난 뒤 수송용 연료, 의약품 또는 동물사료와 같은 제품으로 만들어진다. 조류에 의한 고정은 일부 환경에서 상업적으로 매력적일 수 있으나 저장을 위한 시간단위가 며칠 또는 몇 주가 아닌 몇 년에 걸쳐 일어나기 때문에 대규모 저장기회가 아닌 것은 분명하다.

그림 4.18 조류는 CO_2를 흡수한다. 조류를 수확한 뒤에는 바이오디젤과 동물 사료를 만드는 데 사용할 수 있다. 조류 형태로 CO_2를 처리하는 것은 경제적으로 가능할 수 있지만 대규모 저장 수단으로 사용되기는 어렵다(사진 : AlgaePARC).

결 론

요약하면, 발전부문과 관련하여 배출량을 줄일 수 있는 여러 가지 방안들이 있다. 에너지 효율 제고는 폐열회수, 발전소의 개선된 보일러, 개선된 단열 또는 고효율의 전기제품 활용과 같이 비용 효율적이며 지속 가능한 방식으로 배출량과 비용을 절감할 수 있는 잠재력을 지니고 있다. 대부분의 국가전략은 에너지 효율개선에 최우선순위를 두고 있다. 그러나 비용 효율적으로 CO_2 배출을 줄이기 위한 최적의 기술조합은 어렵다는 점이 확인되고 있다. 이는 에너지 안보, 환경 영향, 실행 가능한지 여부, 비용과 지역사회의 수용성 등과 같은 이슈들 사이의 상호작용의 복잡성 때문이다. 다음 장에서는 이러한 이슈들의 상호관계를 자연, 그리고 에너지 믹스의 복잡성과 함께 고려해보도록 하자.

제5장 온실가스 대응기술의 포트폴리오

지난 장에서는 대기 중으로 배출되는 CO_2를 줄일 수 있는 기술에 대해 간략히 설명하였으며 그 과정에서 단일 기술로 문제를 해결하기보다는 여러 기술로 구성된 포트폴리오가 필요하다는 점을 지적하였다. 포트폴리오는 지역여건, 정책요구사항, 지역사회의 기대를 반영해야 하므로 다양할 수밖에 없으며 기술적인 측면 이외에도 관련 이슈들에 미치는 영향을 포함하여 그 한계를 고려해야만 한다. 따라서 대응 포트폴리오가 어떤 방식이 되려는지 고려하기 전에 에너지 – 기후 – 수자원 – 인구 – 식량, 그리고 핵심적인 기술들의 영향과 같은 이슈 간의 상호관계를 고려하는 것이 필수적이다.

인구증가와 에너지 믹스

지금까지 이 책에서 주목 받지 못한 한 마리 코끼리가 있다면 바로 인구증가이다. 그것이 인류에 대한 가장 핵심적인 부분을 이야기하는 것이라 아마도 가장 다루기 힘든 문제라 할 수 있다. 현재 지구에는 70억 명의 인구가 있으며 그중 10억 명이 기아에 허덕이고 있다. 약 10억 명 정도(기아 상태의 사람들과 동일 할 수도 있음)는 전기와 이를 이용하는 혜택을 거의 또는 전혀 받지 못하고 있다(그림 5.1).

세계 인구는 금세기에 90억 명까지 증가할 것이다. 인구조절이 필요하다고 이야기하는 사람들이 많이 있지만 정부 정책으로 연결되기는 힘든 일이다. 중국은 한자녀 정책이라는 가혹한 조치를 시도하였지만 더 이상 강제적으로 실시하지는 않는다. 인도에서는 좀 더 긍정적인 방식으로 인구조절을 위해 노력했지만 인구는 거침없이 증가하였으며 금세기 중반 또는 그 이전에 중국의 인구를 넘어설 것이다.

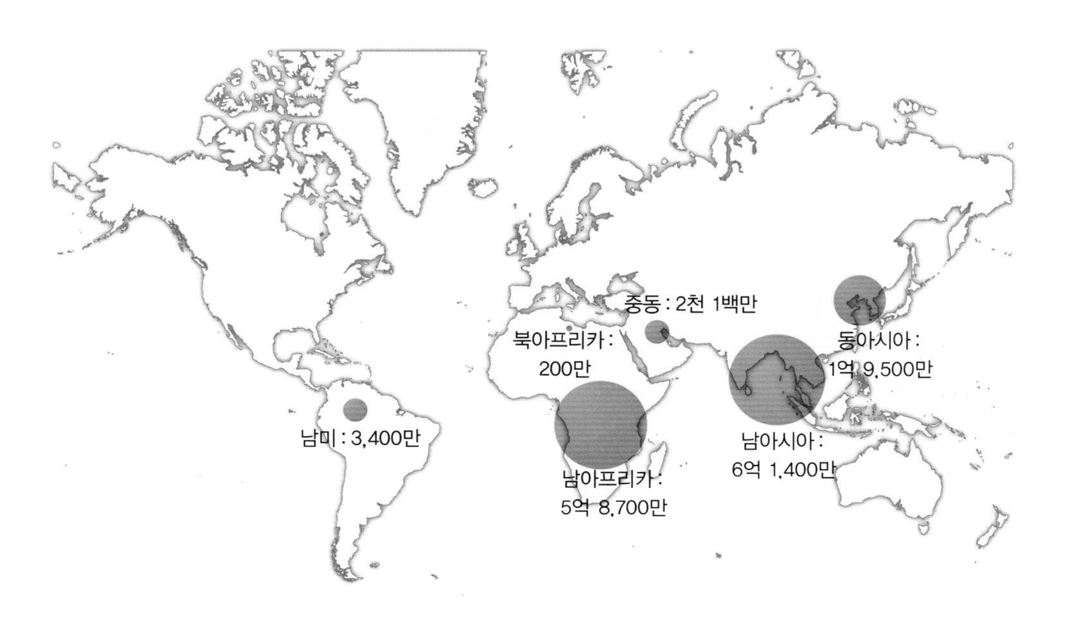

그림 5.1 주로 남아시아와 아프리카에 거주하는 10억 명 이상의 인구가 전기의 혜택을 제대로 받지 못하고 있다. 이러한 지역의 우선순위는 전기를 공급하는 것이지 온실가스 이슈는 뒷전에 머무를 수밖에 없다(자료 : OECD/IEA 2010).

교육과 개선된 생활수준은 개발도상국에서의 인구증가를 줄일 수 있는 가장 큰 잠재력을 제공할 수 있지만(그리고 이것은 전기사용이 좀 더 쉬워질 필요가 있다) 그러기까지는 가파른 인구증가를 겪게 될 것이며 기후변화를 막는 데 이러한 조건을 받아들여야만 하는 상황이다. 일부는 이러한 자세를 패배주의적이라고 생각할지 모르지만 '현실적'이라고 하는 것이 더 적절한 용어이고 IEA와 IPCC와 같은 국제기구의 에너지 전망에 더 적합한 가정이라 할 수 있다.

이렇게 증가하는 인구를 먹여 살리려면 토지의 생산성을 높여야 하고 이를 위해서는 바이오기술의 새로운 발전과 좀 더 많은 비료, 특히 질소 비료의 사용, 그리고 영농의 기계화가 요구된다. 질소 비료 생산은 부산물로 엄청나게 많은 CO_2를 만들어내는 에너지 집약산업이다. 그러나 이것은 단지 20억 명의 사람들을 먹이는 문제가 아니며 개발도상국의 수십억 명의 인구에게 선진국에서 즐기는 것과 같은 수준의 물질적 풍요를 열망하게 만든다.

개발도상국의 이러한 합리적인 기대가 전 지구적 탄소 배출량의 엄청난 증가 없이 충족될 수 있을까? 선진국의 기대수준을 낮춰 배출량을 줄이고 개발도상국을 위한 추가적인 '탄소배출권'을 만드는 방법을 생각해볼 수 있다. 대부분의 사람들이 생활수준이 떨어지는 것을 허용하지 않을 것이라는 점을 감안하면 인구증가에 따른 탄소증가를 상쇄하기 위해서는 식량생산 증가를 위해서 바이오기술 향상이 필요한 것과 같이 기술향상을 통해 대부분 해결되어야 한다.

에너지 믹스와 바이오연료

인구증가의 불가피성을 받아들인다는 것은 일반적으로 에너지 효율과 새로운 기술의 중요성을 강조하는 것이지만 동시에 에너지 믹스상의 어떤 기술들이 자리 잡을지에 대한 의문을 낳는다. 바이오연료의 개발과 사용은 복잡하다. 일부 상황에서 바이오연료는 지속적으로 생산할 수 있고 CO_2 배출량을 감축하는 데 유용하지만 또 다른 상황에서는 토양탄소배출, 번식에 따른 기존 생태계 영향, 물과 비료의 과도한 사용, 식량생산에 끼치는 영향과 같은 부정적 결과가 혜택을 넘어설지 모른다.

바이오연료를 위한 원료 생산은 경작농지에 대한 경쟁을 부추기고 식량가격 상승과 일부 사례에서는 식량부족과 불안을 야기하기도 한다. 이를 피할 수 있는 한 가지 가능한 방법은 비생산적인 한계 토지에서만 바이오연료 작물을 키우는 것이다. 많은 나라에서 즙이 많은 자트로파 Jathropha curcas(견과류의 일종)와 바닷물이 드나드는 늪지에 사는 마쉬 삼피어 marsh samphire와 같은 식물을 바이오연료 작물로 테스트하고 있다. 특별히 자트로파는 큰 관심을 끌고 있다. 1ha의 자트로파로 400~600L의 오일을 짜내 고순도 바이오디젤을 생산할 수 있다.

그러나 자트로파는 독이 될 수 있어서 서호주에서는 상업적 작물로 재배하거나 도입할 수 없는 유해잡초로 선언한 바 있다. 또한 자트로파가 옥수수나 사탕수수보다 많은 물을 요구하는데, 이것은 열대지역에서의 바이오연료 작물로서의 가치를 제한할 수 있다.

그러므로 당장의 바이오연료 생산 증가는 더 많은 경작면적을 필요로 하며 그로 인해 더 많은 토지가 식량 재배에 필요하게 될 것이다. 미국의 지배적인 바이오연료로 옥수수 기반의 에탄올에 의한 순 에너지 혜택은 그다지 대단하지 않다는 점을 고려하면 옥수수 기반 바이오연료가 납세자에 의한 보조금을 받아야 할지 의문이다. 기존의 보조금은 과학적 또는 경제적 논쟁의 강도보다는 로비의 효율성에 더 크게 의존할 것 같다. 설탕 기반의 에탄올 생산은 옥수수를 비롯한 다른 바이오연료보다 에너지 효율적이어서 계속될 가능성이 높다. 그러나 모든 바이오연료가 긍정적인 환경적, 경제적, 그리고 탄소 배출 결과를 성취하게 될 것이라는 확신을 얻기 위해서는 소요되는 물과 비료를 고려함과 동시에 완전한 탄소와 에너지 계산의 대상이 되어야 한다.

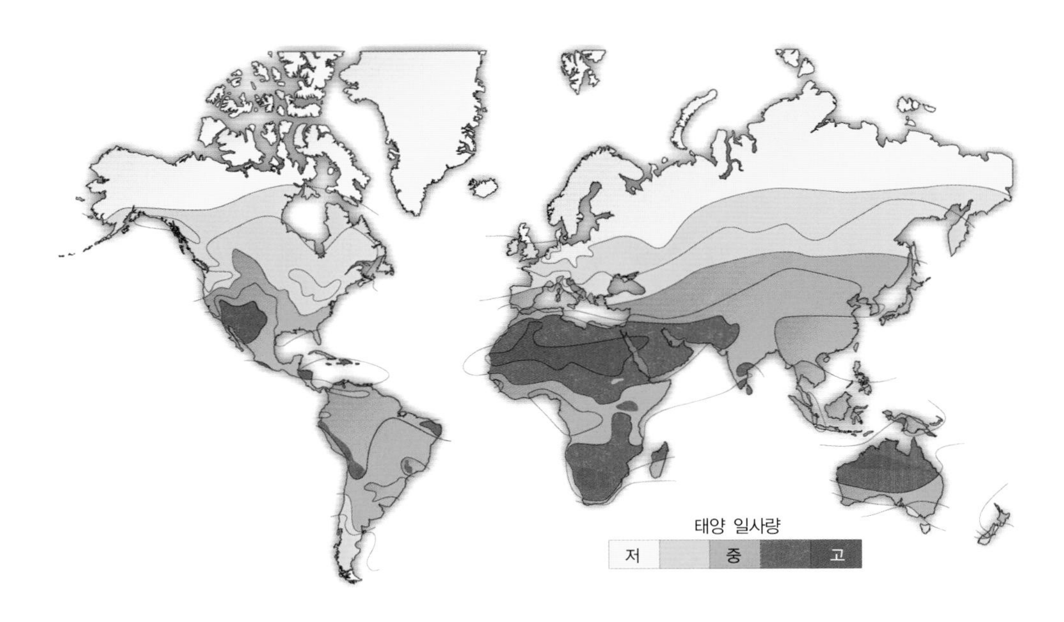

그림 5.2 특별히 사막과 열대지역은 태양복사량이 풍부하다. 이러한 지역의 인구밀도는 낮지만 그동안 전기의 혜택을 받지 못하는 수백만의 사람들에게 전기를 공급할 수 있다(자료 : NASA 2001, 3TIER 2011a).

서로 다른 기술의 토지 요구

증가하는 인구를 위한 거주 또는 식량생산 공간의 필요성은 그들 중 일부가 상대적으로 커다란 면적을 차지하게 될 다양한 에너지기술원 energy technology sources이 필요로 하는 공간과 경쟁하게 될 것인가? 비교를 위해 1,000 MW의 전기를 공급한다고 가정한다면 각각의 기술별로 차지하게 될 면적은 얼마나 될까?

태양에너지의 경우 어떠한 시스템을 사용하느냐에 따라 달라진다. 태양광은 물론 사용되지 않고 있는 지붕에 설치될 수 있지만 대규모 설비를 위해서는 엄청난 면적을 필요로 해서 1,000 MW의 경우 25 km^2 수준의 토지가 있어야 한다.

1,000 MW를 풍력으로 발전하기 위해서는 3,000 MW급의 발전시설을 설치해야 한다. 이때 필요한 토지는 풍력 터빈 사이의 거리를 터빈 직경의 3배~8배 정도로 가정할 때 50 km^2 수준이다. 그러나 풍력발전과 동시에 전체 면적의 90% 정도에서는 여전히 식량생산이 가능해지므로 실제 사용되는 면적은 수 km^2 수준이라고 할 수 있다.

화력발전소의 경우, 40년간 사용할 석탄을 채굴하는 노천 탄광과 발전소 부지, 추가로 수송용 100 km의 철도 부지를 포함하더라도 10 km^2 수준의 공간을 필요로 한다. 만일 석탄이 발전소로 수입된다고 가정하면 단지 발전소와 석탄 저장시설 정도만 필요하다.

캐나다, 러시아, 호주와 같이 인구밀도가 낮은 국가들의 경우 토지 면적이 실제 사업을 위한 구속조건이 아니다. 그러나 서부 유럽이나 아시아와 같이 인구밀도가 높은 국가들에서는 각 기술이 요구하는 공간이 중요한 문제가 될 수 있다.

지형의 영향을 많이 받기 때문에 수력발전은 매우 특별한 환경을 필요로 하고 환경에 영향을 미친다. 가스화력 발전, 지열, 원자력과 같이 다른 기술의 경우 이러한 영향이 크지 않으며 조력발전의 경우 식량생산에 미치는 영향은 무시할 수 있다.

전반적으로 바이오매스, 바이오에탄올과 같이 곡물재배로 사용될 토지를 이용하는 경우를 제외하고는 에너지 시스템이 요구하는 공간은 크지 않은 수준이다. 도시화가 가속화됨에 따라 곡물재배 면적이 줄어들게 되는데, 그렇지 않을 경우 훨씬 많은 사람들을 기존의 도시지역에 수용해야 하고 이것 또한 에너지 사용에 영향을 미친다.

물에 대한 영향

어떻게 에너지가 물에 영향을 미치고 반대로 물이 에너지에 영향을 미칠 수 있을까? 식수는 우리의 가장 소중한 재화 중 하나이며 지속 가능한 방법으로 사용해야만 한다. 인구밀도가 높은 지역에서는 물의 재활용을 늘릴 필요가 있으며 담수화를 해야 할 수도 있는데, 이러한 프로세스는 과도한 에너지 소비를 불러온다. 세계정책연구원World Policy Institute이 2011년에 펴낸 논문에서 다이애나 글라스맨은 수돗물 처리 및 공급 비용의 75%가 전기이며 미국에서 사용되는 전체 전기사용량의 4%가 물 공급 및 처리비용이라는 점을 지적했다. 물 사용량의 70~80%는 농업용수로 그 대부분이 관개용도로 사용된다. 전통적인 석유나 천연가스 개발에 사용되는 물의 양은 다른 에너지 분야와 비교하여 큰 차이가 없지만 비재래 셰일가스나 석탄층 메탄가스 개발사업의 경우 이야기가 다르다. 이는 가스 추출 공정에 기인한다. 오일샌드의 경우 단위 에너지 생산량 대비 물 사용량이 셰일가스나 석탄층 메탄가스에 비해서도 훨씬 높은 수준이다.

그러나 글래스맨에 의하면 셰일가스, 탄층가스, 오일샌드 개발을 위한 물 사용도 콩이나 옥수수와 같은 바이오연료 재배에 사용되는 물에 비하면 중요성이 많이 희석된다. 따라서 바이오연료 생산량 증가는 더 많은 물을 요구하게 될 것이며 일부 지역에서는 용수 상황에 따라 큰 제약조건이 될 것이다.

많은 지역에서 환경문제가 더 큰 장애요인이기는 하지만 물의 가용성은 수력발전에도 제한 요인이 될 수 있다. 일부 지역에서 기후변화와 수량감소는 수력발전 증가를 제한하게 될 것이다. 양수발전은 남는 전기로 물을 높은 지역으로 끌어올린 뒤 전기가 부족할 때 발전하는 방식으로 반복적으로 물을 사용하여 신재생에너지와 효과적으로 연결될 수 있다. 현시점에서 양수발전은 심야시간대에 화석연료 발전에서 남는 전기를 사용해 높은 위치에 있는 댐으로 끌어올린다는 점에서 일부 수력발전의 '녹색인증'을 의문시하게 된다.

원자력 발전은 대규모 냉각수를 필요로 한다. 이러한 이유로 해안 또는 대규모 강 주변에 위치한다. 그러나 4장에서 언급한 바와 같이 2011년 후쿠시마 원자력발전소의 쓰나미로 인한 피해는 원자력발전소의 위치를 재검토할 필요성을 제기했다.

화석연료 기반의 발전 시스템도 냉각과 증기 생성을 위해 대량의 물을 필요로 하고 물 사용량을 줄이기 위해서는 공기냉각 시스템 사용을 늘릴 가능성이 있다. 석탄화력발전소는 가스화력에 비해 평균적으로 두 배 정도의 물을 사용한다. 반면에 원자력발전소에 비하면 30% 정도 적게 사용하고 태양열 시스템인 경우는 어떠한 유체를 사용하게 되느냐에 달라지지만 물 사용량이 절반 정도에 불과하다는 것이 글래스맨의 분석이다.

화력발전소에서 포집된 CO_2를 지중에 저장할 경우 심부 지하수 자원에 영향을 미칠 수 있다. 이를 방지하기 위해서는 잠재적인 저장 사이트의 지질, 수리지질을 면밀히 검토하여 잠재적인 CO_2 누출 또는 염수가 음용 지하수를 오염시킬 수 있는 가능성을 최소화해야 한다. 이것은 제9장에서 논의된다.

덧붙여서 CO_2 포집설비가 갖춰진 발전소는 그렇지 않은 경우보다 더 많은 전기를 사용하게 되는 것처럼 더 많은 물을 사용한다.

지열발전의 경우 우리가 마실 수 있는 천부 지하수에 대해서는 꼭 그렇다고 말할 수 없지만 심부 지하수에는 영향을 미친다. 풍력은 제4장에서 논의한 바와 같이 지표수 증발에 영향을 미치고 태양광 발전은 지표수 유출에 영향을 준다. 사막지역에서는 정기적으로 태양전지 패널을 씻어줘야 하는 점도 물 수요에 큰 영향을 미친다. 태양열은 작동유체를 무엇을 쓰느냐에 따라 물 수요가 엄청나게 커질 수 있다. 요약하면 모든 에너지원은 정도는 다르지만 수자원에 영향을 미치게 되고 미래 에너지원을 어떻게 구성하느냐라는 결정에 고려되어야 할 필요가 있다.

물, 인구, 식량, 에너지 간의 강한 연결고리는 우리가 다루고 있는 문제의 복잡성과 에너지와 기후에 대한 수수께끼에는 단순한 1차원 해답이 있을 수 없다는 사실을 잘 보여준다.

에너지 믹스와 재생에너지

그래서 대기 중으로 방출되는 CO_2 배출량을 줄이기 위한 기술선택에는 어떠한 경계조건들이 있을까? 첫째, 미래 인구는 앞으로 수십 년간 크게 증가할 것이다. 최대 90억 명의 인구가 물, 더 많은 음식, 더 나은 의료 서비스, 높은 수준의 이동성, 물질적 소유, 그리고 이 모든 것들과 더불어 안정적인 전기에 대한 접근성을 포함한 높은 수준의 삶을 기대하게 될 것이다. 24시간 내내, 즉 항구적인 전기 공급 능력과 기후변화 대응방안을 고려하면 이러한 기대와 실제 현실 사이에 다음과 같은 불일치가 발생한다.

- 수자원과 식량생산에 대한 잠재적 영향
- 배출량을 크게 줄일 수 있는 가능성
- 기술의 성숙도
- 사회적 수용성의 수준

에너지 효율 제고는 모든 제품 박스에 효율을 표시하여 비용 효율성의 한계까지 높여야 한다는 점에서 매우 당연한 수단이다. 태양광 패널은 많은 긍정적인 기능을 가지고 있으며 사회적 수용성 또한 높지만 적절한 에너지 저장 시스템을 갖게 될 때까지는 지속적으로 전기를 제공할 수 없다는 문제가 있다. 따라서 에너지 저장 시스템에 훨씬 더 많은 투자가 필요하다는 점을 확인할 수 있다. 태양열 발전의 경우 아직은 기술의 성숙도가 떨어져서 제10장에서 논의될 것이지만 꽤 오랜 동안 비용수준이 높을 것으로 예측된다. 풍력과 관련된 기술은 성숙도가 높지만 그림 5.3과 5.4와 같이 지리적 위치가 중요하고 24시간 전력을 생산할 수 없다. 또 다시 전기저장 시스템에 대규모 투자가 필요하다는 점을 가리키고 있고 이는 가동시간이 1/3 수준인 전력생산의 간헐성intermittency을 보완하고자 더 많은 풍력발전기를 설치하는 시도에 반하는 것이다. 경치를 망가뜨리고 토지 가치와 저주파 음이 건강에 미치는 악영향 등에 대한 우려는 풍력발전 단지가 점차적으로 이러한 사업에 영향을 미칠 수 있는 지역사회 인식에 나쁜 영향을 미칠 것이라는 것을 의미한다.

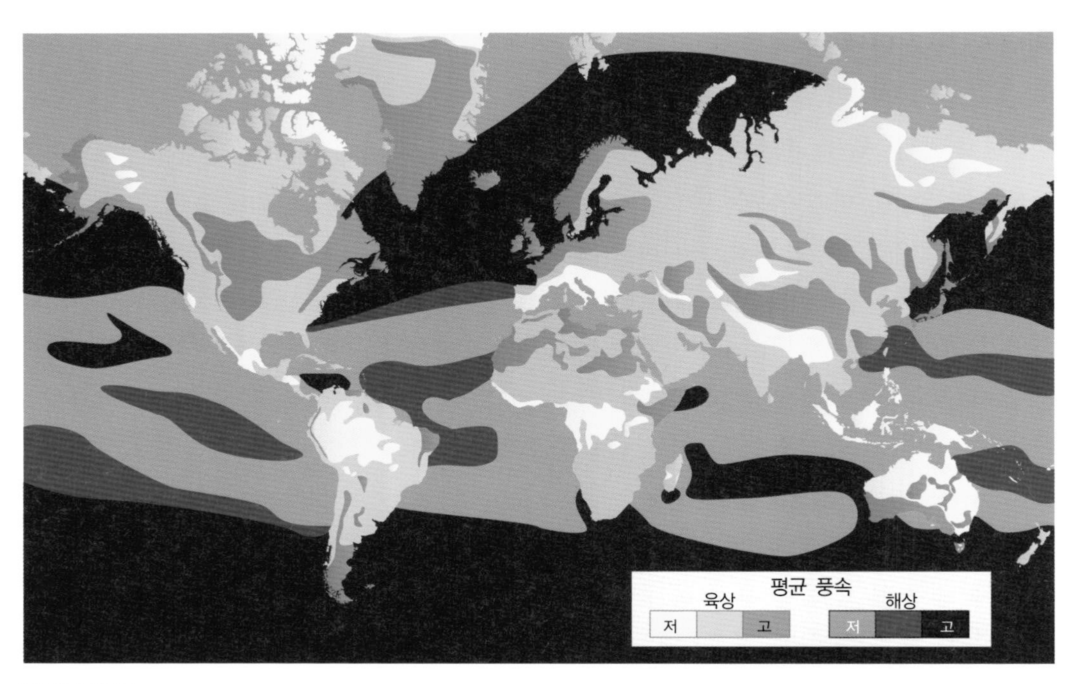

그림 5.3 풍력자원은 지리적인 요인에 크게 좌우된다. 해상 풍력은 육상에 비해 매우 강하지만 해상 풍력을 설치하고 유지하기에 비싸다(자료 : 3TIER 2011a).

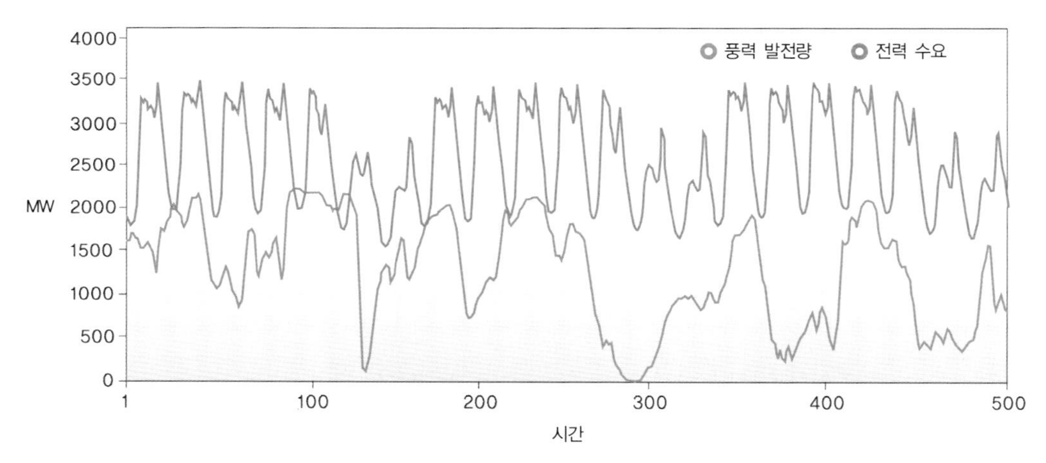

그림 5.4 덴마크에서 3주간의 풍력발전량과 수요를 비교한 그래프로 일치하기 매우 어렵다는 것을 잘 보여주고 있다. 경우에 따라 수요가 줄어든 시점에 풍력이 이를 넘어서기는 하지만 풍력발전량이 거의 제로에 가까울 정도로 줄어드는 시기도 있다. 이러한 문제를 해결하기 위해서는 좀 더 나은 전력 저장 시스템을 개발해야 한다(자료 : Soder et al. 2006).

수력발전은 전기수요의 많은 부분뿐만 아니라 수자원 확보 차원에서도 잠재력이 있다. 그러나 새로운 댐 건설에 대한 지역사회의 반대 때문에 향후 전력공급에서 차지하는 비율이 점차 낮아질 것이다. 댐에 대한 우려를 어떻게 해결할 것인가에 대한 의문은 즉시 해결해야 하는 부분이다. 다만 새로운 댐을 양수발전과 같이 풍력이나 태양에너지의 간헐성을 해결하기 위한 관점에서 바라볼 수 있는 여지는 있다.

파력이나 조력발전의 경우 실제 우리 눈에 보이지 않기 때문에 지역사회에서 받아들일 수 있는 방안이 될 수 있다. 그러나 실제 기술수준이 여전히 많이 부족하며 수년 이내에 안정적인 대규모 전기 공급원이 되거나 CO_2 배출감축에 큰 기여를 하기는 어려운 실정이다.

지열의 경우 24시간 상시 발전이 가능하지만 주요 인구밀집지역과 일치하지 않는 특정 지질학적 환경이 필요하다. 지열발전의 개념이 사회적으로 받아들여지기 쉽지만 화산지대가 아닌 경우에 지열발전기술은 여전히 성숙되지 못하였으며 앞으로 오랫동안 배출량 감축에 큰 기여를 하기는 어려워 보인다. 물론 그럼에도 불구하고 에너지 공급원의 일부가 될 것이다.

2007년 스위스에서 파일럿 암석파쇄 시험이 작은 규모의 지진을 일으켰으며 사회적인 우려를 불러일으켰다. 암석파쇄에 의한 지열발전보다는 고온의 퇴적 대수층 활용이 단기적으로는 훨씬 유망하며 널리 분포되어 있고 개발도 쉬운 장점이 있다. 그러나 여기서 제공되는 열이 상대적으로 저온이라는 단점이 있다.

바이오매스는 사회적으로나 정치인들에게도 긍정적으로 생각되고 있지만 식량생산이나 수자원에 미치는 영향을 고려할 때 이러한 상황이 바뀔 수 있다. 추가적으로 바이오매스 활용에 따른 CO_2 배출감축을 위해 필요한 대규모 경작면적이 바이오매스 생산증가에 부정적인 요인이 될 수 있다. 그럼에도 불구하고 바이오매스는 CO_2 감축에 중요한 기여를 할 것으로 기대된다.

전반적으로 신재생에너지 기술은 사회적으로 높은 수준의 수용성을 보이고 있다. 그러나 이러한 기술들이 실제적으로 제공할 수 있는 현실은 그것이 개별적이든 집합적인 것이든 또는 어떠한 비용이냐는 면에서도 사람들의 기대와 일치하지 않는다. 단기적으로 이러한 점들이 신재생에너지를 비싸게 만들고 사람들이 신재생에너지로 인한 추가 비용을 지불하는 걸 꺼리게 만들 것이다. 사람들은 신재생에너지라는 개념을 좋아하기는 하지만 누구인가 다른 사람들이 추가비용을 지불해줄때나 그런 것이다. 또한 추상적으로는 일반 시민들이 신재생에너지를 좋아할 수 있지만 주변지역에 새로운 풍력단지와 새로운 댐을 건설해야 한다는 점을 인식하고 나면 사정은 달라질 수 있다.

신재생에너지에 대한 이슈들 때문에 청정에너지 옵션이라는 잠재적 중요성이 축소되지 않지만 잠재적 장애요인과 신재생에너지 기술이 언제, 그리고 무엇을 전해줄 수 있는지에 대한 현실적 인식이 중요하다. 결국엔 수많은 국가들의 경험과 비용을 고려해야 하는데, 이러한 국가들에서는 높은 보조금이 필요해서 대중이 지출할 수 있는 수준을 넘게 된다. 이러한 점에 대해서는 이 책에서 좀 더 자세하게 다룰 예정이다.

신재생에너지에 더 많은 투자가 필요하지만 좀 더 현명한 투자가 필요하다. 대부분의 신재생에너지 기술은 지속적으로 전기를 공급하는 용도로 사용하기에는 부족한 부분이 많다. 간헐적으로 발전할 수밖에 없는 문제를 해결하는 방법으로 또 다시 신재생 발전기술을 장려하기보다는 전기 저장기술 개발에 노력해야만 한다. 이러한 에너지 저장기술에는 이미 사용되고 있는 양수발전과 같은 기술, 그리고 혁신적 기술로 연료전지, 공기압축저장, 흑연 또는 화학 시스템을 이용한 열저장 등을 꼽을 수 있다. 개선된 에너지 저장기술은 신재생에너지 기술의 한계를 극복하고 온실가스 감축에 효과적으로 기여하기 위해 꼭 필요하다. 결국 신재생에너지는 주로 천연가스인 화석연료 기반 시스템이 뒷받침 되어야 한다는 가정하에 진행되는 것이 바람직하다. 신재생에너지가 온실가스 감축을 위해 에너지 믹스의 한 축을 담당해야 하지만 이로 인한 비용수준과 토지, 수자원, 그리고 식량에 미치는 영향과 배출감축 수준, 그리고 언제부터 활용가능한지 여부에 대해 검토되어야 하고 전 지구적인 인구증가도 고려해야만 한다.

신재생에너지 이외의 에너지

원자력은 깨끗한 에너지원으로서의 장점에도 불구하고 '너무 위험하다'고 간주하는 사회적 인식 때문에 신재생에너지 이외의 옵션 중 사회적 수용성이 가장 낮을 것이라는 것에는 의심의 여지가 없다. 일본은 핵 프로그램을 재검토하고 있으며 독일 정부는 핵발전 프로그램을 중단하기로 결정했고 이탈리아는 핵 프로그램을 보류하였다. 반대로 일본에 가장 가까운 나라인 한국에서는 원자력에 대한 반대가 명백히 증가한 것으로는 보이지 않는다. 쓰리마일이나 체르노빌, 후쿠시마 원전 사고를 가볍게 여기는 것은 아니지만 이러한 사고로 인한 직접적, 그리고 간접적 사망과 부상자 수는 낮은 편이다.

원자력 발전이 핵무기와 연결되는 인식, 많은 원전 회사들의 투명성 부족이 원자력 발전을 인기 없게 만들고 있다. 현실은 지난 50년간 안정적이면서도 이산화탄소 배출 없는 발전을 계속해왔으며 원전폐기물의 장기 안정적 처분 문제도 기술적으로 극복하지 못할 장애요인이 될 수 없다. 원자력 발전은 전 세계적으로 온실가스 감축에 큰 잠재력을 지니고 있으며 다른 에너지원이 일반적으로 생각하고 있는 것보다 더 비싸고 더 문제가 많다면 전 세계적으로 원자력 발전이 더 많이 사용될 수 있다. 그러나 단기적으로 원자력 발전은 시민들의 반대와 내켜하지 않는 정부에 의해 지연될 것이다. 이러한 맥락에서 독일의 포스트 후쿠시마 선언이 시사하는 바가 있다. 원자력발전소를 폐쇄할 것이라고 한 이 선언은 부족한 전기를 프랑스의 원자력 발전 전기를 포함한 주변 국가에서 수입하여 충족할 것이라는 배경이 있기 때문에 가능하였다.

후쿠시마 사고 이전까지 일본의 원자력 발전은 이후 30년간 두 배가 될 것으로 예상되었다. 분명히 후쿠시마 사고는 이러한 정책에 물음표를 남겨 놓았다. 그러나 일본의 경우 전기의 24%를 원자력에 의존하고 66%(가스 26%, 27% 석탄, 13% 석유)는 화석연료를 통해 공급받는다. 이에 따라 현실적으로 일본, 그리고 일본과 비슷한 상황의 국가들이 배출량 감축을 위해 선택할 수 있는 단기 옵션은 별로 없다. 그러므로 원자력은 일본을 포함한 많은 국가들의 에너지 믹스에서 중요한 역할을 계속하게 될 것이다. 국제에너지기구의 모델링에 따르면 전 세계적으로 6%의 온실가스 감축분이 원자력 발전을 통해 성취될 것이라고 한다. 이러한 목표가 달성되지 않는다면 훨씬 더 높은 에너지 효율과 더 많은 신재생에너지, 그리고 CCS의 적극적 활용이 필요하다.

석탄에서 저탄소 천연가스로 전환하는 것만으로도 단위 에너지당 CO_2 배출량을 크게 줄일 수 있으며 석탄에 많은 부분을 의존하고 있는 국가의 중요한 전략 중 하나라는 점은 의심의 여지가 없다. 가스는 풍부한 매장량이 있지만 석탄보다는 적으며 석탄에 비해 비싸고 가격 변동이 심하다(그림 5.5).

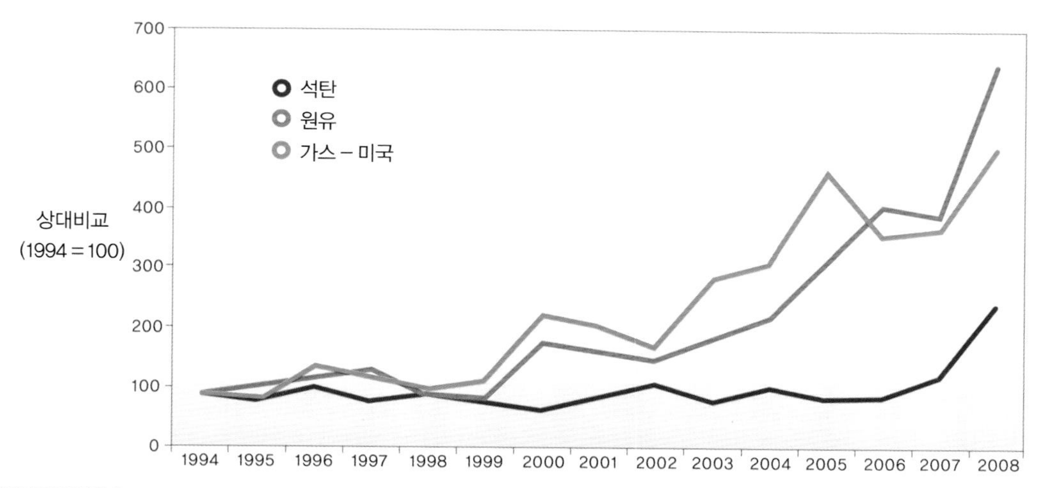

그림 5.5 이 그래프는 석탄, 석유, 천연가스 가격이 어떻게 변했는지를 보여주고 있다. 특히 석탄 가격이 석유나 천연가스에 비해 변동성이 적으며 매우 낮은 수준이라는 점을 알 수 있으며 이로 인해 미래 화석연료 기반의 화력발전소 건설계획에도 큰 영향을 미치고 있다(자료 : Garnaut 2008).

천연가스에 의한 석탄 대체가 큰 폭의 가격 상승을 일으키지 않는다면 사회의 수용성 측면에서 매우 높은 수준으로 보인다. 단기 또는 중기적으로 천연가스는 의심의 여지없이 온실가스 문제에 대한 해답의 일부이지만 장기적으로는 CCS를 포함하지 않는 경우 여전히 CO_2를 배출하는 화석연료라는 측면에서 문제가 될 수 있다. 천연가스에 수반하는 CO_2를 분리하여 처리하는 고르곤 프로젝트Gorgon project와 같은 CCS 사업에 대해 사회적으로 좋은 인식을 주고 액화천연가스 프로젝트에 대한 사회적 수용성을 높일 수 있다. 천연가스 기반의 CCS 프로젝트의 적용은 석탄화력발전에 적용하는 것과 마찬가지로 기술적으로나 재정적으로 어려운 일이다.

근본적 변화로 인한 엄청난 어려움에도 불구하고 가능한 한 빨리 화석연료의 생산 및 사용을 중지하자는 환경주의자들의 바람 때문에 CCS를 고려한 가스 또는 석탄화력발전에 대한 비판이 예상된다. 실제 수년 안에 그러한 변화를 시도하는 것은 알다시피 많은 국가들의 경제와 세계경제 시스템을 파괴할 수 있다. 우리 에너지 시스템의 심대한 변화는 수년이 아닌 수십년간 벌어질 것이며 CCS를 포함하는 포트폴리오로 구현될 것으로 예측된다. 국제에너지기구에 따르면 화석연료의 사용은 앞으로 오랜 기간 동안 지속되거나 아마도 더 늘어날 것으로 예상된다. 석탄은 많은 개발도상국에서 선택하는 연료가 될 것이며 선진국에서는 가스가 더 많이 사용될 것으로 예측되는데, 동시에 CCS 기술과 연계하여 저탄소 경제로의 전환을 돕게 될 것이다.

중장기 에너지 믹스

지금까지 설명한 바와 같이 청정에너지 기술은 각기 긍정적인 측면과 동시에 도전과제를 가지고 있는데(그림 5.6), 중장기적으로는 어떤 에너지 구조가 될 것인가? 값싼 재래식 화력발전과 비교하면 다른 모든 기술은 비용이 늘어날 수밖에 없으며 이로 인해 기존 발전방식에서 큰 변화가 있을 경우 대가를 초래하게 된다. 일부 신재생에너지의 경우 상업적으로 활용 가능한 수준에 오르기에는 심각한 기술적 장애물에 직면하고 있다. 화산지대 지열, 조력, 수력 및 바이오매스와 같은 경우에는 이러한 기술들이 필요로 하는 기반이 확대의 제한요인이 되기도 한다.

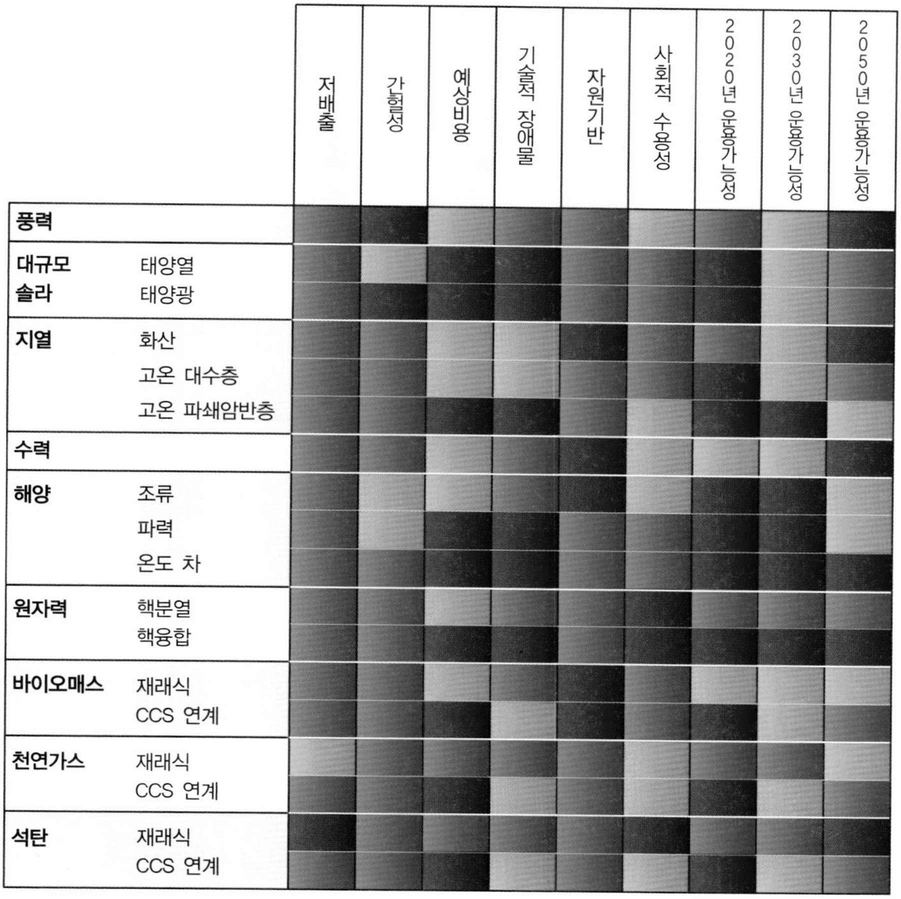

		저배출	간헐성	예상비용	기술적 장애물	자원기반	사회적 수용성	2020년 운용가능성	2030년 운용가능성	2050년 운용가능성
풍력										
대규모 솔라	태양열									
	태양광									
지열	화산									
	고온 대수층									
	고온 파쇄암반층									
수력										
해양	조류									
	파력									
	온도 차									
원자력	핵분열									
	핵융합									
바이오매스	재래식									
	CCS 연계									
천연가스	재래식									
	CCS 연계									
석탄	재래식									
	CCS 연계									

그림 5.6 대규모의 에너지원을 탄소 집약도, 공급 신뢰성 등을 포함한 다양한 이슈들에 얼마만큼 영향을 받는지를 표시하고 있다. 이 매트릭스는 이러한 이슈들에 대해, 그리고 2020년 또는 2050년까지 얼마나 적용될 수 있을지에 대한 시각을 보여주고 있다. 여러 청정에너지 선택지 가운데 초록색은 긍정적인 전망을 주황색은 중립적, 빨강색은 부정적인 전망을 나타낸다.

기술적 어려움, 에너지 안보 필요성, 비용과 필요한 기반 등에 대한 평가를 근거로 국제에너지기구는 2020년까지 기존의 정책에 관한 근본적 변화 없이는 기존의 석탄, 천연가스, 원자력이 발전분야 대부분을 담당하게 될 것이며 풍력, 수력과 태양열 등의 기여수준이 그리 높지 않을 것이라고 결론 내리고 있다. 결국 기존의 배출량이 그대로라면 이것은 온실가스 배출에 좋은 소식이 아니다.

국제에너지기구에 따르면 2030년까지 천연가스발전이 백업을 맡는 형태의 풍력발전이 전체 발전의 20%까지 담당할 수 있을 것으로 예측되고 있다. 수압파쇄에 의한 지열발전이 여전히 기술적으로 어려움을 겪겠지만 퇴적분지 고온 대수층을 대상으로 하는 지열발전은 그때쯤 유용한 기술옵션이 될 수 있다고 한다. CCS기술과 결합된 석탄과 가스화력발전은 매우 중요한 부분을 담당하며 CCS와 결합된 바이오매스 또한 기대되는 기술이다. 그러나 이들 기술 중 일부는 정부 정책 변화 없이 중요한 수단으로 발전하기는 어려울 것으로 보인다. 여기서 말하는 정책변화란 다음과 같은 것들을 포함한다.

- 지금보다 훨씬 높은 수준의 전기요금
- 매우 높은 수준의 탄소세
- 특정 기술이 시장에서 사용될 수 있는 규정
- 주요 R&D 혁신
- 위 항목들의 조합

제10장과 제11장에서 이와 관련된 이슈들에 대해 다뤄진다.

미래 온실가스감축 포트폴리오에 대한 접근방식으로 프린스턴 대학의 Pacala와 Sokolow는 그림 5.7과 같이 BAU Business As Usual로부터 감축할 수 있는 잠재량을 표시하는 그림을 제시

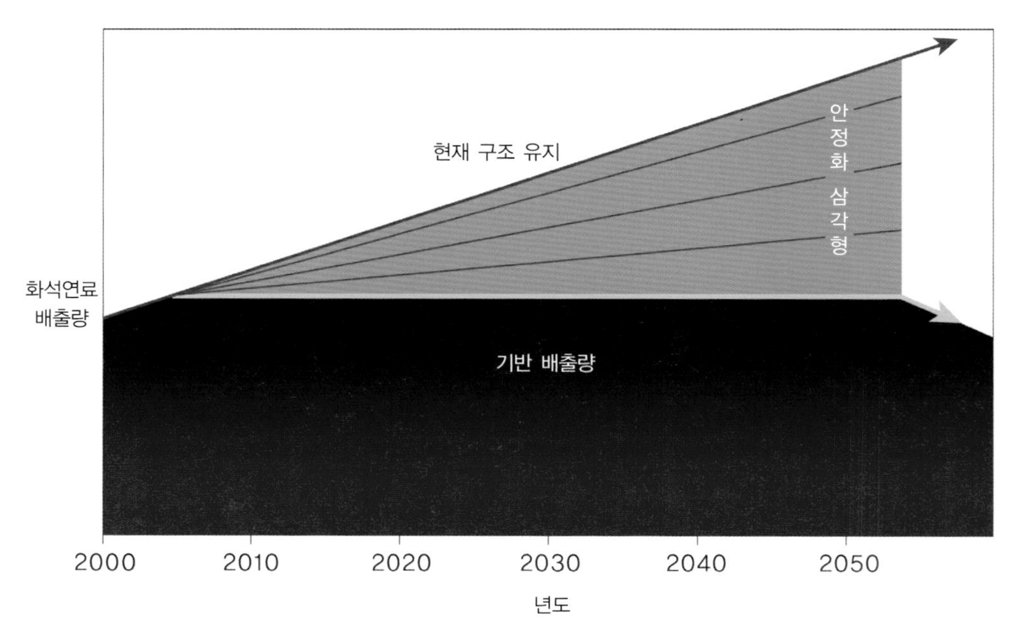

그림 5.7 Pacala와 Sokolow는 처음으로 현재 추세대로 배출하는 BAU로부터 감축량을 표시하는 그림을 사용했다. 그에 따르면 매우 많은 양의 CO_2를 감축해야 하는 실정이다(출처: Pacala and Socolow 2004).

하였다. 이러한 방법은 2008년 국제에너지기구에서 제시한 블루맵BLUE map 시나리오와 같은 것으로 이 방법은 문제의 중요도와 기술 포트폴리오(그림 5.8)에 대한 관점을 제시한다. 국제에너지기구는 소비자 에너지 효율 제고로 인한 감축분이 2050년까지 전체의 1/3을 차지할 것으로 내다봤다. 두 번째로 큰 기술로는 신재생에너지로 20%를 넘으며 CCS를 활용한 발전이 19%, 석탄에서 가스로의 연료전환이 18%인데 비해 원자력은 6%로 예측되었다.

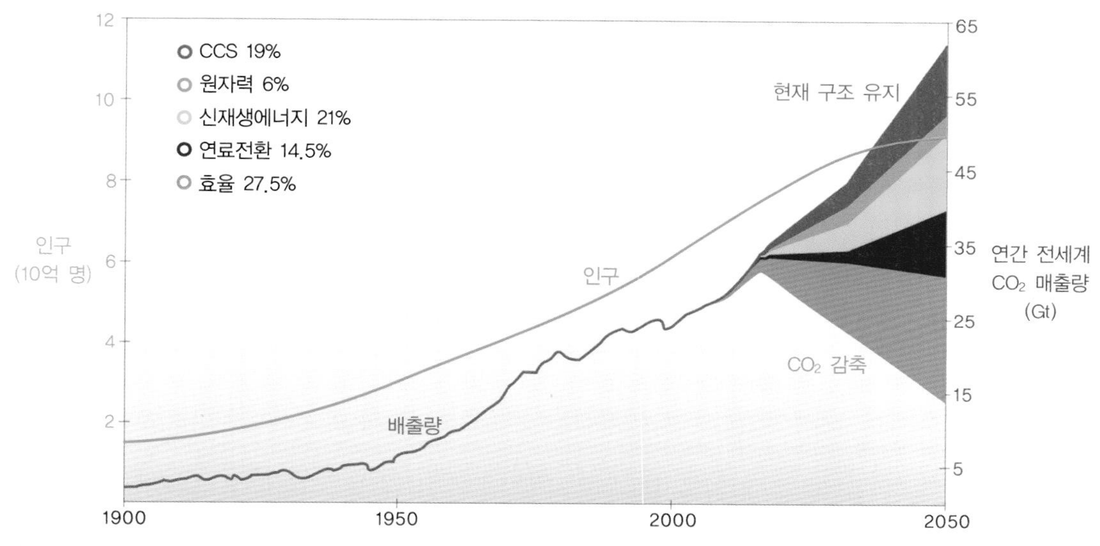

그림 5.8 Pacala와 Sokolow의 접근방식은 그 이후 매우 많은 저자와 기관에서 목표 배출량을 달성하기 위한 방법을 설명하는 데 사용되어 왔다. 이 그림은 IEA가 만든 것으로 블루맵 시나리오이다. 전체 감축분 중 27.5%를 효율 제고에서, 21%는 신재생에너지 사용으로, 19%는 CCS 기술에서, 14.5%는 연료전환, 6%는 원자력 발전을 통해 실현되어야 한다고 보고하였다(자료 : OECD/IEA, 2008; United Nations 2004).

물론 이러한 결과는 모델의 가정에 따라 달라진다. 하지만 전체적인 흐름은 온실가스 문제를 단번에 풀 수 있는 단일 수단은 없으며 여러 수단의 조합인 포트폴리오가 있어야 한다는 관점과 일치한다. 해결책의 복잡함은 국제에너제기구의 2030년 중기 예측에 잘 나타나 있는데, 이에 따르면 신재생에너지가 두 배 이상 성장할 것으로 보이지만 전체 에너지 믹스에서 신재생에너지가 차지하는 비율은 여전히 부족한 수준이다. 천연가스는 상당하게 증가할 것으로 예측되는 데 비해 원자력에너지에 의한 기여는 동일한 수준이다. 이 외에 전체 석탄사용량 증가는 엄청나서 신재생에너지 사용증가를 압도할 것으로 예상된다.

반대되는 전망으로는 2011년 여러 가지 시나리오를 검토한 IPCC 워킹그룹 3에 의한 신재생에너지 잠재량 리뷰가 있는데, 2050년 기준 세계 에너지 수요의 77%를 신재생에너지로 충족할 수 있다는 것이다. 현시점에서 신재생에너지가 총 1차 에너지 공급에서 차지하는 비율이 13% 이하지만 향후 40년간 크게 증가한다는 것이다. 여기에 사용된 2050년 시나리오의 개별 구성요소를 고려할 때 수많은 신재생에너지가 절대적으로는 크게 증가할 테지만 전체 에너지 믹스에서 차지하는 비율은 낮아질 것이라고 한다. 수력의 경우 2050년까지 발전에서 차지하는 비율이 1% 수준으로 낮아질 것이며 해양에너지는 2050년에도 매우 미약한 수준이 될 것이라고 예측했다. 현재 전체 전기수요의 2%를 차지하는 풍력의 경우 2050년까지는 20% 이상을 담당하게 된다. IPCC 시나리오는 현재 1% 미만인 지열발전이 2050년까지 30까지 오를 것으로 계산하였다. 태양광과 태양열도 현재 전 세계 에너지의 1% 미만이지만 2050년까지는 발전분야의 10% 선까지 기여할 수 있을 것으로 보인다.

따라서 화석연료 사용의 대규모 증가를 해결하기 위한 조치를 강조한 국제에너지기구의 시나리오와는 달리 IPCC 리뷰는 신재생에너지가 온실가스 감축이라는 문제를 해결할 수 있으며 CCS와 같은 기술도입 필요성이 줄어들 것이라는 것을 암시하고 있는지도 모른다. 그러나 정말 그런 것일까?

첫째, 국제에너지기구와 IPCC에서 사용하는 숫자가 주의를 필요로 하는 시나리오에 기반하고 있다는 것을 명심해야 한다. 둘째, IPCC의 77% 신재생에너지 사용 시나리오를 신재생에너지에 대한 가장 낙관적인 것으로 생각해보자. 이 시나리오에 따르면 화석연료 기반의 발전량이 2010년 13,600 TWh에서 2050년까지 8,400 TWh로 감소할 것이라고 한다. 매년 전력수요가 2.25% 증가한다고 가정하면 화석연료 사용을 40% 줄이더라도 향후 10년간 대기 중으로 100 ppm의 CO_2를 추가로 배출하게 되어 대기 중 이산화탄소 농도는 500 ppm 근처가 될 것이다. 다른 말로 하면 신재생에너지가 차지하는 비율을 극단적으로 가정한 IPCC의 낙관적 시나리오에 따르더라도 화석연료 기반의 발전소의 배출량을 줄여야 한다는 것이다. 현재 CO_2의 대규모 고정 배출원에서 CO_2 배출을 감축할 수 있는 유일한 기술이 탄소 포집 및 저장, 즉 CCS이라는 것이다.

IEA는 2050년 기준 신재생에너지가 20% 이상을 넘기 힘들 것으로 예상하고 있다. 더욱이 에너지 효율 부분의 기여가 33%로 가장 많은 부분을 차지하는 것으로 되어 있다. CCS에 의한 기여분도 19%로 실질적인 수단이 될 것으로 예측하고 있다.

사실, IEA의 전망에는 19%보다 더 많은 부분을 CCS가 담당해야 할지 모른다는 내용이 들어 있다. 예를 들어 원자력이 달성해야 하는 부분을 충족시키지 못할 경우 CCS와 연계된 화석연료 사용이 크게 늘어야 할 것이다. 또한 석탄에서 천연가스로 전환함으로서 감축되는 18%에 추가적으로 CCS를 적용하는 부분도 포함된다.

결 론

신재생에너지에 관한 의견으로 2011년 IPCC 전망을 택하든 또는 2010년 IEA의 관점을 택하든 CCS가 전 지구적으로, 그리고 많은 국가들에서 미래 청정에너지 포트폴리오의 중요한 부분이 되어야 한다는 것은 매우 분명하다. 포트폴리오에 CCS를 포함시키기 위한 매우 강력한 경제적 근거도 있다. IPCC의 CCS 특별보고서 따르면 지구온난화 대응수단에 CCS를 포함시키는 것이 전체 비용을 1/3까지 낮출 수 있다고 한다. 호주의 생산성위원회 Productivity Commission 의 최근 연구는 기존의 신재생에너지가 충격적인 수준의 비용이 소요된다는 연구를 발표했다. 비용 문제는 제10장과 제11장에서 다룰 예정이다.

그러므로 여러 가지 이유에서 CCS를 2050년 배출량 목표를 맞추기 위한 중요한 청정에너지 기술로 고려해야 할 필요가 있다. 다음 장부터는 CCS에 대해 좀 더 자세히 살펴봐서 독자들로 하여금 CCS의 기회와 장애요인에 대한 이해를 높이고자 한다.

제6장 어디에서 어떻게 CO_2를 포집할 것인가?

대기로부터 직접적인 이산화탄소 제거

대기 중 CO_2 농도를 낮추기 위해 공기 중에서 온실가스를 직접 제거할 수 있을까? 물론 얼마만큼을 줄였는지 파악하기는 쉽지 않지만 식물은 대기 중 CO_2를 제거할 수 있으며 이것이 대부분의 국가 대응방안에 포함되어 있다. 수많은 기술이 대기 중 CO_2를 직접적으로 제거하기 위해 제안되어 왔다. 오랫동안 잠수함 또는 우주왕복선 내의 CO_2를 화학적인 방법으로 제거하여 왔지만 기술적 문제와 비용 문제가 극복 불가능하기 때문에 대규모 처리는 시도된 바 없다. 그럼에도 불구하고, 주목받고 있는 기술이 있다.

대기 중 CO_2를 제거하기 위해 제안된 기술은 바로 '소다석회 soda-lime' 공정이다. 이것은 공기를 탄산나트륨 용액과 하소기 calciner를 통과시켜서 CO_2를 분리시키고 저장하는 방식이다. 그러나 대기 중 CO_2 농도가 수백 ppm으로 낮고 처리해야 할 양은 어마어마하기 때문에 실제 효과를 나타내기 위해서는 상상할 수 없는 수준의 규모가 필요하다. 또 다른 제안으로 풍화속도를 높이는 것이 있다. 지질학적 풍화작용에서 CO_2는 탄산염을 구성하는 규산이 풍부한 암석과 반응한다. 이 공정이 매우 느리기는 하지만 규산알루미늄과 같이 적당한 암석을 분쇄하여 매우 미세한 분말형태로 만들어 반응속도를 높일 수 있다. 그러나 대량의 암석을 미세하게 분쇄하는 비용이 엄청나고 이러한 미세입자로 인한 잠재적인 건강 및 환경문제가 있다. 또한 대량의 암석과 반응으로 생성되는 광물을 처리해야 하는 문제도 큰 장애요인이다. 대기 중 CO_2 농도를 낮추기 위한 풍화속도 향상은 규모와 비용 측면에서 실질적인 효과를 거두기는 쉽지 않아 보인다. 광물탄산화 mineral carbonation 또는 광물화 처분 mineral sequestration은 8장에서 다룬다.

해양에서의 시비 효과 증진 enhanced fertilization, 예를 들어 철분 시비 addition of iron는 유기

생산성 증진과 해양 조류 성장을 촉진시킨다. 이를 대기 중 CO_2를 낮추는 데 이용할 수 있을까? 어떤 면에서는 육상지역의 생산성 증진의 해양판이라고 생각할 수도 있지만 육상에 비해 해양 생태계에 대한 이해가 부족하고 광범위한 영향을 미칠 수 있어서 결국 의도하지 않은 예측 불가능한 결과를 일으킬 수 있다. 해양 생산성 증진은 정치적, 사회적인 반대에 부딪칠 수 있어서 대기 중 CO_2를 줄이는 것에 큰 기여를 하기는 어려워보인다.

따라서 대부분의 경우, 대기 중 CO_2를 제거하려고 노력하기보다는 배출원에서 CO_2를 포집하여 대기 중으로 방출되는 것을 방지하기 위한 노력이 필요하다.

다양한 소스에서 배출되는 CO_2 포집

차량과 같이 배출원이 이동하거나 가정용 가스히터와 같이 소규모 배출원인 경우에는 분산되어 있어 포집에 적당하지 않다. 대규모 고정 배출원(그림 6.1과 6.2)에 초점을 맞추어야 한다. CO_2를 포집할 수 있는 배출원에는 석탄, 천연가스 또는 바이오매스 화력발전소, 천연가스 처리시설, 제철소, 정유공장, 시멘트 공장, 비료공장 및 바이오매스 공장 등이 있다.

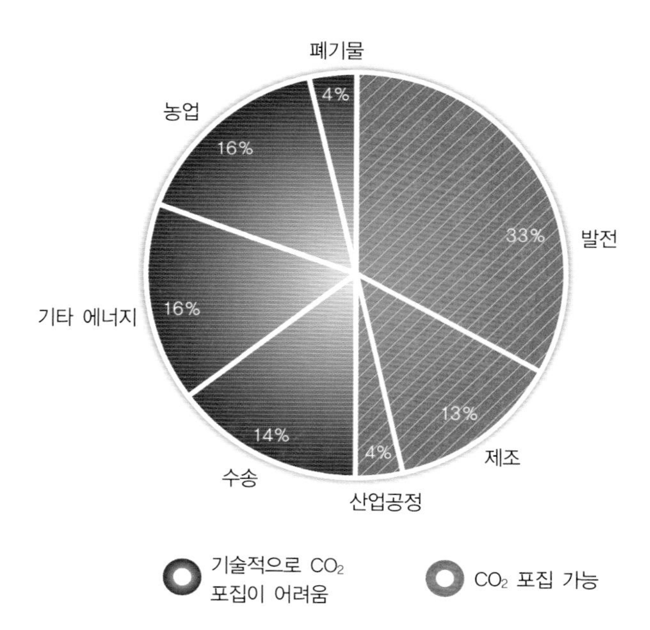

그림 6.1 CO_2 배출을 분야별로 정리한 호주의 사례로 포집 가능한 대표적인 분야는 발전으로 CCS와 연계가 가능하다(자료 : Department of Climate Change 2009).

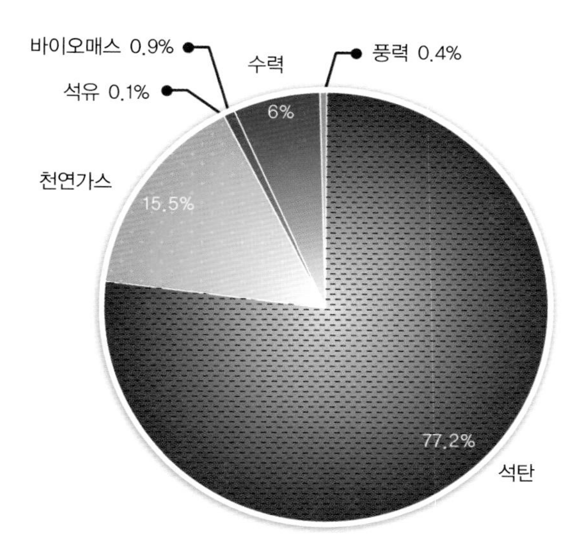

그림 6.2 호주의 전력생산 구조를 보여주는 것으로 대부분이 석탄화력발전이며 가스가 일부, 그리고 신재생에너지는 매우 낮은 비율이다. 다른 나라들도 비슷한 실정이다(자료 : OECD/IEA 2005).

이들 공장 배기가스 중 이산화탄소 농도는 연료나 운영조건에 따라 달라진다. 예를 들어 기존 석탄화력발전소의 경우 12~14%가 CO_2이지만 천연가스 보일러의 경우 7~10% 수준이다(표 6.1). 가스 터빈의 경우 3~4% 정도이며 제철 용광로의 배기가스는 27%로 높은 수준이지만 시멘트 건조로는 14%~33%이다. 스펙트럼의 최대치로는 설탕 발효를 통한 에탄올 생산 공정으로 100%에 근접할 수 있다. 배출가스 중 CO_2 농도는 다른 요인들이 있기는 하지만 CO_2를 분리하는 것이 얼마나 쉬운지 또는 어려운지를 결정하는 핵심요소이다. 배기가스 중 CO_2 비율이 커지면 CO_2 포집비용은 낮아진다.

배기가스 중 CO_2의 농도와 압력(표 6.1)은 사용되는 연료와 공정에 따라 매우 크게 달라진다. CCS 적용에 영향을 미치는 변수들이 많이 있지만 일반적으로 CO_2 농도가 높고 압력이 높은 경우에 좀 더 쉽게 포집할 수 있다. 예를 들어 화력발전소보다 암모니아 공장에 CO_2를 적용하는 것이 보다 쉽고 저렴하다(자료 : IPCC 2005).

표 6.1 배기가스 중 CO_2의 농도와 압력은 사용되는 연료와 공정에 따라 매우 크게 달라진다. CCS 적용에 영향을 미치는 변수들이 많이 있지만 일반적으로 CO_2 농도가 높고 압력이 높은 경우에 좀 더 쉽게 포집할 수 있다. 예를 들어 화력발전소보다 암모니아 공장에 CO_2를 적용하는 것이 보다 쉽고 저렴하다(자료 : IPCC 2005).

배출원 종류	건조 배기가스 중 CO_2 농도(%)	배기가스 압력(kPa)
석탄화력	12~14	100
천연가스화력	7~10	100
천연가스 터빈	3~4	100
제철용광로	최대 27	200~300* 100**
시멘트킬른	14~33	100
설탕발효	100	100
암모니아 제조	18	2,800
천연가스	2~65	900~8,000

*연소 전, **연소 후

공기 중 연소는 공기의 78%가 질소이기 때문에 연소 이후에도 대부분의 질소가 남는다. 결과적으로 연소 후 폐가스 중 질소가 차지하는 비율이 매우 높다. 따라서 CO_2를 포집하기 위해서는 질소와 다른 소량의 가스가 분리되어야 한다. 그러나 산소가 대부분인 조건에서 연소시킬 경우(뒤에서 다룰 순산소 연소와 같은 경우) 질소와 CO_2를 분리하는 단계를 피하거나 최소화할 수 있다. 즉, 공정에 따라 특별한 배출 조건이 있으며 분리 시 이로 인한 장점과 단점이 존재한다(BOX 6.1 참조).

BOX 6.1 탄소기반의 연료가 태워질 때 어떻게 CO_2가 생성되는가?

어떠한 종류의 탄소기반 연료, 예를 들면 목재나 화석연료를 태우면 탄소 대부분을 CO_2로 전환시킨다. 일부 질소가 질소산화물(NOx)로 전환되고 황 성분이 존재한다면 황산화물(SOx)도 배출된다. 석탄은 화학조성 측면에서 매우 다양한 형태가 될 수 있지만 연소는 다음의 식으로 표현될 수 있다.

$$\text{석탄}(C_xH_y) + O_2 + \text{기타 조성} \rightarrow xCO_2 + yH_2O(\text{물}) + \text{기타 배기가스} + \text{열}$$

연소가 불완전하다면 탄소가 완전히 산화되지 않고 배기가스 중에 일산화탄소가 포함된다. 비슷하게 메탄가스(천연가스)가 연소될 때 CO_2와 물이 열 형태로 나타나는 에너지와 함께 대표적 산물이다.

천연가스 생산과 CCS

천연가스는 대부분 메탄가스로 구성되어 있으나 소량의 좀 더 무거운 탄화수소와 불순물, 특히 CO_2, 황화수소, 질소, 헬륨 등이 들어 있어서 메탄가스를 사용하기 전 처리되어야 한다. 대부분의 천연가스 생산정에서 생산되는 가스 중 CO_2 비율이 5% 이내이기는 하지만 실제 비율은 매우 다양하게 나타난다. 일부에서는 1% 수준으로 매우 낮지만 또 어떤 경우에는 대부분이 CO_2인 경우도 있다. 이산화탄소는 불연성이며 가스의 발열량을 낮춰서 CO_2 농도가 높을 경우 가스를 가정용 또는 산업용 어느 용도로도 사용할 수 없게 만든다. 따라서 대부분의 선진국에서는 천연가스 중 CO_2 농도를 배관망에 연결시키기 전 2~4% 수준으로 낮추게 된다. 일부 개발도상국에서는 CO_2 농도가 높은 가스가 가정용과 산업용으로 매우 광범위하지만 매우 비효율적으로 사용되고 있다. 그러나 천연가스가 액화천연가스로 활용되려면 모든 CO_2를 제거해야만 한다.

이러한 이유로 천연가스로부터 CO_2와 황화수소와 같은 성분을 제거하는 스위트닝 gas sweetening 공정은 80년 이상(그림 6.3) 가스업계에서 활용되어 왔다. 이 방법은 석탄이나 천연가스 화력발전소와 같이 물, 산소와 다른 기체들이 포함된 배기가스에서 CO_2를 분리하는 것보다 단순하고 저렴한 공정이다.

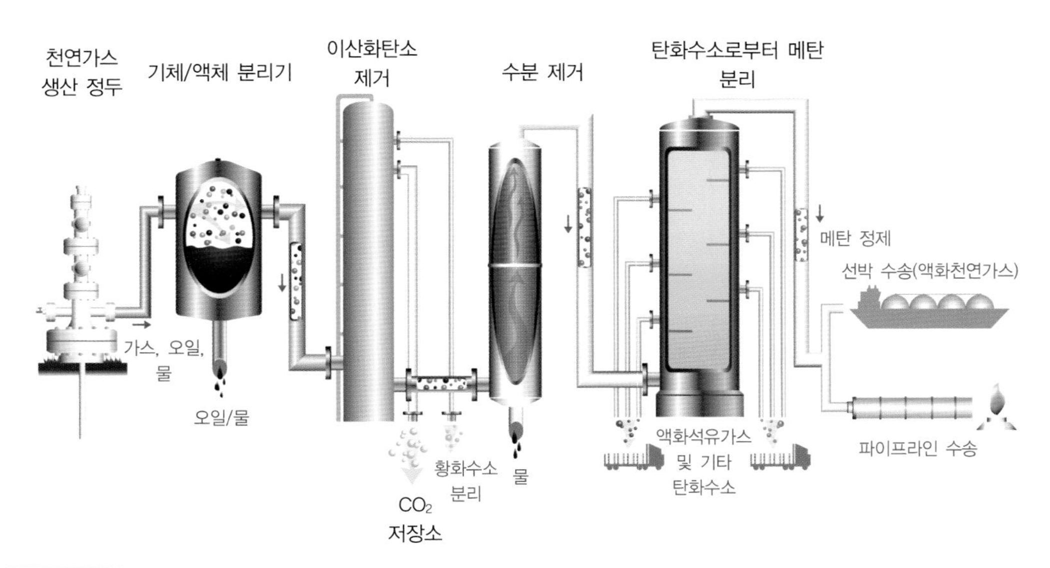

그림 6.3 대부분의 천연가스는 약간의 이산화탄소를 수반하며 만일 CO_2 함량이 높을 경우 가스 배관망에 넣기 전 또는 액화천연가스를 만들기 이전에 제거할 필요가 있다.

최초의 상용 이산화탄소 포집은 북해의 슬라이프너 Sleipner와 스노비트 Snohvit 천연가스 프로젝트(8장 참조), 알제리의 인살라 In Salah 프로젝트와 같은 천연가스 생산 공정의 일부로 시작되었다. 이들 프로젝트는 매년 천연가스에서 1~2 Mt(백만 t)의 CO_2를 분리하여 저장하고 있다.

서호주의 430억 달러짜리 고곤 Gorgon 액화천연가스 프로젝트는 해양 천연가스전의 평균 14% CO_2를 포함하고 있는 가스에서 연간 300~400만 t의 CO_2를 분리할 계획으로 2014~2015년경 시작할 예정이다. 액화천연가스 생산은 천연가스에 포함되어 있는 소량의 CO_2도 허용하지 않기 때문에 이를 분리하여 압축하고 온도를 낮추는 과정에서 대량의 에너지를 소비하게 되기 때문에 직접적, 그리고 간접적으로 CO_2를 배출한다. 액화천연가스 회사들은 이미 개선된 버너와 효율적인 냉각을 통해 이러한 탈루성 배출을 줄이기 위해 노력하고 있다. 그러나 현재까지 어디에서도 실제 액화천연가스 플랜트에서 CO_2를 포집하여 저장하겠다는 발표를 한 바 없다. 이는 생산시점의 천연가스에서 CO_2를 분리하는 것보다 훨씬 더 복잡하고 많은 비용이 소요되기 때문이다. 생산된 천연가스로부터 CO_2를 포집하는 것은 화력발전소에서의 분리에 비하면 상대적으로 단순하고 시도하기에 저렴하기 때문에 초기 CCS 사업의 대상이 되기 쉽겠지만 액화천연가스 플랜트와 가스화력발전소에 CCS를 적용하는 것도 주목을 받게 될 것이다.

석탄과 가스화력발전소와 CCS

오늘날 CO_2 배출량의 상당 부분은 석탄, 그리고 훨씬 적지만 가스화력발전소가 차지하고 있다. IEA의 세계에너지전망 World Energy Outlook 2009년 판에 따르면 화석연료 기반의 화력발전소는 2007년 기준 11.9 Gt(119억 t)의 CO_2를 대기 중으로 방출하고 있으며 이 가운데 석탄화력발전소가 87억 t이다.

석탄화력발전 배기가스 중 CO_2 농도는 12~14%이고 가스화력발전은 이보다 더 낮다. CCS를 위해 CO_2 농도를 90% 또는 100%까지 끌어올리는 것은 기술적으로나 경제적으로 매우 어려운 난관이 된다. 그럼에도 불구하고 비록 소규모일지라도 전 세계 여러 화력발전소의 배기가스에서 CO_2가 분리된다. 현재까지 가장 큰 규모로는 미 동부 마운트니어 화력발전소의 연소 후 포집 플랜트가 있지만 상용화 규모, 즉 500 MW 급 이상으로의 대형화와 비용을 낮추고 좀 더 널리 적용되도록 하는 것이 도전과제이다.

일반적으로 화력발전소(그림 6.4)에서는 가장 먼저 석탄을 분쇄하여 미분탄 微粉炭을 만들고 연소실에 넣어 최대 1,500도 온도의 공기 중에서 연소시킨다. 이렇게 뜨거워진 가스가 물을 데워서 과열증기를 만든다. 다시 과열증기는 일련의 터빈을 돌려서 발전을 한다(그림 6.5). 증기가 마지막 터빈을 지나면 응측시켜서 다시 보일러로 재순환된다. 좀 더 효율적으로 석탄을 태우는 방식으로 유동층 연소 fluidized – bed combustion가 있다. 이 공정에서는 모래와 같은 미세 입자와 곱게 분쇄된 석탄입자를 고압의 공기를 이용해 연소로에 불어 넣는다. 고운 모래와 석탄입자는 유체와 같이 부유하게 되며 석탄은 연소되고 고래는 열을 파이프라인 내의 물로 전달되어 증기를 생성시킨다. 연소 전 석탄을 가스화시켜서 발전할 수도 있다(CCS와 가스화 참조).

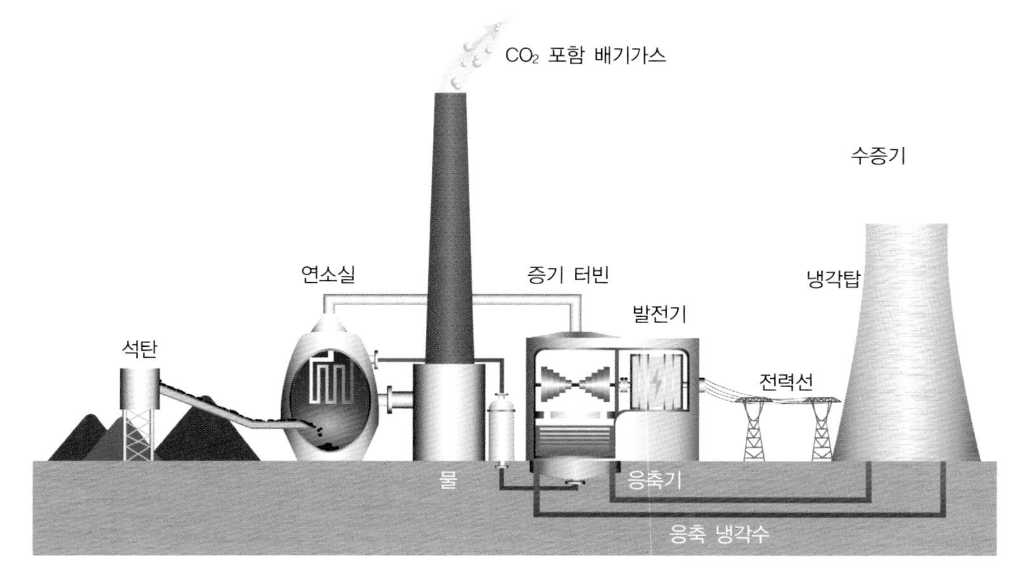

그림 6.4 일반적인 석탄화력발전소에서는 석탄을 분쇄하여 미분탄을 만들고 연소실에 넣어 과열증기를 만든 다음 터빈을 돌려 전기를 생산한다. 냉각탑에서는 수증기를 배출하여 CO_2는 별도의 굴뚝을 통해 대기 중으로 배출된다.

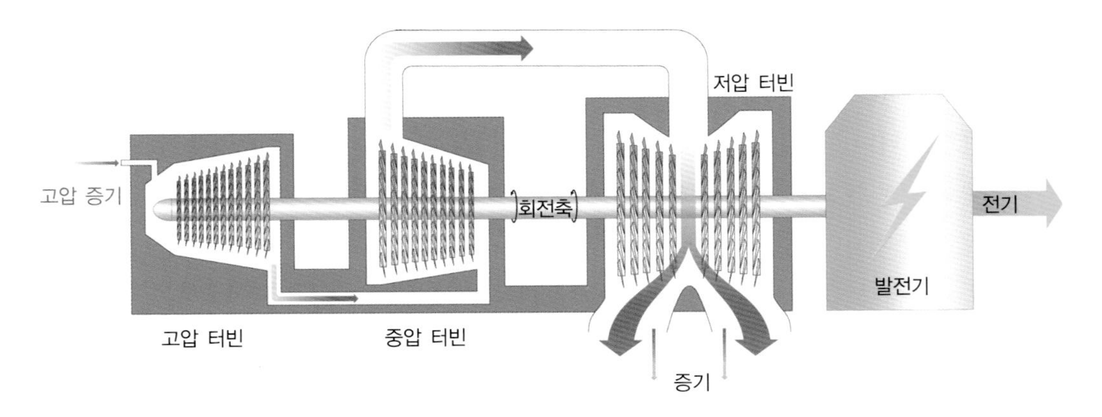

그림 6.5 고압의 과열증기로 터빈을 돌려 발전한다.

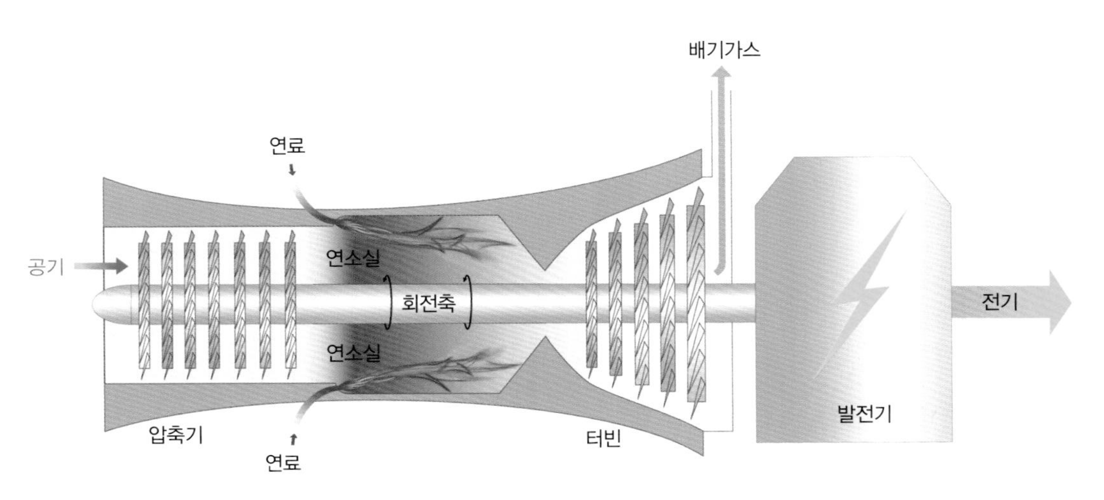

그림 6.6 가스 터빈에서는 연소실 내의 가스 팽창이 터빈을 돌려 발전한다.

천연가스는 가스 터빈에 직접 사용하는 방식으로 발전하거나 천연가스복합발전 Natural Gas Combinde Cycle에서 증기 터빈과의 조합으로 사용될 수 있다. 천연가스를 사용하는 시스템에서는 가스가 연소되고 빠르게 팽창하면서 가스 터빈을 돌린다. 가스 터빈에서 나오는 고온의 배기가스로는 파이프 내의 물을 데워서 증기 터빈을 돌리는 방식이다. 가스 터빈과 증기 터빈의 조합으로 효율을 극대화한다(그림 6.7).

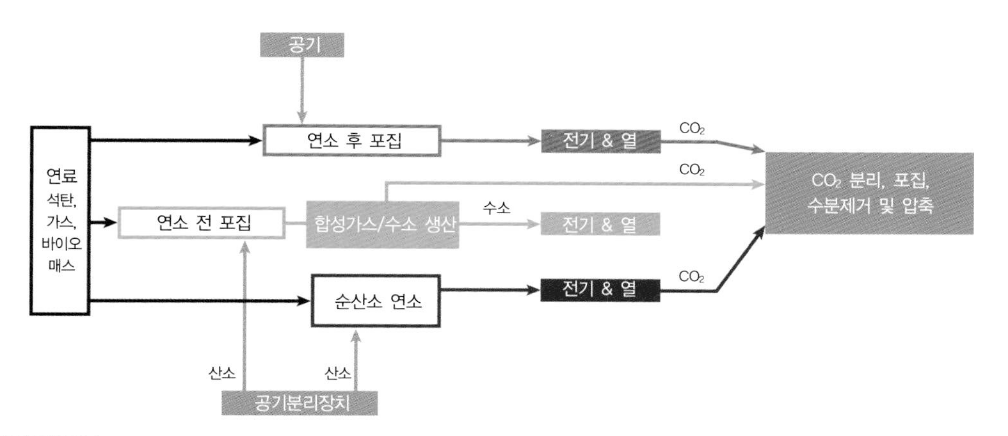

그림 6.7 화석연료 기반의 발전과 CO_2 포집에는 다양한 연소방법이 있다(자료 : IEA 2009; IPCC 2005).

연소 후 포집

대부분의 기존 화석연료 기반 화력발전소는 공기와 연료를 연소시켜 터빈을 돌리는 방식으로 에너지를 만들어왔다. 이러한 화력발전소에서 CO_2를 포집하기 위해서는 연소공정 이후에 배출되는 가스에서 CO_2를 분리해야 하는데, 이 공정을 연소 후 포집 또는 PCC post – combustion capture라고 부른다. 현재 건설 중인 미분탄 석탄화력발전소가 30~40년 이후에도 계속 운영될 것이라는 점을 고려할 때 CO_2 배출량을 큰 폭으로 감축해야 하는 상황이라면 기존 발전소에 적용할 수 있는 연소 후 포집기술이 매우 중요하게 될 것이다.

지난 10년간 신규 발전소 중 많은 수가 인도와 중국에 건설되었다. 중국에서는 대규모 전력 공급 계획이 진행되고 있으며 이들 발전소의 대부분은 석탄화력발전소이다. 대부분이 새로운 기술을 채택하고 높은 효율을 자랑한다. 하지만 이러한 발전소를 계획했던 경제적 수명에 도달하기 전에 CO_2 배출이 많다는 이유로 폐쇄한다는 것은 비현실적으로 경제적으로나 기술적으로 선택 가능한 옵션으로 발전소를 개조하여 포집설비를 추가하는 기술개발이 중요한 이유이다. 관련 연구로 다음과 같은 주제들에 초점을 맞추고 있다.

- 연소 후 포집공정의 비용 절감
- 포집공정의 효율 제고
- 황산화물 SO_x이나 질소산화물 NO_x과 같은 불순물 처리
- 현재 연 수천 t 규모에 머무르고 있는 포집공정을 수백만 t 규모의 상용화 급으로 스케일 업

연소 후 포집공정에 적용할 수 있는 기술은 매우 여러 가지로 이번 장 뒷부분에서 자세히 다룰 예정이다(그림 6.8).

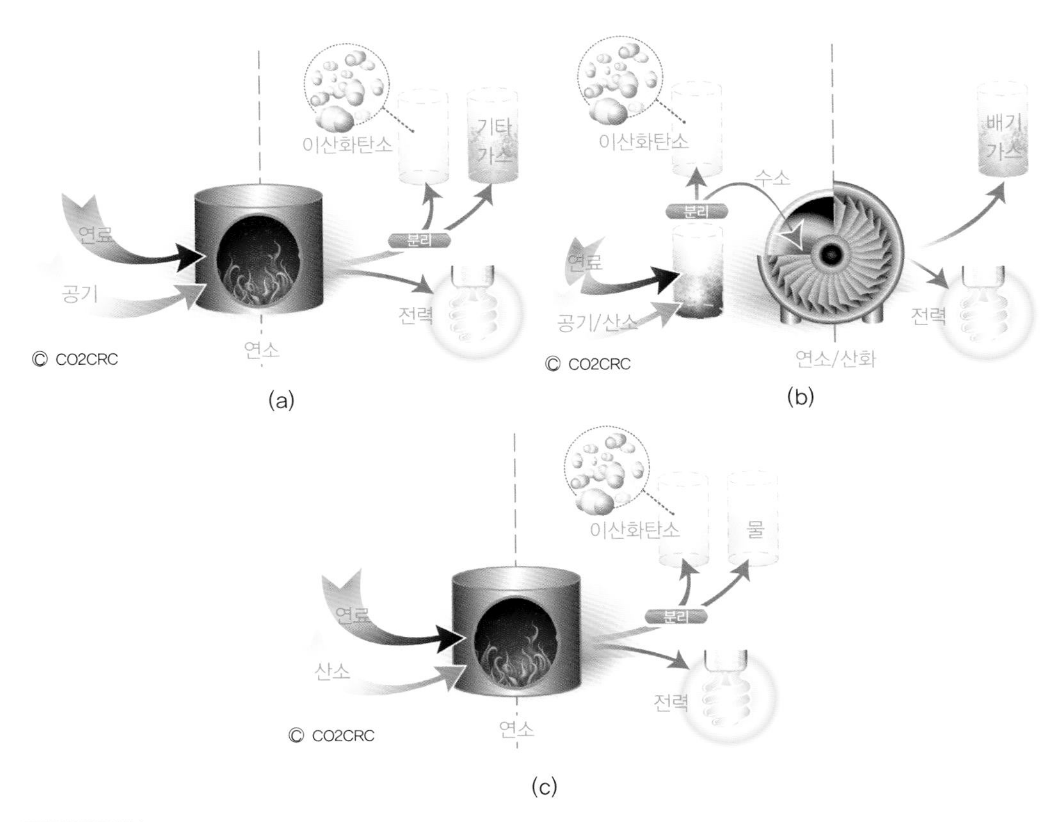

그림 6.8 세 가지 대표적인 연소와 분리방법을 설명하고 있다. 연소 후 포집 (a)는 공기 중 연소이며 저농도의 CO_2를 배출한다. 연소 전 분리 (b)는 석탄을 수소와 CO_2로 전환하는 가스화와 관련된다. 최종적으로 수소를 연소하기 전 CO_2를 분리한다. 순산소 연소 (c)는 연소 후 포집과 비슷하지만 공기 중 연소가 아닌 과량의 산소 중 연소를 통해 고순도의 CO_2를 배출한다.

순산소 연소

화석연료가 공기 대신 산소와 함께 연소되는 순산소 연소 공정에서는 순도가 훨씬 높은 CO_2가 만들어진다. 이렇게 하기 위해서는 공기분리장치 Air Separation Unit로 공기 중 78%에 이르는 질소를 먼저 제거하여야 한다. 공기분리장치에서는 압축된 공기를 −180도까지 낮춘 뒤 분리탑을 통과시킨다. 산소가 응축하고 분리탑 하부에 모이며 질소는 상부를 통해 배출된다. 이렇게 분리된 산소를 연소공정에 사용하는 것이다.

질소가 제거되면 배기가스는 대부분 CO_2와 연소공정의 효율에 따라 약간의 수증기, 일산화탄소 등을 포함한다. 순산소 연소를 통해 배기가스 대부분이 CO_2이므로 상대적으로 CO_2를 회수하기 쉽다는 것이 장점이다. 순수한 산소 상태의 석탄연소는 매우 고온의 화염을 만들기 때문에 기존 발전소에 적용하기 위해서는 배기가스를 보일러 내부로 다시 순환시키는 재순환 방식으로 온도를 낮춰야 한다. 그러나 아르곤과 같은 불활성 기체가 배기가스 중에 만들어질 수 있고 순환시키는 동안 공기 중의 질소가 들어와서 결국엔 CO_2 분리비용을 상승시킬 수 있는 문제가 있다. 물론 신설 발전소는 매우 높은 운영 온도에 맞춰 건설되어 재순환 필요성을 낮추고 외부의 질소가 들어오는 문제를 최소화할 수도 있다. 순산소 연소기술은 현재 파일롯 규모와 실증규모로 적용되고 있는데, 가장 최신시설은 독일 슈바르쯔 펌프에서 바텐팔(Vattenfall : 유럽의 발전회사 중 하나)의 30 MW 급 플랜트이다. 기존 발전소를 개조하는 방식의 순산소 연소 프로젝트로 호주의 캘라이드 A 발전소가 있다. 미국 일리노이주의 퓨처젠 FutureGen 프로젝트도 순산소 연소와 CCS 연계 사업이다.

순산소 연소의 변형으로 화학적 루핑 Chemical rooping이라고 부르는 공정이 있는데, 이 공정에서는 석탄 또는 가스와 같은 가스화 연료가 공기가 없는 고온의 금속산화물과 반응하여 환원 금속산화물, 물, 그리고 CO_2를 만든다(그림 6.9). 환원 금속산화물은 공기 속에서 반응하는

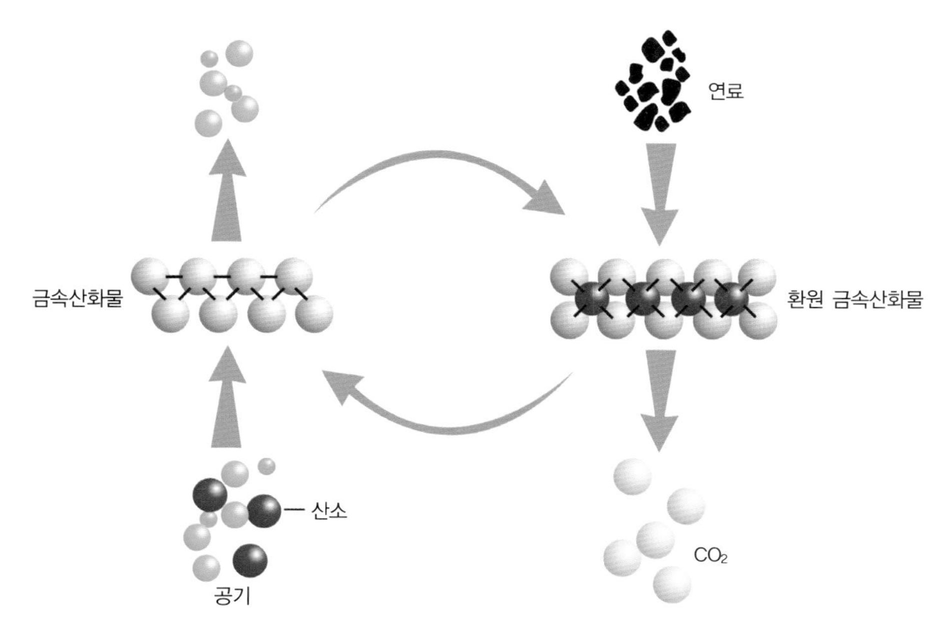

그림 6.9 순산소 연소의 변형으로 화학적 루핑에서는 석탄 또는 천연가스가 공기가 없는 상태에서 금속산화물과 반응하여 환원 금속산화물, 물, 그리고 CO_2를 만든다. 현시점에서 화학적 루핑은 실험 수준에 머물러 있다.

산화에 의해 만들어진다. 질소나 산소가 있을 경우 대기 중으로 배출되고 금속산화물은 연료 반응로에 보내진다. 순산소 연소의 경우 프로세스가 매우 높은 농도의 CO_2를 만들어내어 쉽게 포집될 수 있지만 화학적 루핑의 경우에는 아직 확대된 규모에서 테스트 되지 못하였다.

CCS와 가스화

석탄의 가스화는 고온고압 상태에서 석탄과 물의 반응을 통한 일산화탄소, CO_2와 수소를 만드는 합성가스 생성이 필요하다. 합성가스는 석탄가스화 복합화력발전에 사용되거나 메탄가스, 수송용 합성연료 또는 수소와 같은 다른 화학물질을 만들에 내는 데 사용될 수 있다. 이러한 다양한 물질을 만들어내는 데 사용하는 가스화는 석탄에서 유래하는 수소와 탄소 원자의 재배열 rearraning을 통해 탄화수소와 고농도의 CO_2 가스 스트림을 만들어내는 과정이다.

가스화를 통해 연료가 터빈에서 발전을 위해 연소되기 이전에 CO_2를 분리, 포집할 수 있다. 합성연료가 생산되면 CO_2는 일산화탄소와 수소로부터 연소 전 포집공정을 통해 분리될 수 있다. CO_2 포집기회를 극대화하기 위해서 합성가스를 물과 반응시켜서 잔류 일산화탄소를 포집할 수 있는 CO_2로 전환시킨다. 수소연료는 가스 터빈에서 연소시켜 깨끗한 전기를 만드는 데 사용한다.

가스화의 다른 형태로 지하석탄가스화 underground coal gasification라는 개념이 있는데, 심부지하 석탄의 일부를 태워서 합성가스를 만드는 것이다(그림 6.10). 그러나 이 공정이 지하수 오염을 일으킬 수 있다는 우려를 불러일으키고 있어서 이를 불식시킬 수 있는 분명한 수단을 만들어야만 한다. 다만 러시아, 중앙아시아, 중국 등에서 오랜 기간 테스트 되어왔으며 [illegible] 외 여러 국가에서 시도하고 있는 상태이다. 지하석탄가스화 공정에서는 하나의 시추공으로 산소와 물 또는 증기를 공급하고 또 다른 시추공으로는 합성가스를 지상으로 생산한다. 다른 가스화 공정과 마찬가지로 배출가스에는 CO_2가 다량 포함되어 있어 현재는 포집되고 있지 않으나 잠재적으로는 포집 대상이 될 수 있다.

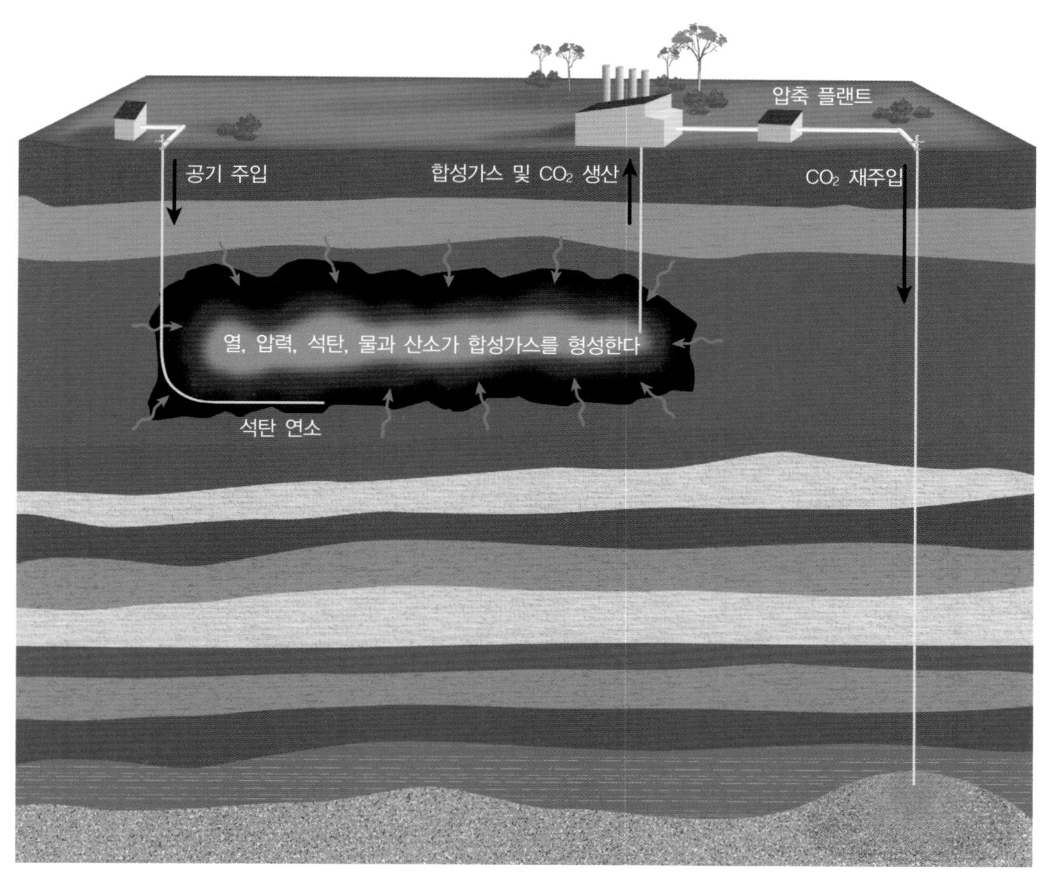

그림 6.10 지하석탄가스화는 1~200 m 심부의 석탄 일부를 태워 합성가스를 만드는 것으로 화학물질이나 합성연료를 만드는 데 사용되거나 화력발전소의 연소실에서 에너지로 전환될 수 있다. 현재는 아직이지만 이론적으로 지하석탄가스화 과정에서 CO_2를 포집할 수 있다.

석탄가스화는 석탄액화CTL, coal to liaquid에 적용할 수 있으며 액체연료의 수요가 늘어날수록 특히 기존의 석유류에 대한 수입의존도가 높은 국가의 경우에는 석유 대체재로서의 CTL에 대한 관심이 증가하고 있다. 메탄가스를 증기개질법에 의해 액체연료화GTL, gas to liquid 하는 방식의 합성연료 공정도 있다. 기존의 탄화수소 제조와 비교할 때 CTL의 문제는 CCS를 고려하지 않을 경우 액체연료 생산 공정에서 대규모의 CO_2가 대기 중으로 방출될 것이라는 점이다. 가스화는 공기 또는 산소를 이용하게 되며 이 두 가지 방식의 운영 사례가 있다.

현재 대부분의 CTL 프로젝트는 배기가스 중 CO_2 농도가 상당히 높은데도 불구하고 CO_2 포집을 고려하지 않고 있다. 노스 다코타North Dakota의 합성연료 공장The Great Plains Synfuels

Plant에서는 석탄으로 합성연료와 다른 화학물질을 만들면서 이때 나오는 매년 300만 t의 CO_2를 포집하여 캐나다 웨이번 Weyburn까지 파이프라인으로 수송한 뒤 원유회수증진 Enhanced Oil Recovery에 위해 사용하고 있다.

웨이번 프로젝트

1954년 캐나다 사스사카주완 주의 웨이번과 미데일 Midale 유전에서 처음 석유가 생산되었으며 1960년대 중반에는 하루 45,000배럴의 원유를 생산했다. 생산량이 줄어들자 물을 주입 waterflooding하거나 추가적인 수직, 수평정을 시추하고, 2000년부터는 노스다코타의 가스화시설에서 포집된 인공적 CO_2를 320 km의 파이프라인으로 수송하여 주입하는 등 여러 노력을 기울였다. CO_2를 이용한 원유회수증진 작업은 원유생산량을 크게 회복시켜주었다. 2011년까지 연간 300만 t 이상의 CO_2가 주입되고 영원히 저장되고 있다. 최종적으로는 26 Mt의 CO_2가 주입, 저장될 것으로 예상된다.

CO_2 주입의 근본적인 목적은 원유회수율을 높이는 것이지만 레지나 대학 University of Regina과 IEAGHG International Energy Agency for Greenhouse Gases의 공동노력을 통해 11년간 모니터링 프로그램을 수행하였으며 이를 통해 주입된 CO_2의 이동경로와 효율적으로 저장되어 있음을 확인하였다(자료 출처 : PTRC).

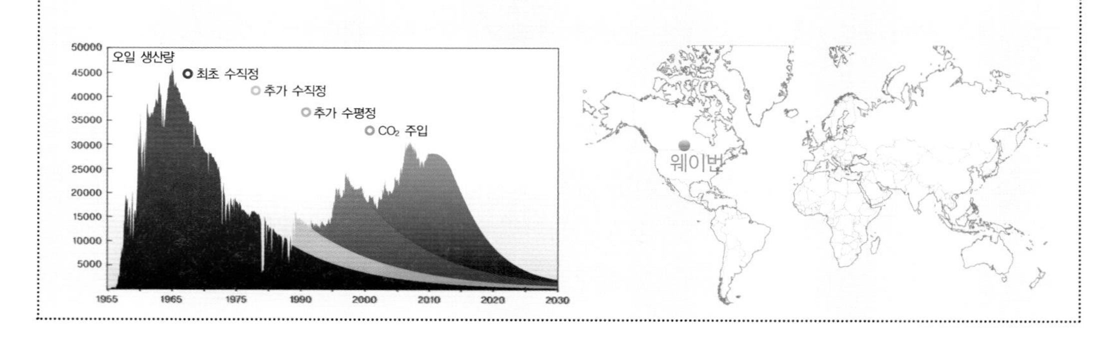

합성연료 공장은 잠재적으로 전기수요와 가격이 높은 시기에는 발전을 하고 반대로 비수기일 때는 합성연료를 생산하는 데 사용될 수 있다. 이미 지적한 바와 같이 CCS가 고려되지 않는다면 CTL 생산 시 많은 양의 CO_2가 배출되기 때문에 사용 시에만 배출하는 기존의 석유보

다 CO_2 배출량이 많게 된다. 대안으로는 가스화 과정에서 만들어지는 수소를 수송용 연료로 사용하는 것이다.

석탄이 수소로 전환될 수 있다는 잠재력으로 인해 많은 에너지 회사들이 자동차 연료로 수소를 사용하는 것(수소연료전지에서는 수소와 산소를 결합하여 전기와 수증기를 만든다)에 대해 연구하고 있으며 수소경제라는 개념이 '온실가스 배출 제로'라는 점에서 주목받게 되었다.

신재생에너지를 사용하여 수소를 만들 수 있지만 수소경제의 기반이 될 정도의 규모가 되려면 최소한 초기에는 화석연료 기원의 수소를 만들거나 원자력을 이용한 고온 전기분해의 도움을 받아야만 한다. 다음 질문으로는 차량에 수소를 쓰는 것과 배터리를 이용한 전기를 쓰는 것 중 어느 쪽이 나을까 하는 것이다. 또한 대규모 인프라 시설이 필요하다는 점과 차량에 수송용 연료로 수소를 이용할 때 생길 수 있는 안전문제도 직면하게 될 중요한 이슈들이다. 현재 시점에서 수소자동차를 이용하는 것은 전기자동차에 비해 훨씬 더 많은 거리를 운행할 수 있다는 점이지만 단거리용으로는 전기자동차가 더 유리하다.

CO_2를 배출하는 산업공정에서의 CCS

일부 산업공정에서는 매우 순도가 높은 CO_2를 배출하는데, 이로 인해 상대적으로 저렴한 비용으로 포집하고 분리될 수 있다. 이러한 공정으로 비료, 시멘트, 철강 제조 등이 있다.

CCS와 시멘트 제조

시멘트 공장은 석회석(탄산칼슘)을 분해하고 시멘트를 생산하기 위해 고온(> 1,200°C)조건에서 가동된다(그림 6.11). 1 t의 시멘트를 생산하기 위해서는 소성공정의 고온을 만들기 위해 사용되는 화석연료와 분해반응공정 양쪽에서 0.5 t의 CO_2가 방출된다. 시멘트를 만드는 공정에서 배출되는 가스 중 CO_2 농도는 33% 정도로 석탄 또는 가스화력발전에 비해 매우 높은 수준이다. 그러므로 화력발전소에 비해 배기가스 포집이 쉽고 저렴해질 수 있다.

선진국에서는 시멘트 제조가 CO_2 배출량에서 차지하는 비율이 높지 않지만 많은 개발도상국에서 시멘트 산업은 매우 중요한 배출원 중 하나이다. 예를 들어 중국의 경우 시멘트 생산 효율을 높이고는 있지만 시멘트 업계에서 매년 7억 t의 CO_2를 배출하고 있는데, 이 숫자는 대부분의 다른 선진국의 전체 배출량보다 높은 것이다. 가장 어려운 과제 중 하나가 대부분의 시멘트 공장이 영세해서 대규모 포집을 할 수 있는 여건이 좋지 못하다는 점이다. 시멘트의 대안으로 고분자 유기화합물인 폴리머를 이용하는 방안이 연구되고 있지만 앞으로 상당기간 석회석을 이용한 시멘트가 주도적 역할을 할 것이다. 국제에너지기구의 기후변화 대응 시나리오는 감축요구량을 맞추기 위해서는 2050년까지 시멘트 업계에서 1.4 Gt의 CO_2를 포집해야 하는 것으로 가정하고 있다. 이러한 기여를 실현 가능하게 하려면 시멘트 분야에 CCS 적용을 위한 더 많은 노력이 필요한 상황이다.

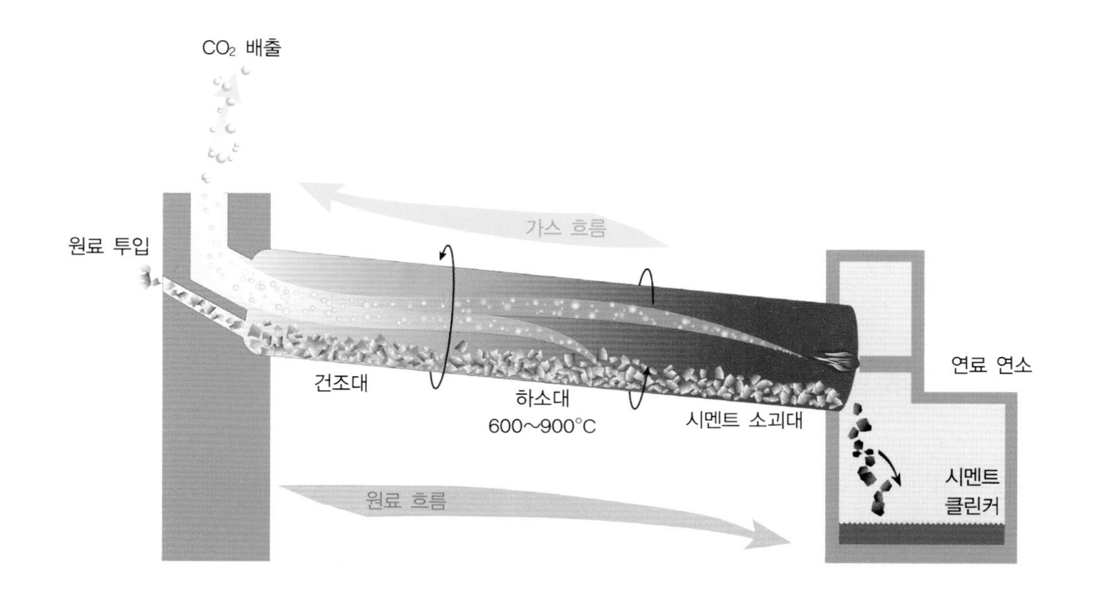

그림 6.11 시멘트 제조공정도 전 지구적으로 중요한 CO_2 배출원이다. 시멘트 생산을 위한 소성 공정에 필요한 고온을 만들기 위해 사용되는 화석연료와 분해반응 공정에서 CO_2가 배출된다.

CCS와 철강 생산

제철용 고로에 필수적인 코킹 석탄 coking coal은 산화철을 환원시켜 철을 만드는데, 이 과정에서 부산물로 CO_2를 배출한다(그림 6.12).

좀 더 작은 규모의 대안으로 전기로를 사용하는 것이 있지만 이 공정은 현재 전체 화석연료 기반의 발전소에서 얻어질 수 있는 전기를 사용해야 할 만큼 전기 사용량이 많다. 수소를 이용하는 것과 같이 다른 감축방안이 개발되고 있지만 환원공정에 코킹 석탄을 사용하는 것에 대한 대안은 실질적으로 없다.

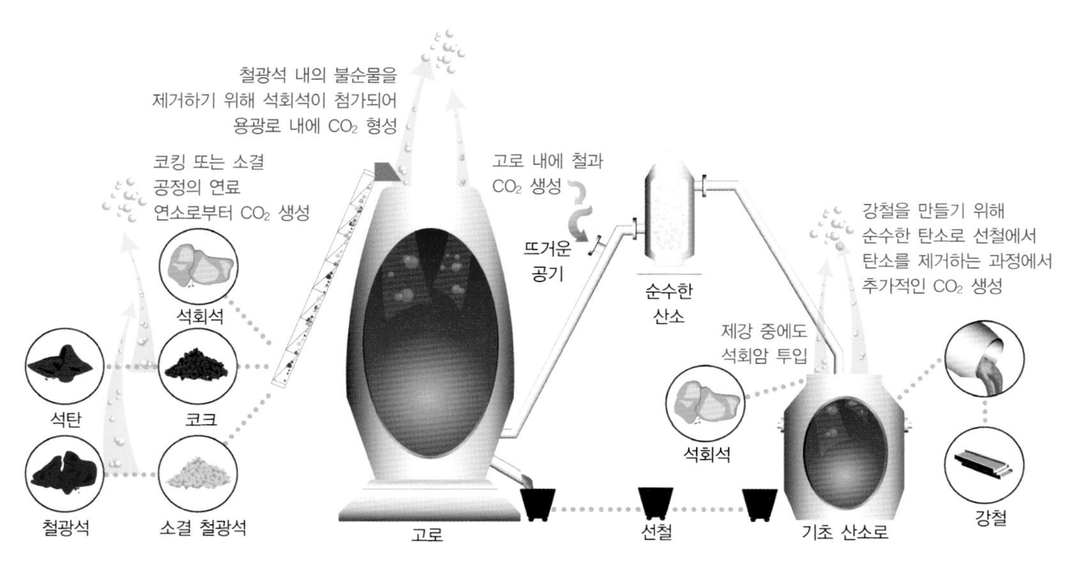

그림 6.12 석탄 또는 코크는 대부분의 철강 생산에 필수 요소로 연료인 동시에 철광석을 환원하기 위해서도 매우 중요하다.

또한 공정의 일부로 석회석을 분해하여 생석회(산화칼슘)를 만들어 슬래그 형태로 불순물을 제거하고 부산물로 CO_2를 만들게 된다(박스 6.2 참조). 철강제품을 만들 때 산소를 철에 있는 과잉 탄소를 제거하는 데 사용하는데, 이 과정에서 CO_2를 만든다. 폐플라스틱과 바이오매스를 이용한 혼소가 늘어나겠지만 석탄은 가까운 미래에도 여전히 철강 생산의 핵심적인 요소가 될 것이다. 제철산업에서 CCS의 적용기회를 늘리기 위한 더 많은 노력이 필요한 상태로 넘을 수 없는 기술적 장애물은 없다.

BOX 6.2 철강공정에서 CO_2 생산

$2C+O_2 \rightarrow 2CO$

석탄을 연소시켜 일산화탄소를 만들고 철광석을 환원하여 철을 만든다.

$9CO+3Fe_2O_3 \rightarrow 6Fe+9CO_2$

CCS와 암모니아 생산

암모니아 NH_3는 화학 비료의 중요한 구성 성분이다(그림 6.13). 또한 이산화탄소 포집 시 용매로 사용하는 것을 포함하여 많은 산업 용도를 가지고 있다. 암모니아를 만들기 위해서는 수소가 필요한데 현재는 대부분 촉매를 이용하여 메탄과 같이 가벼운 탄화수소의 증기개질을 통해 생산한다. 암모니아 생산에는 질소가 필수적으로 공기분리장치를 사용하는 석탄가스화 공정에서 순수한 질소를 제공받아 만들어질 수 있다. 비료공장에 CCS 기술을 적용할 경우 CO_2 농도가 높기 때문에 기술적 걸림돌은 없는 상태이다.

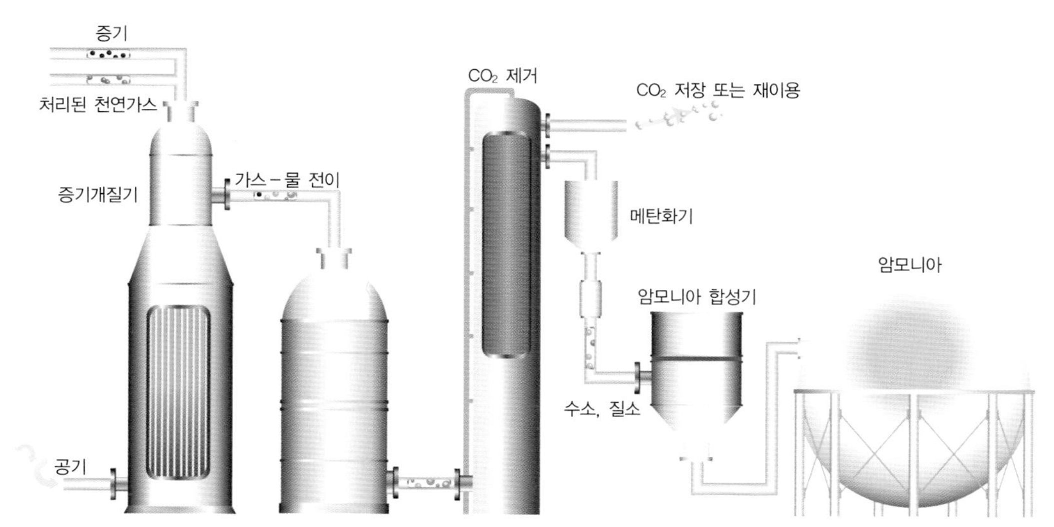

그림 6.13 다양한 화학물질과 비료생산에 필수적인 암모니아를 만들기 위해서는 수소가 필요하며 수소는 천연가스나 석탄을 이용해 생산한다. CO_2는 보통 대기 중으로 배출되지만 당연히 포집할 수 있는 잠재력이 있다.

CCS와 오일샌드 유래 석유

중유 heavy oil는 다양한 방법으로 오일샌드에서 추출될 수 있는데, 가장 일반적으로 사용되는 방법은 증기주입법이다(그림 6.14). 이 공정은 증기를 생산하기 위해(보통은 천연가스를 사용) 매우 많은 에너지를 사용하게 되며 결과적으로 대규모의 CO_2를 만들게 된다. 대안으로 역청탄의 가스화를 통해 만들어진 합성가스로 증기를 생산할 수 있다. 캐나다의 앨버타 지방에서는 오일샌드 산업에서 배출되는 CO_2를 줄이기 위한 노력하고 있는데, 그중에 파이프라인으로 CO_2를 수송하여 원유회수증진에 사용하는 것이 들어있다.

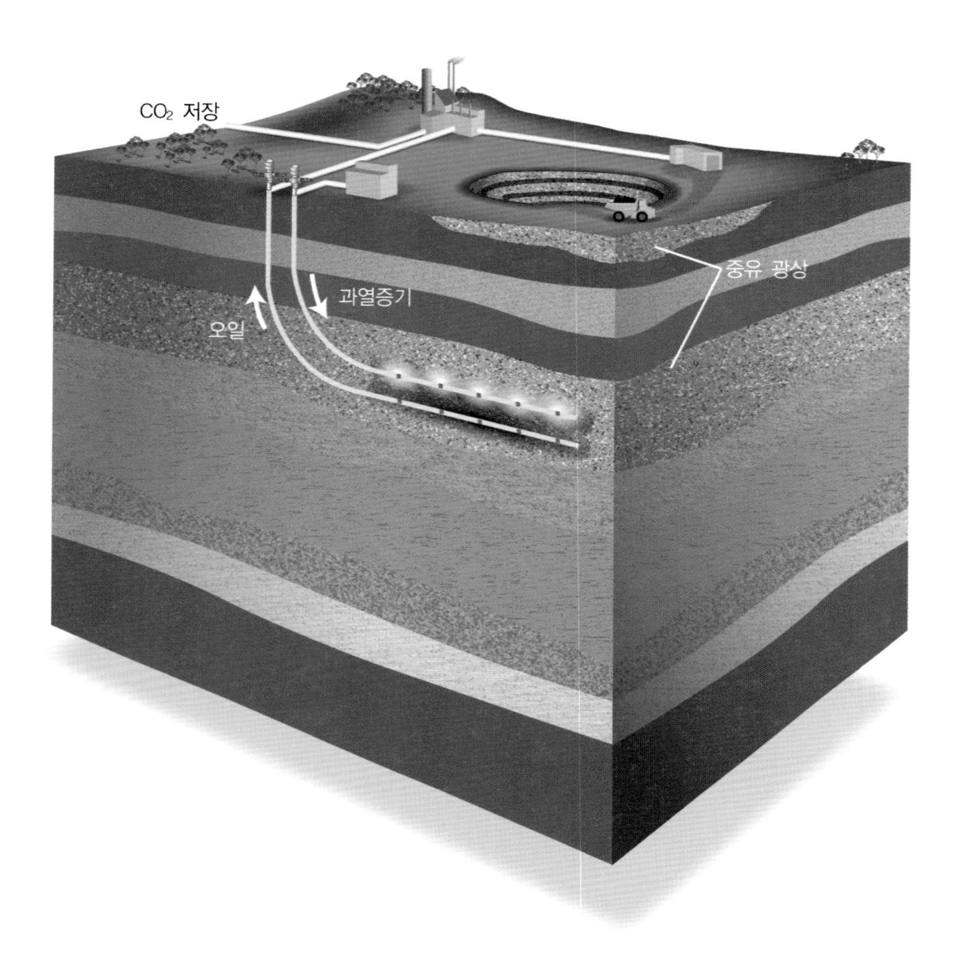

그림 6.14 오일샌드로부터 원유를 생산하는 공정은 중요한 CO_2 배출원이 되어가고 있다. 오일셰일과 석탄 또한 미래의 중요한 액체 상태의 연료 공급원이 될 것 같다. 이러한 공정들은 에너지 집약적인 분야로 대규모의 CO_2를 만들어낸다. 현재는 적용되고 있지만 이러한 배출을 회피해야 한다면 CCS가 중요한 수단이다. 캐나다 앨버타의 한 프로젝트는 모식도로 CCS를 적용한 첫 번째 오일샌드 프로젝트를 목표로 하고 있다.

배기가스로부터 CO_2의 분리기술

배기가스로부터 CO_2를 분리하기 위한 현재 가동 중이거나 개발되고 있는 기술은 다음과 같이 네 가지로 분류할 수 있다.

- 습식흡수
- 분리막
- 건식흡착
- 저온 분리(심냉법)

액체 용매

액체 상태의 용매는 현재 이산화탄소를 포집하는 가장 일반적인 방법이다(그림 6.15). 상업적으로 오랜 기간, 그리고 다양한 배출원에 적용되어 왔다. 용매 또는 흡수제는 CO_2를 가역적 화학반응을 거치도록 하거나 화학반응 없이 CO_2를 용매에 물리적으로 결합시키는 방식으로

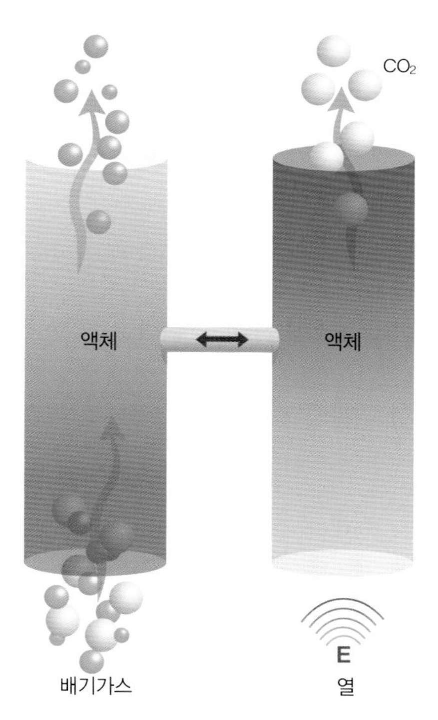

그림 6.15 액체 상태의 용매를 사용하는 흡수법을 설명하고 있다. 배기가스가 용매를 통과하면 선택적으로 CO_2를 흡수하여 분리한다.

흡수한다. 이러한 흡수제는 천연가스 생산 시 수반하는 CO_2를 분리하는 '가스 스위트닝' 공정과 노스다코타의 합성연료공장에서와 같이 석탄가스화 플랜트에서 배출되는 CO_2를 포집하는 데 사용한 것처럼 대규모 공정에 이미 사용되고 있다.

이러한 상용화 사례에도 불구하고 석탄화력발전소에서의 대규모 연소 후 포집기술 적용에는 여전히 경제적인 면에서 어려움이 있다. 일반적인 석탄화력발전소 배기가스의 배기가스는 대부분의 질소와 12~14%의 CO_2로 구성된다. 배기가스로부터 CO_2를 농축하여 포집하기 위해서는 수많은 단계가 필요하다(그림 6.16). 첫째, 배기가스를 먼저 냉각시키고 불순물을 제거하여야 한다. 다음으로 CO_2와 질소를 포함하는 배기가스를 흡수탑 하부로 집어넣는다. 배기가스가 탑을 통해 버블 형태로 상승하면서 흡수제와 접촉하고 이 과정에서 가스는 상승하고 흡수제는 아래로 이동한다. 탑 상부로 나오는 가스는 대부분 질소로 이루어져 있으며 CO_2는 흡수제에 용해되어 하부에 남게 된다. 용해된 CO_2는 재생탑에서 흡수제와 분리되는데, CO_2와 흡수제는 보통 100도 이상 가열하는 방법으로 분리된다. 마지막으로 분리된 흡수제는 다시 흡수탑 상부로 보내져 CO_2를 추가로 회수하는 데 사용된다.

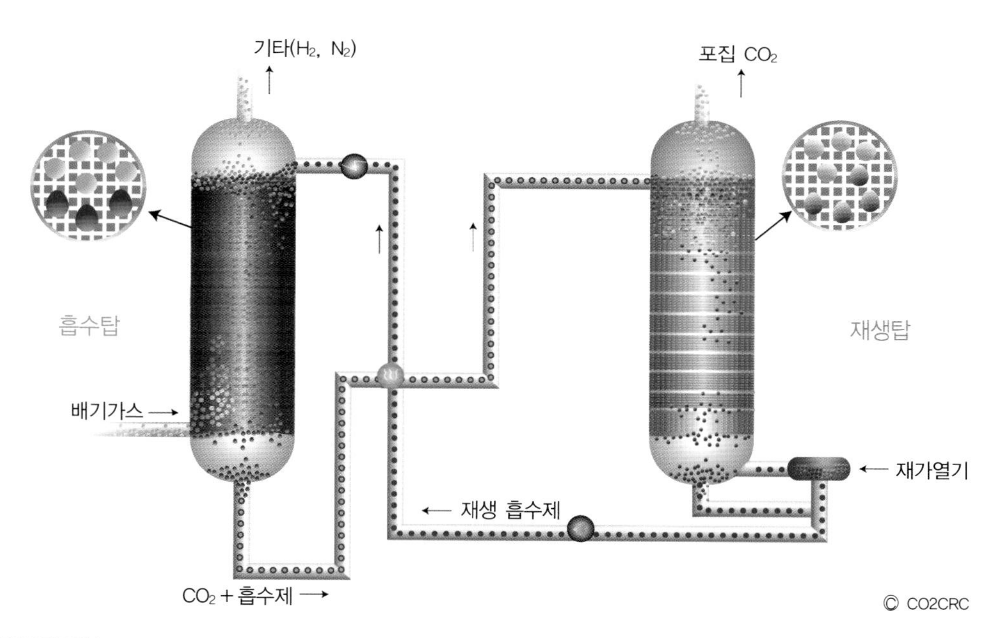

그림 6.16 앞의 그림에서 보여준 것보다 흡수공정은 실제 매우 복잡하며 순환, 가열과 용매로부터 CO_2를 분리, 포집하고 용매를 재생하기 위한 재순환 등 여러 과정을 거쳐야 한다. 이러한 공정을 통해 매우 큰 에너지 손실이 발생하며 이러한 손실을 최소화하는 것이 중요한 과제이다. 아민흡수법이 가장 널리 사용되고 있다.

이때 상당한 양의 에너지가 사용되는데, 일반적으로 20~30% 수준의 에너지가 흡수제를 가열하고 펌프와 팬을 돌리는 데 사용된다. 이때 기존의 발전소와 비교하여 추가적으로 사용되는 에너지를 '에너지 페널티'라고 한다. 따라서 폐열을 효과적으로 재활용하여 에너지 페널티를 줄이는 시스템을 설계하는 것이 매우 중요하다. 기타 성능개선은 CO_2 흡수를 높이기 위해 분리탑 내의 패킹 입자 재료를 바꾸거나 흡수제를 개선하는 방안 등을 적용할 수 있다.

매우 다양한 종류의 흡수제가 있지만 아민 계열이 가장 흔한 종류이다. 그러나 아민은 시간이 지남에 따라 흡수제로서의 성능이 떨어진다. 또한 아민이 환경적으로나 건강에 영향을 미칠 수 있다는 우려가 커지고 있다. 특히 연소 후 포집을 위해서는 대규모로 사용되어야 하기 때문에 그렇다. 그러므로 칠드 암모니아와 고온에서 사용 가능한 탄산칼륨 등의 사용이 시도되고 있다. 이러한 다른 용매는 아민보다 반응속도가 느리지만 환경친화적이 될 가능성이 있다.

상용화 스케일의 발전소에서 요구되는 흡수제의 부피는 매우 크다. 예를 들어 현재 기술 수준에서 500 MW 석탄화력발전소에서 포집을 위해서는 수백만 리터의 아민이 필요하다. 그중 절반은 흡수탑에 나머지 절반은 분리탑 또는 탈착탑에서 사용된다. 흡수공정의 대형화는 주요 과제 중 하나이며 창의적인 접근방식을 요구하고 있는데, 예를 들어 현재 스틸 재질의 통을 저렴하고 단단해서 대형화하기 쉬운 것으로 교체하는 것도 그중 하나다. 폐열 재활용과 같은 개선된 공정통합process integration과 더불어 이러한 종류의 개발이 에너지 비용을 크게 낮추고 결과적으로 전체 연소 후 포집공정의 비용을 절감할 수 있는 잠재력이 있다.

분리막(멤브레인)

매우 가는 체로 설명할 수 있는 분리막은 여러 가지 가스들이 혼합되어 있는 배기가스에서 CO_2를 선택적으로 제거할 수 있다. 분리막은 보통 폴리머나 세라믹으로 만들어져서 액체와 함께 사용될 수 있으며 천연가스 분리, 암모니아와 수소생산, 공기로부터 질소 분리와 같은 많은 산업 분야에서 사용되고 있다. 그러나 현재는 배기가스로부터 CO_2 분리와 같이 대규모로 사용되고 있지는 못하다. CO_2를 포집하기 위해 사용되는 분리막 시스템에는 대표적으로 두 가지 종류가 있다. 첫 번째 방법은 가스분리용 멤브레인을 이용하여 다른 가스들로부터 CO_2를 분리하는 것이고 또 다른 하나는 다공성 멤브레인 층을 통해 혼합가스 중 CO_2가 흡수제로 흡수되도록 하는 방식이다(그림 6.17).

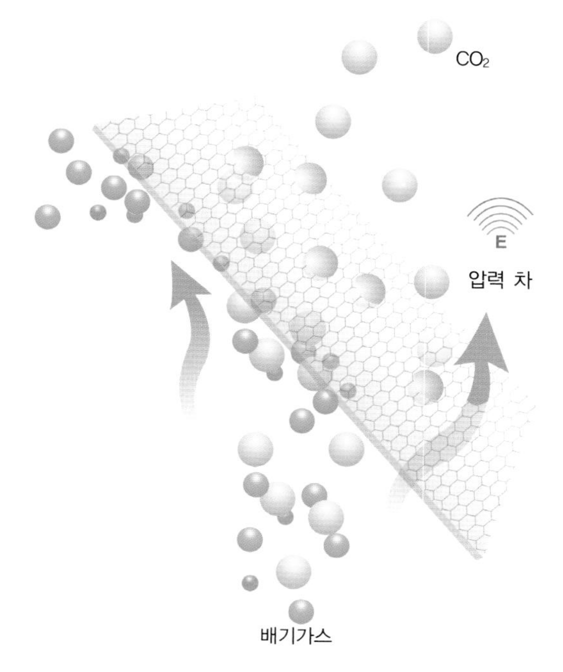

그림 6.17 멤브레인은 아주 가는 체 또는 필터로 설명할 수 있으며 이를 통해 특정 기체를 선택적으로 지나치게 하고 다른 기체들은 가둬두는 일을 가능하게 한다. 이런 식으로 서로 다른 기체를 분리하고 포집한다.

가스분리막 시스템이 흡수법에 비해 가지는 장점으로는 장비가 좀 더 작고, 다목적이며 용제를 사용하지 않는다는 점이다. 이러한 차이점으로 인해 재질과 관련된 비용을 줄이고 환경적 우려를 낮출 수 있다. 분리막은 다른 기체에 비해 CO_2를 더 잘 통과시키는 반투과semi－permeable 장벽의 역할을 한다. 이때 CO_2는 압력 차이에 의해 막을 통과하게 되는데, 현재는 이러한 압력 차이를 유지시키기 위한 에너지가 분리막 기술의 운영비의 대부분을 차지하고 있다.

다양한 재료와 구성이 분리막 제조에 사용된다(그림 6.18). 초기 CO_2 분리용 멤브레인은 셀룰로오스 아세테이트, 목재나 면에서 생산된 천연 플라스틱을 이용해 만들었다. 일반적으로 유리질glassy 폴리머가 혼합가스 중 CO_2를 분리하기에 유리하지만 시간이 흐르면 효율이 떨어지는 경향이 있어서 습한 배기가스를 분리막에 적용할 때 문제가 된다. 유리질과 고무질rubbery 폴리머 층이 조합된 복합재질의 멤브레인은 CO_2 선택도가 좋은 유리질 폴리머와 투과성이 좋아 더 많은 가스를 투과시키는 고무질 폴리머로 구조를 만들게 된다. 그러나 다른 폴리머재질의 멤브레인과 마찬가지로 고온에서는 그 기능을 잘하지 못한다. 고온 조건을 잘 견디는 세라믹 멤브레인이 그 대안으로 모색되고 있다.

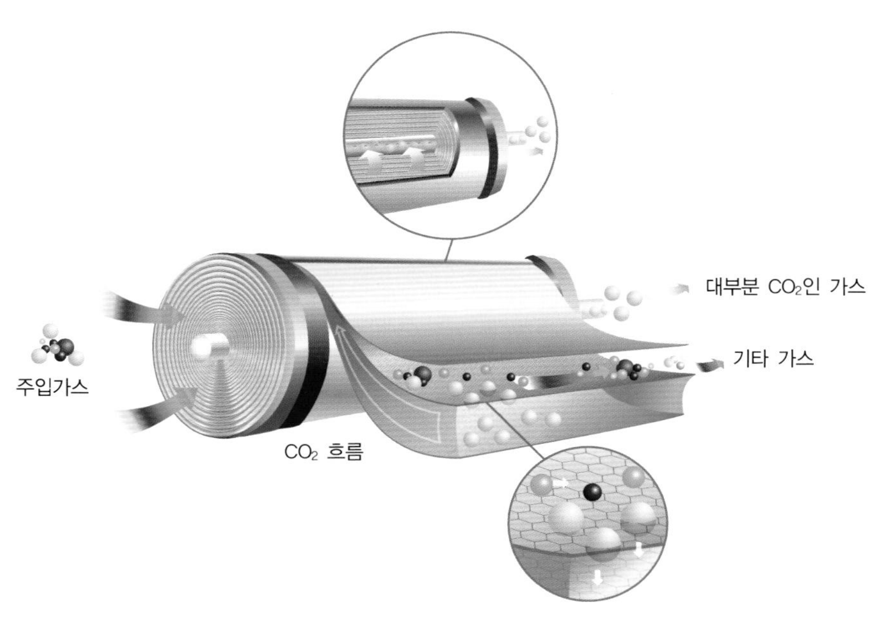

그림 6.18 멤브레인의 효율을 높이고 크기를 줄이기 위해 다양한 구성방법이 사용된다. 위의 그림에서 멤브레인을 나선 형태로 배치하여 CO_2 분리 공정을 최적화하고 있다.

인살라 프로젝트

소나트락 Sonatrach, BP, Statoil의 합작 프로젝트인 알제리 중부의 인살라 프로젝트는 2004년부터 천연가스를 생산하고 있다. 천연가스에 CO_2가 5.5% 포함되어 있는데, 이를 대기 중으로 방출하는 대신 온실가스 감축방안으로 CO_2 지중저장을 실증하는 프로젝트를 계획하였다. 흡수법에 의해 정체시설에서 천연가스 스트림으로부터 분리된 CO_2는 14 km 떨어진 주입지점까지 수송된다. 최종적으로는 3개의 수평정을 이용해 약 2 km 심도의 천연가스층 하부 염수층에 주입된다. 매년 약 100만 t의 CO_2가 인살라 지역에 저장되고 있다.

주입된 CO_2가 영구적으로 저장될 것이라는 점을 확인하기 위한 광범위한 모니터링을 진행하고 있다. 이 모니터링에는 무결성 분석 integrity analysis, 추적자 tracer, 시추공 및 3D 탄성파 모니터링뿐만 아니라 주입에 따라 지표면이 미세하게 융기함을 탐지한 위성레이더 InSAR, interferometric synthetic aperture radar도 포함한다. 이러한 기술들을 종합적으로 분석하여 전체적인 CO_2의 이동형상, 주입정과 덮개암층의 무결성과 지층압력을 평가하고 주입된 이산화탄소가 예상한 대로 거동하고 있음을 확인할 수 있도록 한다.

분리막을 흡수제와 같이 사용하여 액체 용매로부터 배기가스를 분리하고 액체와 기체가 만났을 때 발생할 수 있는 유동문제를 줄일 수도 있다(그림 6.19). CO_2는 분리막을 통과해 용매에 흡수된다. 그러나 이 방식은 액체와 기체 사이의 접촉 표면적을 줄여서 다른 흡수법에 비해 효율이 낮다. 분리막을 통과하여 흡수된 CO_2는 가열을 통해 흡수제에서 제거된다. 흡수제와 분리막을 동시에 사용할 경우 CO_2흡수에 필요한 장비의 크기를 줄일 수 있다.

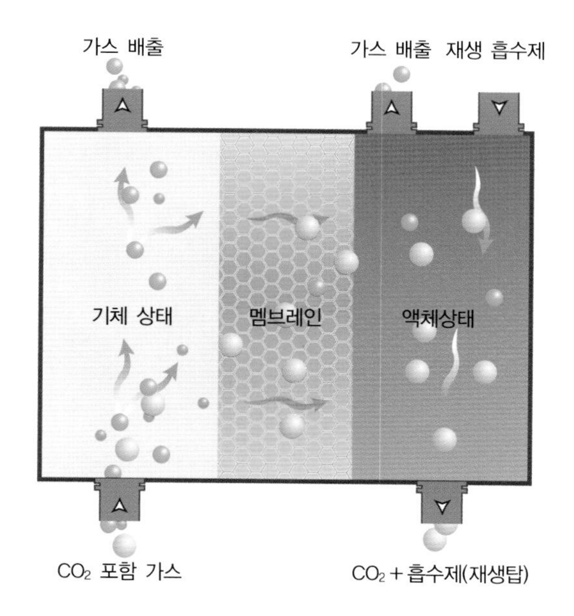

그림 6.19 흡수제와 멤브레인을 조합하여 배기가스로부터 CO_2를 분리하는 것도 가능하다. 멤브레인으로 1차 분리하고 나머지를 흡수제로 제거하여 순수한 CO_2를 얻는 방식이다.

순도 조건에 따라 화력발전소에 멤브레인을 적용할 경우 서로 다른 기체를 분리하기 위해 다른 종류의 분리막을 사용하는 다단 공정이 필요할 수 있다. 분리공정을 사용하기 위해서는 분리막 양쪽에 압력이나 농도 차가 필요한데 이는 에너지가 사용된다는 것을 의미한다. 추가적인 연구개발을 통해 분리막을 고온 조건에서 사용할 수 있도록 하며 에너지 요구수준을 낮추고 스케일 업을 통해 대형화할 수 있도록 해야만 한다. 그럼에도 불구하고 분리막은 CO_2 포집을 위한 유망한 기술이다.

흡착법

다른 가스로부터 선택적으로 이산화탄소를 흡착하기 위해서는 몇 가지 과정이 필요하다(그림 6.20). 첫째 가스 스트림 중 CO_2가 고체인 흡착제 표면에 선택적으로 끌려야 하고 물리적 힘이나 화학적 결합에 의해 붙어 있어야 한다. 다음으로 물리적 조건을 변화시켜 흡착제로부터 CO_2를 분리하여야 하는데, 여러 가지 방법이 적용될 수 있다. 온도순환법 Thermal Swing Adsorption 은 온도의 높낮이에 따른 흡착량의 차이를 이용하는데, 흡착제 전체를 가열하여야 하기 때문에 에너지 소비가 많고 반응이 느리다. 진공 스윙 흡착(영상 분광 분석기)에서 이산화탄소 제거는 거의 진공 조건에 TSA보다 적은 에너지를 필요로 하는 프로세스를 압력을 줄임으로써 실행된

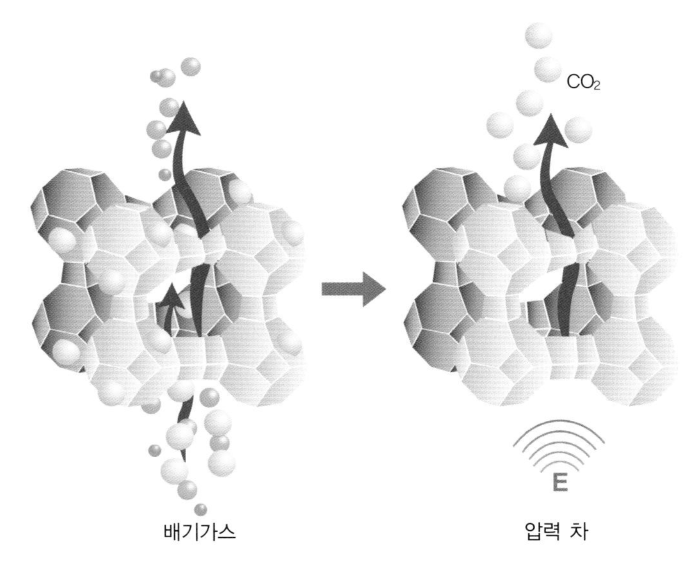

그림 6.20 흡착제는 CO_2 분자를 선택적으로 끌어들일 수 있다. 흡착물질의 온도, 압력 또는 전기장이 변하면 순수한 CO_2를 탈착시킨다. 이 방법은 연구자들로부터 많은 관심을 받고 있지만 현 단계에서 대규모 적용 사례는 없는 상태이다.

다. 압력순환흡착법 Pressure Swing Adsorption은 VSA와 비슷하지만 압력이 대기압 수준과 비슷하다는 점이 다르다. 마지막으로 전기순환흡착 electrical swing adsorption은 흡착제를 가열하여 CO_2를 탈착시키기 위해 전압을 적용하는 것이다.

흡착제에는 여러 가지 종류가 있다. 가장 흔한 것 중 하나가 제올라이트로 자연적으로도 존재하고 인공적으로 합성할 수 있는 광물이다. 다공성 구조를 가지며 크기에 따라 분자를 분리하는 데 사용할 수 있다. 2~50 nm 크기의 나노 공극을 포함하는 탄소나노케이지 carbon nanocage는 공기가 없는 상태에서 약 500도의 온도에서 석탄이나, 목재, 코코넛 껍질과 같은 유기물질을 분해하여 합성한다. 또 다른 것으로 유기 브리징 organic bridging과 고도의 다공성 구조로 연결된 금속이온으로 구성된 분자구조는 분자수준의 체나 표면에 가스를 흡착하는 방식으로 사용된다.

새로운 흡착제는 배기가스 중 CO_2를 유치하기에 유리한 더 큰 표면적과 대용량을 목표로 개발되고 있다. 압력순환, 온도순환, 전기순환 어떠한 종류의 흡착제든 상관없이 흡착공정에서 사용되는 에너지를 최소화해야 하는 과제에 직면해 있다. 상업적으로 사용 가능한 포집용 흡착제 기반 시스템은 저렴하고, 환경친화적이며, 물기와 불순물에 강하며 고온에 사용 가능한 소재를 필요로 한다. 이러한 모든 종류의 특성을 가진 흡착제는 아직 발견되지 않았으며 추가적인 연구가 필요한 이유이다.

저온 분리

CO_2 분리방법 중 네 번째 접근방식은 저온 분리법이다(그림 6.21). 가스 흐름이 충분하게 저온 냉각되면 CO_2는 응축하고 다른 기체는 대기 중으로 배출될 수 있다. 이 공정이 실행 압력에 따라서 CO_2는 고체 또는 액체 상태가 된다. 냉각공정은 엄청난 에너지를 소비하지만 뜨거운 배기가스를 이용해 분리된 CO_2를 데운다면 에너지 소비를 줄일 수 있다. 이렇게 데워지면 CO_2의 압력을 높이게 되어 압축에 필요한 에너지를 낮출 수 있다.

저온 분리에 대안으로 얼음 상태의 물분자 속에 CO_2 분자가 갇혀 있는 CO_2 하이드레이트를 이용할 수 있다. 하이드레이트는 배기가스를 차가운 물에 통과시킬 때 형성될 수 있는데, 물리적으로 얼음 분자 속에 갇혔던 CO_2는 가열되면 해리되어 가스 상태가 된다. 물의 온도를 낮춰 하이드레이트를 만드는 과정과 다시 재가열할 때 에너지가 필요하다. 현재 상업적으로는 90% 이상의 CO_2 농도일 때 저온법이 적용되고 있으며 주로 천연가스 처리에 사용되는 경향이 있지만 미래에는 연소 전 포집과 순산소 공정에 적용될 수도 있다.

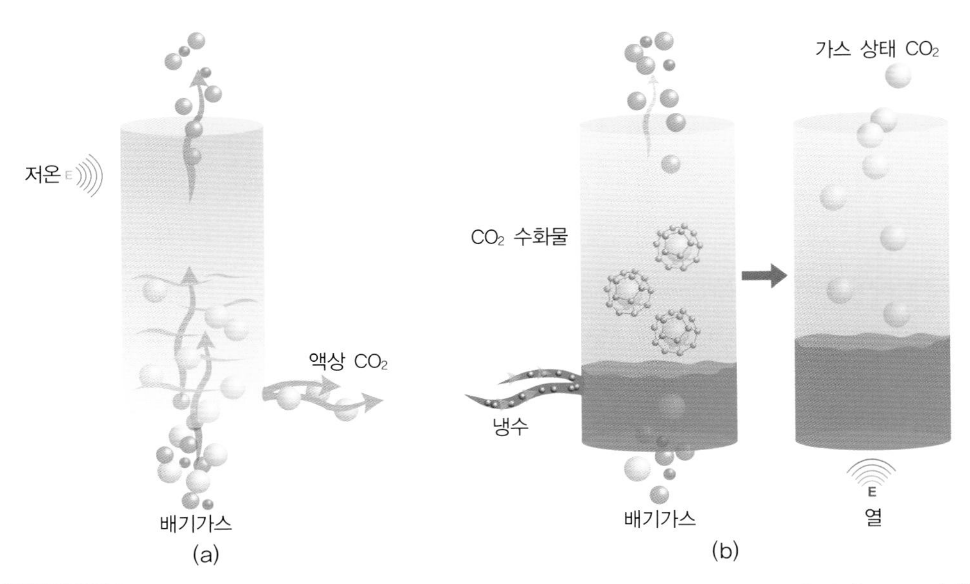

그림 6.21 온도를 낮추는 방식으로 배기가스에 포함된 CO_2를 분리할 수 있다. 저온에서는 CO_2가 응축하거나(a) 하이드레이트(b)를 형성한다. 저온을 유지하기 위해서는 많은 에너지가 필요하기 때문에 상업적 수준으로 이 방법을 스케일 업하는 데에는 어려움이 따른다.

결 론

요약하면, 매우 다양한 CO_2 배출원이 있으며 규모면에서는 재래식 석탄화력발전소가 가장 중요하다. 미래에는 순산소와 가스화가 점차 중요해지겠지만 시간이 걸릴 것이다. 천연가스는 발전분야에서 중요해질 것이며 온실가스 배출량은 석탄화력에 비해 절반 수준이지만 그럼에도 불구하고 가스화력발전 시스템에서 배출되는 CO_2를 분리, 포집하는 계획을 수립해야 한다.

상대적으로 소규모 배출원이 많이 있지만 배기가스 중 CO_2 농도가 높은 경우는 천연가스 생산 시 수반되는 불순물을 분리하거나 산업공정이 중요하다. 이러한 공정은 과실수 가지 중 '낮게 달려 있는 과일'라고 할 수 있어서 석탄이나 가스화력발전에 비해 상대적으로 저비용으로 포집을 할 수 있는 분야이다.

CO_2를 분리 포집하는 수많은 기술이 있으며 각기 장단점을 가지고 있다. 일부는 특정 배기가스에 잘 맞지만 다른 배기가스에는 그렇지 못하다. 또 다른 기술들은 재료를 다루는 데 환경적 어려움을 겪을 수도 있으며 일부는 소량의 불순물만으로도 빠르게 오염될 수 있다. 흡수제에서 CO_2를 분리하거나 분리막으로 가스를 통과시키거나 CO_2를 흡착하고 저온으로 만들기

위해서 정도는 다르지만 모든 기술이 에너지를 소비한다. 이러한 이유로 포집분야의 매우 많은 연구가 폐열을 재활용하고 에너지 페널티를 줄일 수 있도록 발전, 포집, 분리의 전체 공정을 통합하여 에너지 소비를 낮추는 것과 관련된다.

전체 시스템을 최적화해야 한다는 것이 기존의 화력발전소를 리트로핏하여 포집설비를 적용한다는 것이 타당하지 않다는 것일까? 전혀 그렇지 않으며 전 세계적으로 연소 후 포집설비가 적용된 사례는 전 세계적으로 독일의 바텐팔, 미국의 마운트니어Mountaineer, 호주의 Callide A와 헤이즐우드와 같이 많이 있다. 새로운 건설이 공정의 통합과 포집비용을 낮추는데 최선이라는 것에는 의심의 여지가 없다. 그러나 기존의 화력발전소에 포집설비를 적용하는 것과 완전히 새로운 발전소와 포집설비를 건설하는 것은 토지비용과 발전소의 잔존가치 등을 고려할 때 완전히 다른 이슈가 되어 버린다. 국제에너지기구 온실가스 연구개발 프로그램IEAGHG과 미국전력연구원EPRI, Electric Power Research Institute, 그리고 좀 더 최근에는 호주 CO2CRC의 호 박사와 와일리 교수의 연구에 따르면 상황에 따라 기존 발전소에 포집설비를 추가하는 것이 새로운 건설에 비해 비용을 크게 절감할 수 있다고 한다. 상황에 따라 달라질 수 있다는 점을 염두에 두어야 하지만 CCS가 적용되지 않으면 앞으로도 오랫동안 대기 중으로 CO_2를 배출하게 될 기존 석탄화력발전소에서 온실가스를 감축할 수 있다는 희망을 주는 매우 중요한 결론이다.

제7장 CO_2 수송

발전소나 공장과 같이 주요 CO_2 배출원이 위치한 지역으로는 석탄과 석회석 같은 원료광물이 생산되는 지역, 도시와 산업단지 등 소비자가 있는 지역 근처, 그리고 기존의 철도, 도로, 항만 시설이 있는 장소 등이 있다. 그러나 배출되는 CO_2를 감축하기 위한 지질학적 저장소로는 이러한 지역이 전혀 적합하지 않다. 따라서 CO_2가 일단 포집되면 적절한 저장소로 운반시켜야 한다. CO_2를 수송하는 거리가 우연히 짧은 경우도 있으나 어떤 때는 수십에서 수백 km가 되는 경우도 있다. 다행히 CO_2는 고체, 액체, 기체 세 가지 상태로 운반될 수 있으며 파이프라인, 선박, 철도, 트럭 등으로 수송이 가능하다. 가장 많이 사용되는 운송수단은 파이프라인이다. 전 세계적으로는 약 6,000 km의 CO_2 파이프라인이 운영 중에 있으며, 그 대부분은 미국에 있다(그림 7.1). 즉, CO_2 수송은 이미 확립된 기술이다.

수송방법 선택에 가장 큰 영향을 미치는 것은 CO_2의 물성이다. CO_2는 일반적으로 수송되기 전에 건조되어야 하는데, 그 이유는 CO_2가 물을 만나면 부식성이 강한 탄산을 형성하기 때문이다. 또한 CO_2 – 하이드레이트를 형성하여 파이프라인을 막아버려 운전상의 문제점을 야기하게 된다. 또한 고농도의 CO_2는 질식을 일으킬 수 있다. CO_2에 대한 최대 노출 허용 농도는 15~30분의 단기간에는 3% 정도이며, 8시간 이상에서는 0.5%이다. 만약 소량의 CO_2가 누출된다면, 대기 중으로 퍼져나가지만, CO_2가 공기보다 무거워 지상에 낮게 쌓일 수 있다. 따라서 CO_2가 여러 지역을 통과하게 된다면 세심한 계획을 세워야 하며 민감한 지역에서는 CO_2 감지 센서의 장착이 필요하다.

화산에서 분출된 CO_2가 농축되어 건강을 위협했던 이태리의 지하저장고처럼 CO_2의 위험을 감소시키는 방법은 CO_2가 쉽게 발견되도록 불쾌한 냄새가 나는 첨가물을 CO_2에 포함시키는 것이다. 이러한 방법 Odorisation은 천연가스와 액화석유가스 산업에서 주로 사용하는 방법이다. 그러나 수백만 t의 CO_2에 첨가물을 포함시키는 것은 비용이 너무 많이 들어 좀 더 저렴한 방법을 고안해야 한다.

CO_2 누출의 위험성은 나중에 다시 언급하기로 하고, 또 다른 안전문제의 가능성은 고압의 CO_2가 파이프라인에서 누출될 때 생길 수 있는 동상의 위험이다. CO_2가 고압에서 분출되면 급격히 팽창하여 드라이아이스나 차가운 CO_2 가스로 변한다. 드라이아이스는 천천히 대기 중으로 승화되어 퍼져나간다. 이러한 현상은 CO_2 가스량을 감소시키고 동시에 조기 경고 사인을 주게 된다.

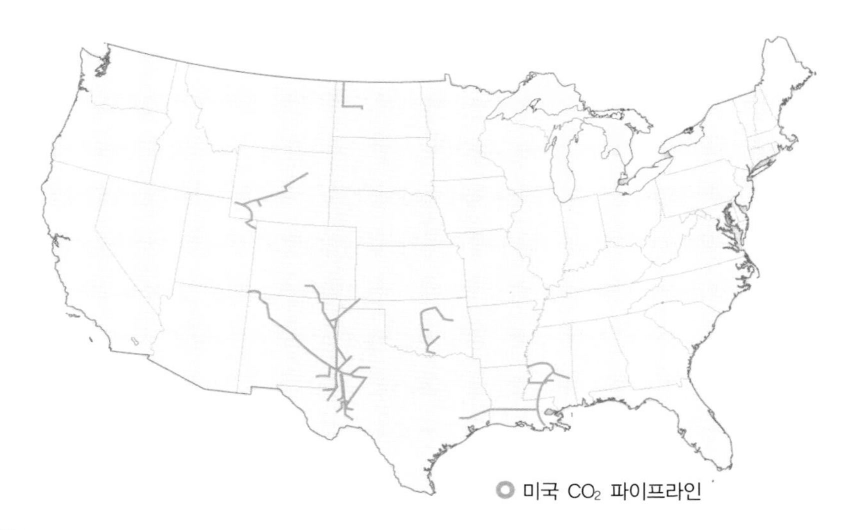

그림 7.1 미국은 연간 약 5000만 t의 CO_2를 수송하는 대규모 파이프라인 네트워크를 운영하고 있다. 이 파이프라인 네트워크는 주로 자연 상태의 CO_2를 회수증진사업용 유전으로 수송하고 있다. 그러나 미국은 CO_2 배출을 상당히 감축할 수 있는 인공 CO_2 사용에 커다란 관심을 보이고 있다 (Ciferno 발췌).

CO_2 파이프라인 수송의 주요사항

파이프라인을 통한 기체, 액체, 슬러지의 수송은 이미 상당한 경험을 가지고 있다. 예를 들면 전 세계에 수백만 km의 원유와 천연가스 파이프라인 배관망이 존재한다. 과거 50년 동안 약 6,000 km의 CO_2 파이프라인이 건설되었으며 이를 운영하면서 상당한 경험이 쌓였다. 이들의 안전기록은 대단하여 그동안 단지 손에 꼽을 정도의 사고만 보고되었다. CO_2 파이프라인은 몇몇 국가에서는 아직 생소한 기술이지만 이들의 운영에 관한 다음과 같은 주요사항은 이미 잘 알려져 있다.

- CO_2는 온도와 압력에 따라 액체에서 기체로, 기체에서 액체로 상변환이 일어나기 때문에 이 경우 컴프레서와 펌프에서 CO_2 유동을 방해하게 된다.
- 물과 CO_2가 만나 파이프라인을 부식시키는 탄산을 형성한다.
- CO_2와 물에 의해 만들어진 고체 하이드레이트가 파이프를 막히게 하여 폭발의 위험이 있다.
- CO_2에 불순물이 있는 경우 압축을 더 해야 하는 필요성이 있다.

액체와 기체의 유동도는 점도에 좌우된다. 점도가 낮으면 더 쉽게 유동한다. 기체상의 CO_2는 매우 낮은 점도를 가지기 때문에 매우 쉽게 유동한다. 그러나 점도 이외에 CO_2 밀도도 중요하다. 점도가 낮은 기체상의 CO_2는 매우 용이하게 유동하지만 2 kg/m^3 정도의 매우 낮은 밀도의 수백만 t의 CO_2를 기체 상태로 저장하게 되면 수 km^{3}의 엄청난 부피가 되어 기체로 수송한다는 것은 비현실적이다. 반면, 액체상은 기체상보다 높은 밀도를 나타내며, 고압에서 CO_2는 고밀도가 된다.

기체상, 액체상 이외에 순수 CO_2의 경우 73.9기압과 31.1°C 온도 이상에서 초임계라는 또 하나의 상이 존재한다. 이 조건에서의 CO_2는 액체의 밀도와 기체의 점도를 나타낸다. 따라서 CO_2를 기체상으로 수송하는 것보다 압축하여 밀도가 높은 액체 같은 초임계 상태로 수송하면 경비를 절감할 수 있다.

스노빗 프로젝트

슬라이프너 프로젝트의 성공 이후, 노르웨이 국영석유회사인 스타트 오일statoil은 2008년 상업적 규모의 두 번째 CO_2 포집·저장 프로젝트인 스노빗 액화천연가스 프로젝트를 시작하였다. 노르웨이 북쪽 해안에서 상당히 떨어져 있는 스노빗 가스전은 5~8%의 CO_2를 포함하고 있다. 생산된 천연가스는 파이프라인을 통해 육상 처리시설로 수송되어 연간 70만 t의 CO_2를 용매 기술을 이용해 분리하고 있다. 분리된 CO_2는 심도 2,600 m 깊이의 가스전 하부에 심부염수층에 재주입하기 위해 바렌트 해의 생산 플랫폼까지 160 km 파이프라인을 통해 다시 보내진다.

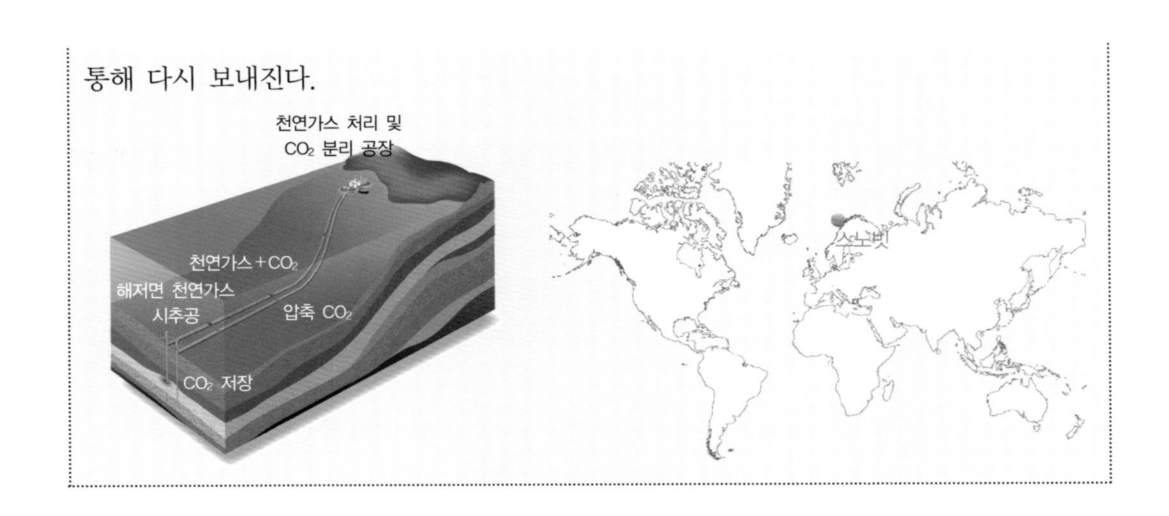

CO_2를 파이프라인을 통해 수송할 때 압력을 높일 수 있다면 저온은 문제가 되지 않는다. 그러나 파이프라인에서 CO_2가 다상으로 변환되면 유동 불안정을 야기하기 때문에 피하는 것이 좋다. 파이프라인 압력은 파이프라인의 유동률, 성분, 길이, 지름, 형태를 결정하는 수력학에 의해 좌우된다.

CO_2를 고밀도 상태로 유지하기 위해서는 중간에 재가압소가 필요할 수도 있다. 가압필요성은 파이프라인 내의 혼합가스 성분에 좌우된다. 혼합가스의 대부분은 CO_2 이지만, 적은 양의 불순물도 재가압 필요성을 엄청나게 변화시킬 수 있다. 파이프라인의 압력과 온도 상태가 CO_2를 액체에서 기체로 바꾸거나 거꾸로 기체에서 액체로 바꾸게 되면, 이는 펌프와 컴프레서, 다른 부속들에 해가 될 수 있다.

게다가 급격한 압력 오르내림은 유동이 불안정해지고 효율을 떨어뜨리며 극단적일 경우 파이프라인의 안전문제를 야기하게 된다. 그러나 민감한 변수는 잘 알려져 있으며 적절한 설계와 안정성 고려가 이루어진다면 파이프라인에서의 상변화는 조절 가능하며 방지될 수 있다. 다른 기체나 액체를 수송하는 기존의 파이프라인을 CO_2 수송에 사용하는 것은 적절하지 못하다.

파이프라인 설계에서 주요사항 중 하나는 물이 있게 되면 CO_2와 반응하여 약산성인 탄산을 만들고 이는 강철 파이프라인을 연간 10 mm까지 부식시킨다는 것이 Seiersten & Kongshaug에 의해 보고된 바 있다. 따라서 탄산 형성을 방지하는 조치를 취해야 하며, 아니면 부식이 되지 않는 스테인리스 스틸로 파이프라인을 건설해야 한다.

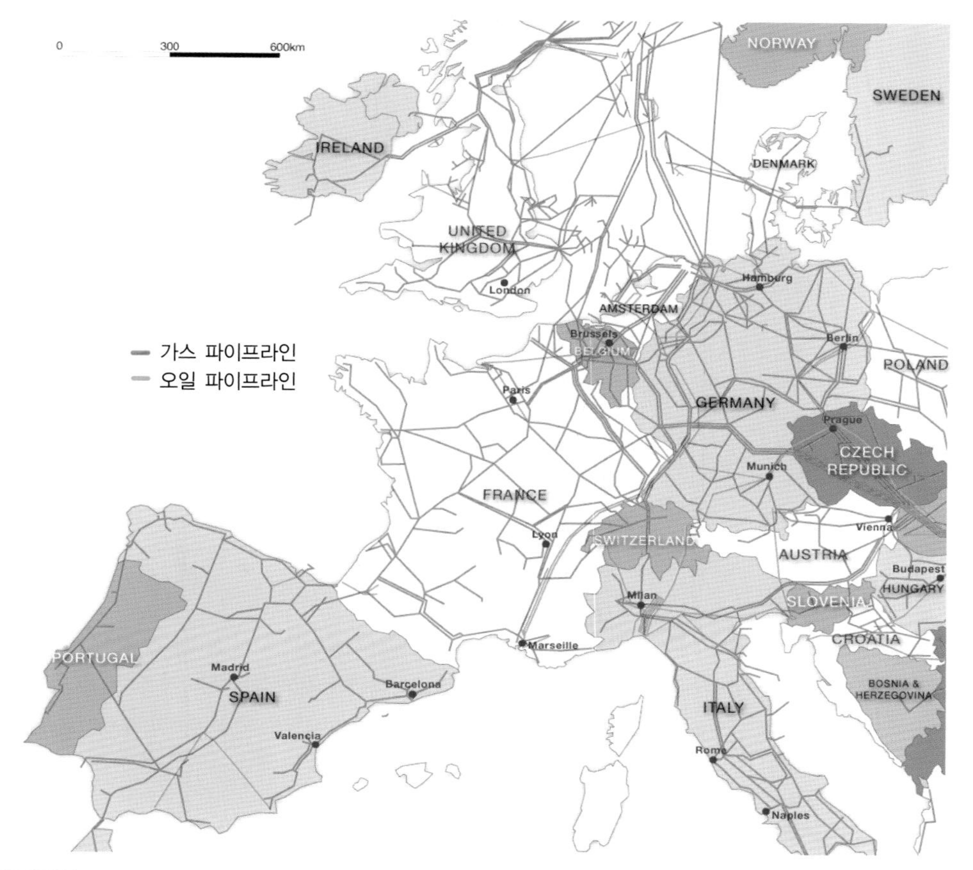

그림 7.2 전 세계에서 대규모 천연가스와 원유 파이프라인 네트워크를 운영하고 있다. 특히 유럽의 천연가스 파이프라인은 엄청나다. 그림에서 보는 바와 같이 인구 밀집 지역을 통과하고 있다.

이 두 가지 모두 비용이 많이 들기 때문에 적절한 조정이 필요하다. 예를 들면, 상대적으로 적은 양의 CO_2를 먼 거리 수송하는 경우 CO_2에서 물을 완전히 제거하고 싼 강철로 파이프라인을 만드는 것이 비용 면에서 효율적이다. 만약 많은 양의 CO_2를 짧은 거리 수송한다면, 물을 제거하지 않는 대신 비싼 부식방지용 스테인리스 스틸을 사용하는 것이 경제적이다.

CO_2 파이프라인에 물 분자가 존재하면 CO_2 분자와 결합하여 얼음형태의 결정인 하이드레이트를 형성하여 또 다른 위험을 내포하고 있다. 이 얼음 결정은 밸브나 펌프, 그리고 파이프라인을 막히게 한다. 하이드레이트는 천연가스 파이프라인에도 생성되지만 이 경우 하이드레이트 생성을 방지하는 조치가 확립되어 있다. 파이프라인에서 하이드레이트에 의한 누출이나 조절된 배출이 일어나면 설비에 모래분사 효과가 나타나 주변에 인명피해를 일으킬 수 있다.

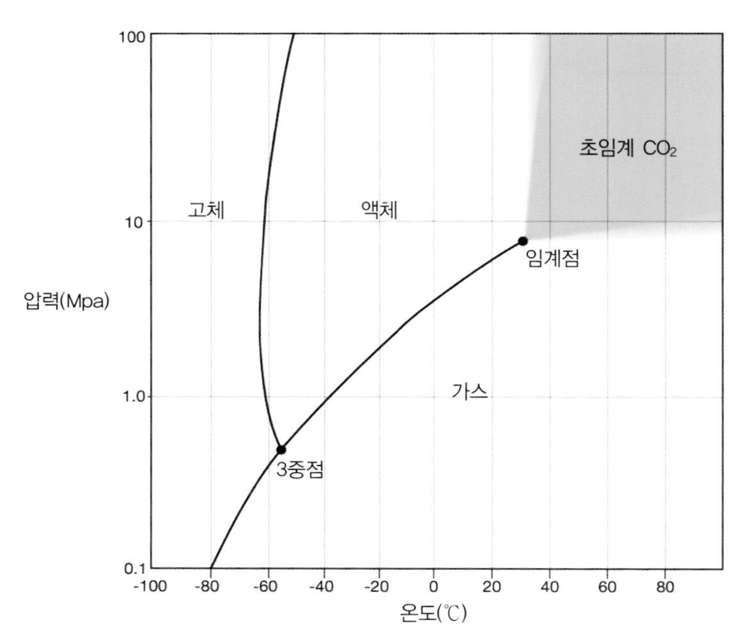

그림 7.3 CO_2 거동은 압력과 온도에 좌우된다. 아주 낮은 온도에서 CO_2는 고체 상태로 드라이아이스가 되며 고온에서는 액체가 된다. 상온, 상압에서는 가스 상태이다. 임계점을 지나게 되면, CO_2는 초임계 상태가 되며 밀도는 액체와 비슷하지만 점도 등 다른 물성은 가스와 비슷하다(IPCC 2005 발췌).

파이프와 유정에서의 CO_2 누출 특성에 대한 이해

수 t의 고압 CO_2가 가느다란 파이프에서 누출되는 상황을 모사한다면 파이프나 유정에서 대기 중으로 누출되는 CO_2 거동을 더 잘 이해할 수 있을 것이다(그림 7.4).

그림 7.4 고압의 CO_2를 대기 중으로 방출하면 매우 차가운 CO_2와 증기가 섞여 나와 육안으로 관찰된다.

가스는 고압상태에 있기 때문에 좁다란 출구를 통해 방출되면 가스의 급격한 팽창과 냉각이 일어난다. 또한 주위의 공기를 냉각시켜 CO_2와 수증기로 이루어진 흰 안개를 볼 수 있다. 이러한 흰 안개는 직경이 5 m에 이르러 지상에서 약 3 m까지 피어오른다. 그런 다음 CO_2는 작은 입자의 드라이아이스로 변해 지상으로 떨어져 산더미처럼 쌓인다.

실험을 했던 날 저녁 차가운 드라이아이스의 표면에 얼음으로 응축된 무거운 이슬과 물이 생성되었다. 이것은 오히려 매우 효과적인 단열을 제공해 차가운 CO_2 입자 더미가 며칠 동안 녹지 않고 남아 있어, 마지막에는 트럭으로 치워야 했다.

이러한 실험은 고체 CO_2나 균열된 파이프라인을 취급할 때 생기는 동상의 위험성을 간과하려는 것이 아니다. 그러나 CO_2가 가끔 맹독성을 가지는 유독 물질이라고 표현되지만 그런 것이 아니라는 점을 분명히 보여준다.

모든 위험성은 주변 상황, CO_2 농도, 그리고 사고처리 방법에 좌우된다. CO_2를 수송하는 위험성은 잘 알려져 있으며 효과적인 규제 법규에 의한 표준산업규정을 통해 방지할 수 있다.

CO_2에 포함된 불순물 문제

지금까지 주로 CO_2에 대해 언급하였지만, CO_2 지중저장이 100% 순도의 CO_2를 수송하고 저장하게 되지는 않을 것이다. 천연가스나 액화천연가스 프로젝트에서 CO_2를 얻는 경우 메탄이 포함되며, 석탄발전소의 경우 황화수소나 아산화질소 등 소량의 불순물이 있게 마련이다. 이러한 소량의 불순물도 파이프라인의 압력에 엄청난 영향을 미쳐 부가적인 압축이 필요해 비용이 더 들게 된다.

몇몇 불순물은 화학적 반응으로 인해 파이프라인의 부식을 가져온다. 이 경우 스테인리스 스틸을 사용해야 하며 높은 비용을 지불하게 된다. 대안으로는 불순물을 제거하는 방법이 있으나 이 또한 경비가 만만치 않다. 예를 들면 지질학적 천연원료로부터 약간의 불순물이 있는 CO_2를 구입하는 것은 t당 수십 달러가 소요되지만, 식품에 사용할 수 있는 모든 불순물이 제거된 순수 CO_2는 t당 수백 달러가 든다.

CO_2 파이프라인의 건설과 관측

천연가스처럼 국토를 횡단하는 모든 고압 파이프라인이 모든 안전표준과 규제표준을 지키도록 명시된 것처럼 CO_2 파이프라인도 고도의 공학설계 표준에 의거하여 건설된다.

CO_2 파이프라인과 연관된 위험성은 천연가스 파이프라인과 비슷하지만 한 가지 큰 차이점

이 있다는 것을 언급할 필요가 있다. CO_2는 메탄과 달리 폭발적이거나 가연성이 없어 근본적으로 메탄을 수송하는 것보다 덜 위험하다.

CO_2 파이프라인 건설에서 초기 고려사항 중 하나는 파이프라인을 건설할 토지를 확보하는 일이다. 파이프라인은 적절한 안전 및 접근에 관한 필수조건이 명시된 규정과 법적 우선권을 지켜야 한다. 파이프라인이 설치될 노선에 따라 펌프나 컴프레서가 설치될 재가압소가 필요할 수도 있다. 파이프라인의 설계와 건설은 인구밀도와 지형에 의해 크게 영향을 받는다. 특히 지형은 컴프레서의 개수와 건설의 용이성 등을 결정해 파이프라인의 경비에 영향을 미친다.

파이프라인은 일반적으로 육상이나 얕은 수심의 해저면에 묻힌다. 그러나 깊은 수심에서는 그대로 해저면에 놓이게 된다. 파이프는 건설되기 직전에 서로 용접된다. 파이프의 강직성에도 불구하고 대형 원통에 파이프를 감을 수 있으며 해저 현장에 설치된다. 파이프라인은 부식방지를 위해 코팅되며 음극 방식으로 처리된다. 통상 유지보수와 안전점검을 위해 일부분을 떼어낼 수 있게 설계된다. 예를 들면 매 30 km마다 파이프라인 격리 밸브를 설치한다.

CCS 프로젝트의 계획이 진행됨에 따라 미래에 예상되는 새로운 CO_2 발생원으로부터의 양을 처리할 수 있도록 충분한 용량의 파이프라인을 건설할 필요가 있다. 이 말은 추가되는 CO_2 양을 주 파이프라인에 연결할 지점에 대한 접근이 필요하다는 뜻이다. 이러한 공통 접근 방법이 미래 집하장 건설을 필요로 한다.

가스 파이프라인은 매우 양호한 안전 기록을 가지고 있다. 파이프라인을 따라 원격 설치된 장비를 통해 지상과 대기 중에서는 육안으로, 해저에서는 해저차량을 원격 조종함으로써 정기적으로 검사를 한다. 파이프라인 내부 검사와 세척은 피그[PIG]라는 파이프라인 검사 측정기로 수행된다. 피그는 파이프라인 안에 설치되어 가스 압력으로 이동시킴으로써 파이프라인을 세척할 뿐 아니라 변형이나 부식을 찾아내기도 한다.

도로, 철도, 바다에서의 CO_2 수송

지금까지는 파이프라인에 의한 수송에 초점을 맞췄지만, CO_2는 통상 특별히 만들어진 탱크를 이용해 수송되기도 한다. 먼저 물을 제거한 CO_2는 액체 또는 고밀도의 가스 상태로 운반하기 위해 가압된다. 적은 양의 CO_2는 압축된 CO_2 가스 상태로 실린더로 운반되지만 많은 양의 CO_2는 약 10~20 t을 담을 수 있는 냉각 탱커로 운반된다. 이런 수송방법은 상대적으로 적은 양의 공업용, 식품산업 또는 CCS 파일럿 규모의 CO_2 수송에 적합하지만 CO_2 저장소로의 대규모 CO_2 수송에는 적합하지 않다. 저장소까지 철도 탱커에 의한 CO_2 수송은 낮은 탄소발자국* 으로 인해 도로 수송보다 낫다. 그러나 수송되는 양이나 경비 면에서 파이프라인 하고는 경쟁이 되지 않는다.

장래에는 대규모 CO_2를 선박으로 수송하는 것이 한 방법이 될 것이다. 현재는 CO_2 수송목적으로 건조되어 1999년부터 CO_2를 수송해온 '코럴카보닉'호가 현재 운영되고 있다. 이 선박은 최대 1,382 t의 CO_2를 수송할 수 있으며 발틱 해와 유럽 북서지방에서 식품용 CO_2를 수송하고 있다. 선박을 통한 CO_2 수송은 액화석유가스와 CO_2 수송 모두 낮은 온도와 높은 압력의 냉동 저장고가 필요하기 때문에(액화석유가스의 경우 영하 48°C와 12기압, CO_2의 경우 영하 50°C와 7기압 필요) 액화석유가스 수송과 연계하면 타당성이 있어 보인다.

액화천연가스 수송과 연계하면 보다 많은 기회가 생길 것이다. 액화천연가스는 1기압과 영하 162°C의 냉동 액체 형태로 수송된다. CO_2는 7기압과 영하 50°C에서 수송되기 때문에 액화천연가스에 비해 훨씬 더 높은 압력이 필요하며 냉동은 덜 필요하다. 게다가 액화천연가스와 CO_2를 교환하기 위해 선박하역에 소요되는 시간도 엄청나다.

그럼에도 불구하고 다음과 같은 경우를 생각해볼 수 있다. 장애물을 기술로 해결할 수 있다면 가스전에서 생산된 액화천연가스를 수요처로 수송한 후 CO_2를 고갈 가스전이나 적절한 저장 공간에 주입하기 위해 반대 방향으로 수송하는 것이 타당성이 있는가? 이 개념을 좀 더 발전시키면 명확한 잠재적 기회가 생긴다. 예를 들면, 막대한 해저 지중저장 잠재력을 가지고 있는 호주는 매년 수백만 t의 액화천연가스를 확실한 지중저장소가 별로 없는 동북아시아로 수송한다. 동북아시아에서 배출된 CO_2를 이 선박에 실어 호주의 해저 저장소로 돌려보낼 수 있는가? 동일한 개념을 상당한 지중저장용량을 가지고 있으며 세계에서 가장 큰 액화천연가스 수출국가인 카타르에 적용할 수 있다.

이러한 개념이 현실이 되기 위해서는 상당한 기술적, 재정적, 정치적 장애물을 해결해야 한다. 그러나 온실가스 문제와 같이 전 지구적 현상의 해결에 장애물을 무시하고 전 세계 배출량을 확실히 줄이기 위해 이제 새로운 시각으로 볼 필요가 있다.

* 탄소발자국 : 원료 채취에서부터 생산, 유통, 사용, 폐기 등 제품 생산 전 과정에서 발생하는 이산화탄소 배출량을 제품에 표시하는 제도

수송비용을 절감하기 위한 CO_2 허브 건설

CO_2를 장거리 수송하는 데는 상당한 비용이 소요된다(그림 7.5 참조). 장거리 파이프라인은 고가이며, 적은 양의 CO_2를 수송하는 경우 CO_2 t당 수송 단가는 엄청나다. 이때 규모의 경제를 찾는 것이 도움이 될 것이다. 예를 들면 엄청난 양의 CO_2를 수송하기 위해 대구경 파이프라인을 건설하면 CO_2 t당 수송 단가를 낮출 수 있다. 여러 곳의 CO_2 배출원을 통합하여 일정수준이 되면 CO_2 허브를 만들어 수송비용을 분담하고 저장소도 비용 면에서 효율적으로 활용할 수 있다.

CO_2 허브 개념은 1990년대 후반 노르웨이 국영석유회사인 Statoil에 의해 소개되었으며 2000년에 CO2CRC에 의해 "Gladrock" 프로젝트의 일부로 활용되었다. 이 프로젝트는 여러 곳의 기준배출원이 있는 호주 Gladstone과 Rockhangton 시 근교의 퀸즐랜드 해안의 중심부에 위치하고 있다. 이 개념은 이후 빅토리아 주의 CarbonNet 프로젝트로 확장되었으며, 동시에 캐나다 앨버타, 독일 Rotterdam, 서호주 지역, 영국 등의 프로젝트로 확장되었다.

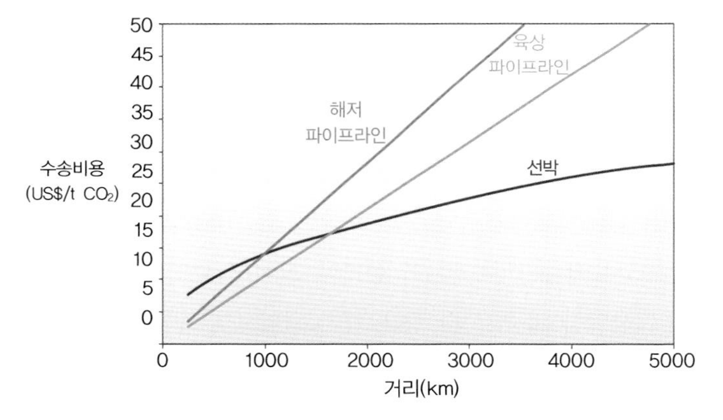

그림 7.5 CO_2는 육상, 해저 파이프라인과 선박으로 수송이 가능하다. 1,000 km 이상인 경우 선박이 파이프라인보다 저렴하다. 그러나 CO_2 수송은 항만시설, 수심 등 지역에 따라 크게 좌우된다.

CO_2 허브 개념은 경비를 절감함으로써 CCS 프로젝트가 진전되고 저장소를 최적화하는 데 중요한 역할을 하게 되었다. 모든 CO_2 허브는 제각기 특수한 문제점을 안고 있다. 그러나 출발점은 항상 똑같으며, 발전소, 시멘트 공장, 제철소, 비료공장, 가스분리공장 등 여러 개의 주요 CO_2 배출원으로 총 배출량은 연간 수백만 t에 달한다(그림 7.6). 이와 같이 다양한 배출원에

대해 파이프라인으로 보내지는 배출가스의 성분에 대한 표준화 작업이 필요하다. 그렇지 않으면 한 배출원에서의 미량의 불순물이 다른 배출원에 역효과를 내기 때문이다.

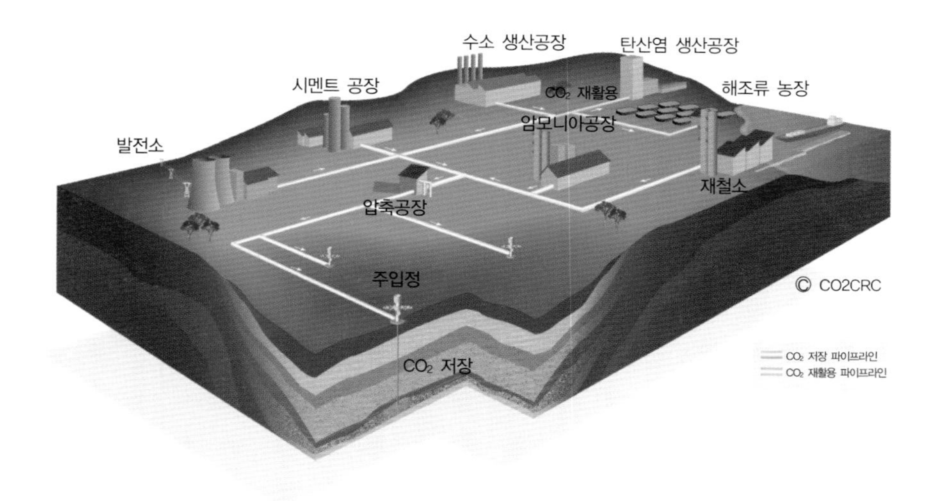

그림 7.6 CO_2 배출원, CO_2 재활용 설비, 파이프라인, 저장시설 등을 모두 통합한 CO_2 허브의 개발은 CCS 비용을 혁신적으로 낮출 잠재력을 지니고 있다.

CO_2 허브의 공동사용자 접근법은 천연가스 파이프라인의 경우 호혜적인 것으로 증명되었다. CO_2 파이프라인의 경우 혜택은 단일허가제도, 단순규정, 저장소 최적화, 복수 파이프라인과 비교하여 낮은 탄소 발자국 등을 들 수 있으며 가장 중요한 것은 수송비용의 최소화이다. CO_2 허브개념은 이미 미국에서 현실이 되고 있다. 기존에 주로 CO_2를 수송하는 파이프라인 배관망이 지질구조에서 발견되는 자연 상태의 CO_2를 회수증진유전으로 수송하고 있다.

Beulah – Wegburn 파이프라인은 미서부의 La Barge 프로젝트처럼 공장에서 배출되는 CO_2를 수백 km 수송하고 있다. 이러한 배관망은 향후 원유회수증진의 수요를 감당하기 위해 확장될 것이며 공장에서 배출되는 CO_2를 저장하는데, 보다 많은 기회를 제공하게 될 것이다.

호주에서의 CO_2 허브

호주에서 CO_2 저장지도 작업의 일환으로 야심찬 CO_2 허브가 제안되었다. 이 연구는 주요 CO_2 배출원이 있는 7개의 CO_2 허브를 선정하고, 미래의 주요 CO_2 배출원이 될 3개 지역을 선정하였다.

호주의 CCS 대표 프로젝트(카본네트, 퀸즐랜드, 콜리 사우스웨스트)

호주 빅토리아 주는 세계에서 두 번째로 큰 갈탄 매장량을 보유하고 있으며, 주 정부는 이를 활용할 기회를 잡고자 동분서주하고 있다. 이를 위해 빅토리아 주 정부는 CO_2 배출량을 획기적으로 감축할 수 있도록 현재와 미래의 주요 CO_2 배출원을 단일 프로젝트로 묶는 카본네트 carbon net 프로젝트를 제안하였다.

카본네트 프로젝트는 연소 전, 연소 후, 공장 등 각 CO_2 배출원의 소규모 지선으로 이루어진 20 Mt 용량의 간선을 건설하고자 한다. 포집된 CO_2는 이 간선을 통해 훌륭한 저장소로 평가받고 있는 깁스랜드 해저분지로 운송된다. 깁스랜드 해저분지는 주요 유가스전이 위치하고 있어 저장 프로젝트가 원유와 천연가스 개발에 어떤 부작용도 초래하지 않도록 기획되어야 한다.

한편 동업자인 스탠웰과 엑스트라타는 타 그룹들과 함께 CO_2 포집, 저장 실증 프로젝트인 퀸즐랜드 대표 프로젝트를 개발 중에 있다. 이 프로젝트는 퀸즐랜드의 수라트 분지에서 적합한 저장소를 찾는 데 초점을 맞추고 있다.

당초 퍼스 부근의 페르다만 비료 공장에서 배출되는 CO_2를 저장하고자 했던 콜리 사우스웨스트 프로젝트는 광역 CCS 공공기반 프로젝트로 계획되고 있다. 이 프로젝트는 궁극적으로 석탄화력발전소와 다양한 산업체 배출원을 포함하게 되며, 예산을 지원받아 남퍼스분지에서 잠재적인 저장소 탐사를 수행하고 있다.

로테르담 Rotterdam 기후 대책 CO_2 허브

비슷한 개념이 다른 곳에서도 제안되고 있는데, 로테르담 기후 대책이 그중 가장 진전된 것이다(그림 7.7). 로테르담은 네덜란드의 주요 국제항구로 정유공장, 석탄·가스 발전소, 화학공장 등 대규모 CO_2를 배출하는 산업이 몰려있다. 많은 회사들이 이 프로젝트에 참여하고 있으며, 클린턴 기후 대책과도 동업관계에 있다. 이 프로젝트는 로테르담을 대규모 CO_2 수송망의 허브로 두고 네덜란드 전역뿐만 아니라 멀게는 독일의 루르지방까지 확대되어 있다. CO_2는 파이프라인과 바지선으로 라인강을 따라 로테르담으로 운반되어 최종적으로는 북해의 저장지역으로 이송된다. 이 개념은 초기에는 2015년까지 연간 500만 t을 수송하여 저장하고, 2020년부터 2025년까지는 2,000만 t으로 늘리는 것으로 계획되었다. 처음에는 육지에서 100 km 떨어진 해저 고갈 가스전에 CO_2를 저장하고, 이 고갈 가스전이 모두 차면 더 먼 해저저장소로 옮기는 것으로 계획되어 있다. 초기에는 파이프라인보다 선박이 초기 투자비용이 적어 선박으로 수송하고 나중에 여러 개의 고갈 가스전에 저장 가능하면 융통성을 발휘해야 한다. 그러나 수송되는 CO_2의 양이 증가하면 저장소가 더 먼 해역으로 갈 수 밖에 없어 2025년쯤에는 파이프라인이 가장 저렴한 수송수단이 될 것으로 예상된다.

카본네트의 경우에서처럼, 로테르담 기후대책에도 여러 가지 불확실성이 있다. 이 프로젝트를 수행할 기업의 형태와 자금원이다. 그러나 수송비용을 낮추는 가장 좋은 접근법의 하나가 CO_2 허브를 만드는 것이며 가까이 있는 여러 개의 대규모 CO_2 배출원이 공동으로 CO_2를 수송하여 비용 측면에서 가장 효율적으로 CO_2를 저장하는 것이다.

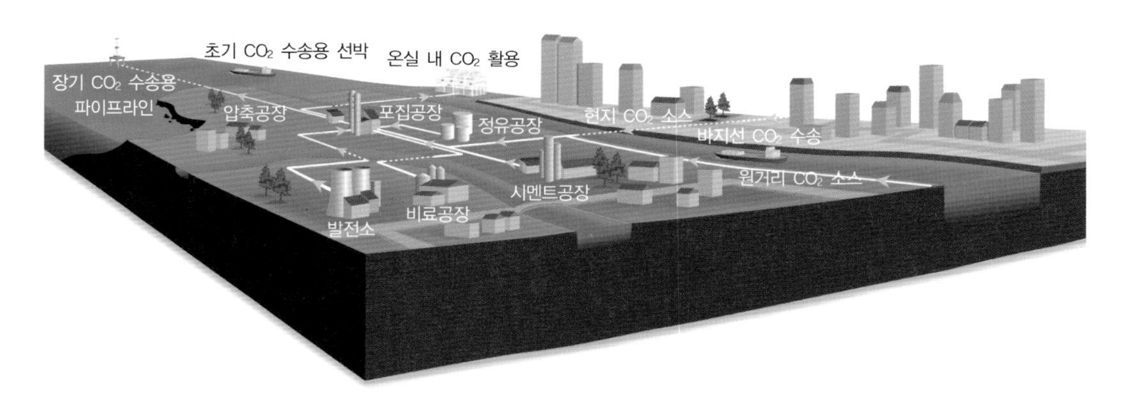

그림 7.7 로테르담 기후 구상은 다양한 잠재적 배출원과 파이프라인, 바지선, 대형선박을 연결한 포괄적 CO_2 허브를 개발하고 있다. 이 계획에는 온실에서의 CO_2 전환도 포함되어 있다.

결 론

CO_2 수송방법에 정답은 없다. 수년 동안 안전하고, 비용 효율적으로 CO_2 수송이 이루어져왔다. CO_2 수송이 원천적으로 위험한 작업은 아니나 모든 위험성이 적절하게 관리되도록 뒷받침할 법규가 필요하다. 대부분 CO_2 수송이 파이프라인으로 이루어지지만 장거리 선박 수송도 고려 대상에 넣어야 하며 이는 미래의 액체 수송을 포함한 혁신적 CO2 수송의 국제협동 기회를 제공할 수도 있다. 마지막으로 CO_2 수송을 위한 다자간 허브를 통해 비용을 절감해야 할 필요성도 있다.

제8장 CO_2 저장

주요 CO_2 발생원으로부터 CO_2를 포집하여 수송한 후 CO_2를 저장하는 방법에는 여러 가지가 있다.

먼저 유용한 물질로 변환할 수 있다. 예를 들면 해조류가 CO_2를 흡수하면 이들 해조류를 동물사료, 액체연료 등의 유용한 물질로 만들 수 있다. 이렇게 CO_2를 유용한 물질로 전환하게 하면 포집비용을 상쇄시킬 수 있어 매우 경제적이다. 그러나 이 방법은 장기간의 CO_2 저장은 되지 못한다. 또한 다음과 같이 극복해야 할 기술적 문제도 있다.

① 해조류를 대량으로 수확하는 방법을 개발해야 한다.
② 해조류를 기르기 위해서는 대규모의 땅이 필요한데, 필요한 땅의 면적을 줄이는 방법을 고안해야 한다.

CO_2의 해조류 전환기술은 유용한 틈새 기술이다. 경비는 저렴하지만 대규모 CO_2 감축은 불가능하다. CO_2를 활용하여 유용한 광물을 만드는 틈새 기술도 있다. CO_2를 이용하여 만들 수 있는 가장 유용한 물질은 콘크리트와 같은 건축 자재이다. 이러한 건축 자재는 전 세계적으로 사용되며 수십 년에서 수백 년에 걸쳐 CO_2를 감축할 수 있다. 그러나 이러한 건축 재료나 잘 알려지지 않은 새로운 건축 자재 사용을 꺼려하는 건설업계가 걸림돌이 되고 있다.

그럼에도 불구하고 건설 분야에서 고함량의 CO_2를 활용할 수 있는 분야가 있다. 이 또한 전체 CO_2 배출의 극히 일부분만 처리하게 되지만 알루미나를 생산할 때 나오는 폐광물에 CO_2를 처리하는 것이 유용한 부산물을 얻는 좋은 예이다(제4장 참조). 이 경우 저장의 효과는 진흙의 알칼리성을 감소시키고, 건설과 조경에 사용되는 건축 자재인 모래 부산물의 성능을 향상시킴으로써 환경개선을 가져온다는 것이다.

바닷물에 CO_2를 저장하는 문제는 사회적으로 허용되지 않아 저장방법으로는 인정되지 않을 것 같다. 따라서 지질학적 CO_2 처분만이 실질적인 대규모 CO_2 감축수단이 되며 이 장에서는 주로 지질학적 CO_2 저장에 대해 언급하고자 한다.

왜 지질학적 저장이 다른 저장방법보다 우수한가?

오랜 기간 CO_2가 저장되어야 할 심부 지하지층의 불확실성에도 불구하고 대기 중 CO_2 농도를 감소시키기 위해 지질학적 CO_2 저장이 CO_2 감축수단으로 각광받는 근거는 무엇인가?

그 해답은 일부분 석유 산업의 성과에서 찾을 수 있다. 수조 달러를 투자한 100년 이상의 석유 탐사와 생산을 통해 전 세계 지하 지층의 암석과 유체에 대해 많은 것을 알고 있기 때문이다. 석유 산업으로부터 배운 지식을 지질학, 지구물리학, 암석역학, 유체유동, 시추, 컴퓨터 모델링 등의 연구 분야에 적용하여 우리는 CO_2를 지하에 주입했을 때 어떤 일이 일어날지 알 수 있기 때문이다.

게다가 CO_2가 자연적으로 지하에 수천 년에서 수백만 년 동안 매장되어 있는 경우도 드물지 않다. 이것이 지하에서의 CO_2 거동을 예측할 수 있는 중요한 시사점을 제공하기 때문이다. 이러한 정보를 활용하여, 어떻게 적절한 CO_2 저장소를 찾는지, 장기간의 CO_2 저장을 확신할 수 있는지 알아보고자 한다.

적절한 CO_2 저장소의 선정 : 퇴적분지

CO_2 지중저장소를 찾는 첫 단계는 CO_2를 저장할 수 있는 적절한 암석을 확인하는 일이다. 이런 적절한 암석은 주로 퇴적분지에서 찾을 수 있다. CO_2 지중저장소로 적절한 지질학적 구조는 고갈 유가스전, 심부염수층[DSA], 개발 불가능한 탄전, 셰일, 현무암, 그리고 화산암과 화성암을 들 수 있다(그림 8.1). 여기 언급한 모든 가능한 장소를 고려하겠지만, 주요 대상은 막대한 잠재적 저장용량 때문에 퇴적분지에서 발견되는 암석이 될 것이다.

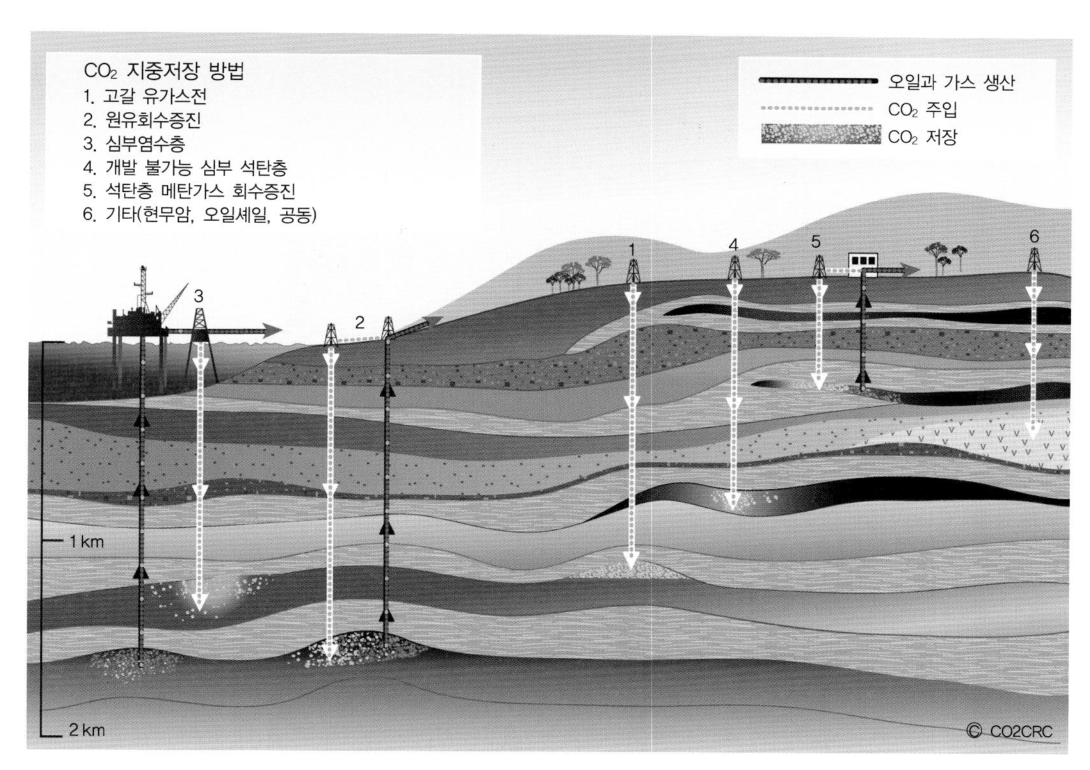

그림 8.1 CO_2 지중저장 사례(IPCC 2005)

퇴적분지는 지각에서 지구조 운동에 의해 생성된다. 단층들을 반대로 잡아당기면 열곡이 생기며, 지각의 한 부분이 다른 부분을 덮게 되면 지구표면에 하향요곡이 생성된다. 심부지각과 맨틀에서의 변화는 한쪽에서는 요상 upwarping과 산악지대를 만들고, 주변에서는 하향요곡 downwarping과 분지를 만든다.

줄여 말하면, 퇴적분지를 만드는 주요 인자는 다음과 같다.

- 산악지형과 해안선을 침식해서 만들어지는 퇴적물
- 퇴적물이 이동되어 쌓이게 되는 저지대, 분지

퇴적물은 강, 삼각주, 해변, 호수, 사막, 늪지, 산호초, 그리고 심해를 포함한 퇴적분지 안의 다양한 환경과 기후조건에 따라 쌓인다(그림 8.2).

그림 8.2 호주 중부에서 볼 수 있는 교차 층상의 사막 사암과 같은 퇴적물은 분지 내 수천 km^2에 걸쳐 나타난다.

퇴적 환경에 따라 각각의 퇴적상을 만들며, 이것이 CO_2 저장에 적합한지 아닌지를 결정하는 주요 영향 인자가 된다(그림 8.3).

그림 8.3 퇴적물이 쌓이는 퇴적 환경은 암석이 CO_2 저장에 적합한지 여부를 결정한다. 그림과 같이 호주 중부의 사암에서 볼 수 있는 물결 모양은 이 사암이 호수의 가장자리 같은 얕은 물에서 퇴적됨을 가리키며 균질한 다공성의 투과성 사암이 생성된다.

퇴적분지와 퇴적물은 수천 km^2에 걸쳐 연결되며 그 두께는 수백 m에서 수천 m까지 나타난다. 퇴적분지 내의 퇴적물은 가깝게는 수천 년이 된 것으로부터 오래된 것으로는 30억 년이 된 것도 있다. 물론 최근 퇴적물이 오래된 퇴적물보다는 CO_2 저장에 더 적합하다.

퇴적분지는 수천 년 동안 인간의 거주지로 각광 받아왔다. 초기에 분지는 물과 숲, 그리고 일차 식량원을 구성하는 사냥감을 제공하였다. 결과적으로 퇴적분지는 농업과 건축재료를 위한 좋은 장소이다. 이들은 또 원유, 가스, 석탄 등의 화석연료를 제공하였다. 이러한 인간은 점점 더 화석연료에 의존하게 되었다(그림 8.4).

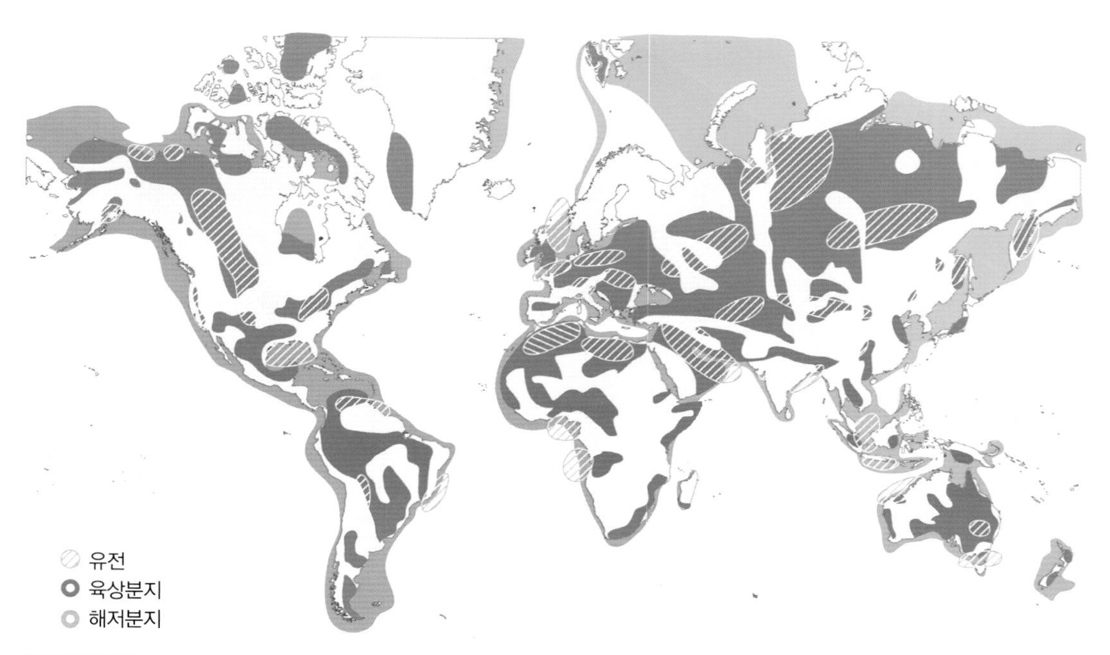

그림 8.4 퇴적분지는 모든 대륙과 대륙 주변부에 존재한다. 여기에는 많은 지하자원이 부존되어 있으며 CO_2 저장에 적합한 암석을 찾는 출발점이기도 하다(IPCC 2005 발췌).

따라서 문명은 인간이 살아가고, 식량을 재배하며, 물을 얻고, 건축재료와 에너지를 얻을 수 있는 장소로 퇴적분지에 주로 의존하고 있다. 주요 도시와 마을, 그리고 CO_2 주요 배출원이 퇴적분지에 위치하고 있다는 사실은 전혀 새로울 게 없다.

CO_2 포집과 저장의 관점에서 보면 퇴적분지가 가장 좋은 CO_2 저장소를 제공한다는 점은 행운이다. 그러나 모든 퇴적분지가 CO_2 저장에 적합하다는 것은 아니다. 어떤 것은 너무 오래되었고, 암석은 변형되어 CO_2 저장에 적합하지 않다. 어떤 것은 단층과 습곡 작용을 많이 받아 지질학적으로 너무 복잡하다. 어떤 것은 너무 얕고, 너무 작고, 산지에 위치하고 있거나 심해라서 접근이 힘들다.

그러나 위에 언급한 부적합한 퇴적분지를 제외해도, 많은 양의 CO_2 저장에 적합한 분지가 전 세계적으로 아직 엄청나게 많이 남아 있다. 원유와 가스가 CO_2에 의해 오염될 가능성을 방지해야 할 필요가 CO_2 저장 프로젝트에서 고려해야 할 매우 중요한 사안이지만 원유와 가스를 함유한 퇴적분지는 CO_2 저장에 특히 유망하다.

CO_2 저장에 적합한 퇴적분지의 특성

공극률, 투과도와 광물조성

퇴적분지와 퇴적분지 내 지역이 CO_2 지중저장에 적합한 조건은 무엇인가? 그 주요 출발점의 하나는 저류암의 존재이다. 저류암은 원유나 가스, 그리고 지하수가 들어있는 암석의 종류이다. 즉, 다공질 암석으로 종이 수건이 그 안의 작은 기공 안에 물을 함유할 수 있는 것처럼 또는 스펀지가 큰 기공 안에 물을 흡수할 수 있는 것처럼 물을 함유할 수 있다.

원유나 지하수의 경우와 마찬가지로 CO_2 지중저장의 일반적인 오해는 유체가 지하 공동에 저장된다고 생각하는 점이다. 물론 드물기는 하지만 심부의 동굴 같은 구조에서 원유나 가스가 발견되기도 하지만 이것은 매우 예외적인 상황이다.

건축재료로 종종 사용되는 사암과 같은 저류암은 겉보기에는 고체로 보인다. 그러나 사암의 내부를 들여다보면 그 안에 수많은 공극이 있다. 공극이 작으면 작을수록, 뼈대가 단단하면 단단할수록, 물이나 CO_2 같은 유체를 공극 속으로 밀기가 힘들어진다. 따라서 암석이 이렇게 치밀한 경우에는 유체가 수 km를 이동하는 데 수천 년 이상이 걸린다.

사암과 같은 저류암의 구조를 살펴보면 암석의 알갱이로 이루어진 뼈대가 있으며 그 내부는 수많은 공극이 있다. 이 내부의 공극에 물이나 원유, 가스 같은 유체를 함유할 수 있게 된다.

그림 8.5 풍부한 시추 작업이 이루어지는 퇴적분지는 여기에 유가스전이 있음을 나타내며, 동시에 CO_2 저장에 적합한 다공성의 투과성 암석이 있음을 지시한다(IPCC 2005 발췌).

상부의 덮개암(낮은 공극률과 투과도)

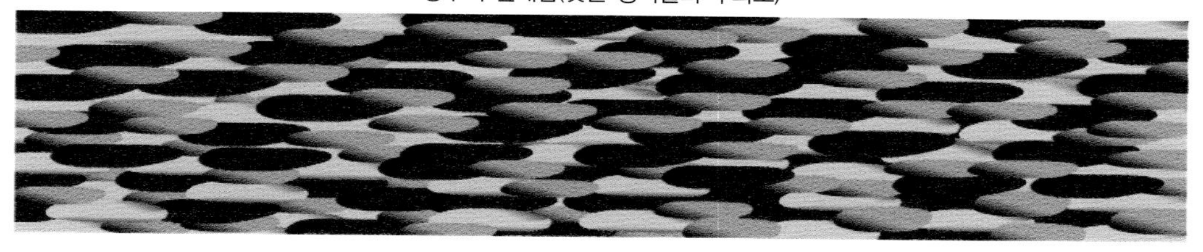

높은 공극률

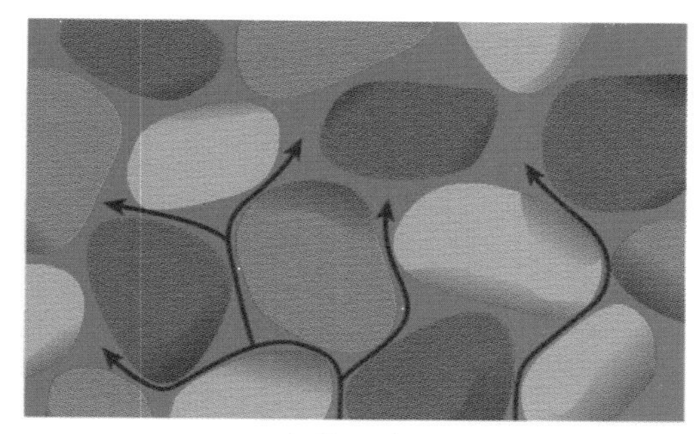

높은 투과도

그림 8.6 (위) 낮은 공극률과 투과도를 보이는 세립질의 암석은 CO_2가 상부로 올라가지 못하도록 막는 덮개암 역할을 한다. (아래) CO_2 저장에 적합한 암석은 높은 공극률(암석입자 사이의 풍부한 공극)과 높은 투과도(공극들이 서로 연결됨)를 가지고 있다. 따라서 물과 CO_2와 같은 유체가 공극으로 쉽게 흘러 들어갈 수 있다.

암석 내에서 유체가 이동하는 용이성은 암석 투과도로 나타낸다. 암석 내 공극들이 서로 연결되어 있으며 유체가 쉽게 이동할 수 있는 암석은 높은 투과도를 나타낸다. 어떤 암석은 공극이 있긴 하지만 연결성이 불량하면 낮은 투과도를 나타낸다.

CO_2 저장에 적합한 저류암은 CO_2를 함유할 수 있는 많은 양의 공극을 가지고 있으며(=높은 공극률) CO_2가 잘 흐를 수 있는 높은 투과도를 가진 암석이 된다. 원유, 가스, 물 또는 CO_2 등 저장되는 유체에 상관없이 대부분의 저류암은 세립질의 다공성, 투과성 사암이며 모래 입자는 다음과 같은 안정적 광물로 구성되어 있다.

- 성숙 사암(=양질 사암)의 석영입자
- 미성숙 사암의 덜 안정적인 광물입자 또는 암편
- 석회암의 탄산염암 입자

입자의 성분은 다음과 같은 이유로 매우 중요하다.

① 미성숙 사암의 경우 CO_2가 입자들과 화학적으로 반응하여 탄산염 광물을 형성
② 성숙 사암의 경우는 CO_2가 입자들과 거의 반응하지 않음

이와 같은 저류층의 물리적, 화학적 특성 이외에도 저류층이 지표면에서 충분히 깊은 곳에 위치해야 한다. 그 이유는 CO_2가 저밀도의 가스가 아닌 고밀도 초임계 유체로 저장되어야 하기 때문이다. 대기압에서는 CO_2 1 t이 500 km^3 이상을 차지하지만, 8기압의 고압에서는 350배나 작은 1.5 km^3만을 차지하지 때문이다. 다른 말로하면 대기압에서 저장할 때보다 고압에서는 350배 이상의 CO_2를 저장할 수 있다.

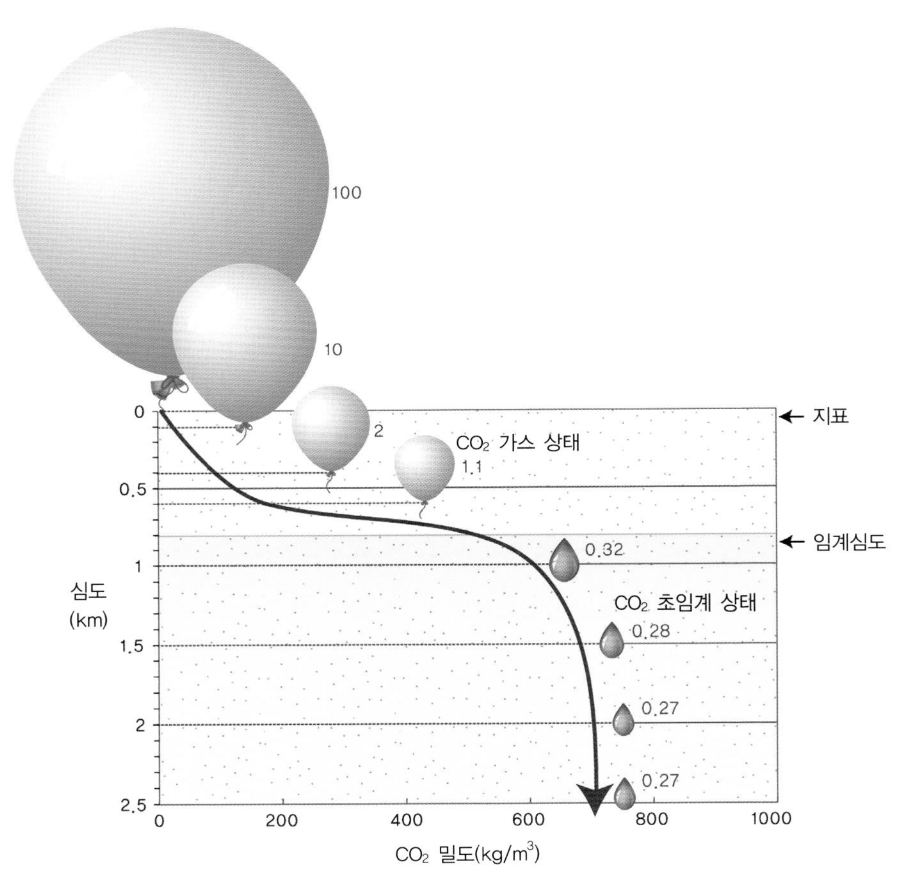

그림 8.7 CO_2는 압력이 증가하면 밀도가 증가하여 액체처럼 된다. 이러한 상태에서 심도 800 m 이하의 암석 공극에 CO_2를 주입하면 지상의 CO_2 밀도보다 수백 배 높은 액체와 비슷한 상태로 유지된다.

심부에 있는 암석이 고압을 나타내는 것은 주로 암석 상부의 무게와 암석 내 공극에 있는 물 때문이다. 암석의 압력과 물의 압력이 함께 CO_2 가스를 가압하면 고밀도의 액체 같은 CO_2로 변하게 된다. 반면에 주입되는 CO_2가 이미 고밀도 상태에 있다면, 암석의 압력은 계속 유지될 수 있다.

CO_2의 밀도는 주로 온도의 영향을 받는다. 온도가 높아지면 CO_2 밀도는 낮아진다. 지구표면의 온도는 지구조 운동과 화성활동의 결과로 또는 지각 내의 방사성 물질의 붕괴에 따라 심도가 깊어짐에 따라 올라간다. 따라서 우리는 CO_2 저장에 적합한 심도를 보다 정확하게 계산하기 위해 지하 온도에 대한 정보를 알아야 한다. 유전과 지하수를 위한 시추공 정보를 이용하면 심도에 따라 압력과 온도가 어떻게 변할지 알 수 있다.

이러한 변화는 장소에 따라 다르며 균일하지 않지만, CO_2를 저장해야 하는 전 세계 대부분의 장소에서는 심도가 적어도 800 m 이상은 되어야 CO_2를 고밀도의 액체 같은 상태로 유지할 수 있다. 심도 800 m 이상에서도 CO_2 부피는 심도에 따라 계속 줄어들지만, 부피 변화가 너무

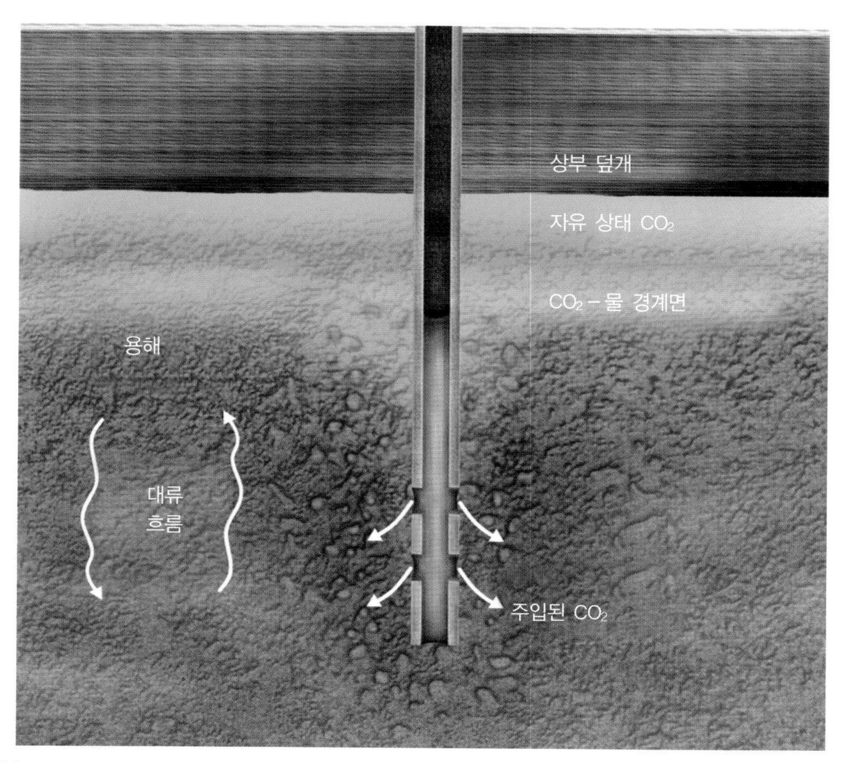

그림 8.8 심부 시추공을 통해 심부염수층과 같은 암석으로 CO_2를 주입하면, CO_2 일부는 염수에 용해되지만 대부분은 상부에 있는 불투과층인 덮개암을 만날 때까지 위로 올라간다. 위로 올라온 CO_2가 계속 축적되면 CO_2 – 물 경계 면을 아래쪽으로 이동시키고 옆으로 퍼지게 한다.

작아 더 이상 깊이 내려가는 것은 큰 이득이 없다. 특히 CO_2 주입정의 심도가 깊을수록 시추비용이 커진다.

CO_2 저장을 위해 적정한 심도의 다공성, 투과성 저류암이 필요한 것 이외에도, 저장된 CO_2가 저류층으로부터 근처 암석으로 새어나가 지하수층을 오염시키거나, 궁극적으로는 지표로 누출되는 것을 막아줄 적절한 지질학적 환경이 필수적이다. 우리는 수많은 대규모 천연가스가 지하에 존재한다는 것으로부터 자연이 가스를 저장할 수 있다는 것을 알고 있다. 이와 마찬가지로 위아래의 염수층으로부터 영향을 받지 않는 담수 지하수 자원이 존재한다. 이는 지각 주변부가 서로 밀폐될 수 있다는 증거이다.

CO_2가 물로 차 있는 지층에 주입되면, CO_2는 물보다 밀도가 낮아 상부로 떠오른다. 그러나 저류층 상부에 이암같이 아주 작은 입자로 구성된 저투과도층 같은 장벽이 있다면 CO_2는 더 이상 떠오르지 못하고 저류층 내에 갇히게 된다. 이런 저투과도층을 덮개암 또는 밀폐층이라고 한다.

그러나 CO_2가 포획되는 메커니즘은 이보다 훨씬 복잡하다. 예를 들면 저류층이 기울어져 있다면 CO_2는 저류층 안에 머물겠지만 계속 상부로 떠오르려고 할 것이다. 한편 CO_2가 저장되는 지층을 덮고 있는 상부암석들이 균열되어 있다면 CO_2는 누출될 위험에 놓여 있다. 따라서 활성단층이 있는 지역은 CO_2 저장에 적합한 지역으로 간주되지 못한다.

CO_2가 누출되지 못하게 잡아두는(=포획) 메커니즘에는 몇 가지가 있다. 가장 간단한 포획 형태는 구조 포획으로 이때는 저류암이나 밀폐층이 접혀져서 반구형이나 배사구조를 만들게 된다. 암석의 단층작용은 CO_2가 상부 또는 측면으로 도망가지 못하도록 측면에 불투과층을 만든다. 몇몇 경우에는 암석이 최초로 퇴적될 당시의 환경에 의해 저류암의 원래 형태가 CO_2 누출을 방지하는 측면의 불투수성 장벽을 만들기도 한다. 이러한 것을 층서 포획이라 한다.

구조 포획과 층서 포획 이외에 CO_2는 수력학적 또는 화학적 반응에 의해 포획될 수도 있다. 잔류 포획은 암석 내에 두 종류의 유체(예를 들면 물과 CO_2)가 있는 경우에 일어난다. 유체들이 저류층 내 공극을 지나갈 때, 물은 공극 한가운데에 있는 적은 양의 CO_2를 그냥 지나쳐서 암석 표면을 따라 흐른다. 시추공을 통해 CO_2를 뽑아내려고 해도 저류층에 흐르는 물은 공극 가운데에 포획된 CO_2를 지나쳐 흐르게 되며 물만 생산된다. 따라서 CO_2는 공극 내에 영구적으로 남게 된다. 공극 내에 영구적으로 남게 되는 CO_2의 양은 암석 공극 형태와 공극의 연결성에 좌우된다.

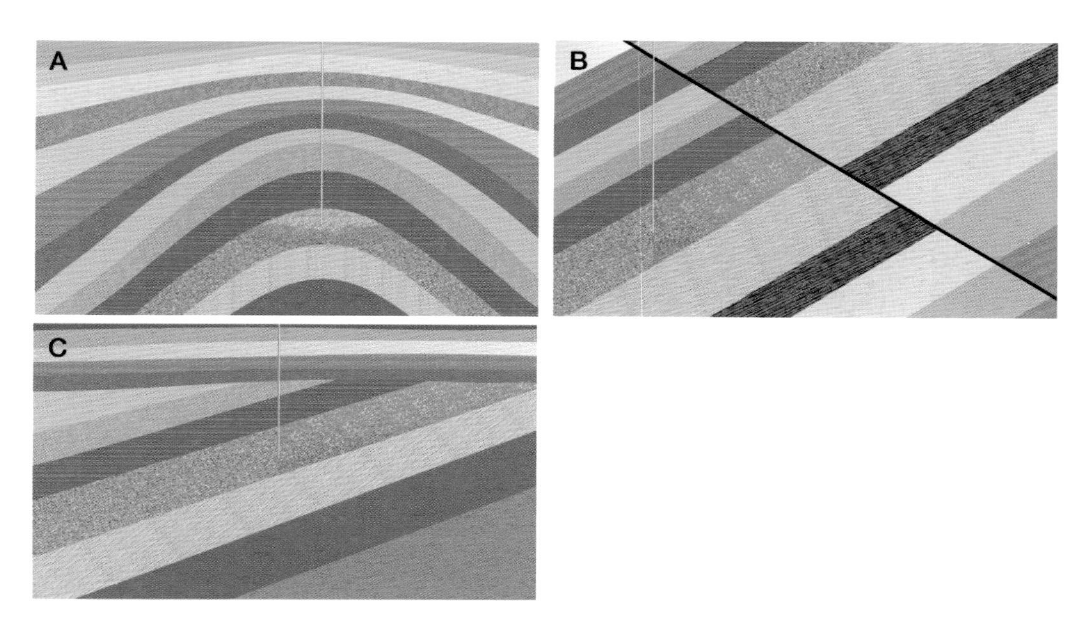

그림 8.9 CO_2를 저장할 수 있는 다양한 지질학적 구조. (A) 배사구조, (B) 단층이 불투과층인 덮개암 역할을 하는 경우, (C) 부정합면에 대한 다공성의 투과성 지층의 쐐기 구조. 이 경우 침식면은 불투과성 암석으로 덮인다.

또 다른 포획 형태인 용해 포획 Solubility trapping은 저류층의 공극수에 CO_2가 용해되어 일어난다. 이러한 포획 형태는 CO_2가 콜라나 사이다, 몇몇 생수에 녹아 있는 것과 유사하다. 시간의 흐름에 따라 압력이 감소하지 않는다면 용해되는 CO_2의 양은 증가한다. 만약 압력이 감소한다면, 콜라병 뚜껑을 열 때 탄산가스가 새어 나오듯이 물에 녹아 있던 CO_2가 빠져나오게 되어 어떤 경우에는 화산지역에서 발견되는 CO_2의 자연 분출이 일어난다. 그러나 땅 밑 깊은 곳에서 예기치 못한 갑작스런 압력 감소가 일어나는 것은 쉽지 않다. 장기적으로는 오히려 그 반대 현상이 일어날 가능성이 높다. 시간이 지남에 따라 더 많은 양의 CO_2가 물에 용해되어 물의 밀도가 점점 무거워지면 저류층 하부로 가라앉는다. 즉, 수백만 년 이상이 지나게 되면 주입된 CO_2가 누출될 가능성은 높아지는 게 아니라 줄어들게 된다.

이러한 현상은 전산 묘사에 의해 그림 8.10에 잘 나타나 있다. 주입된 CO_2가 초기에는 저류층 상부로 모이다가 시간이 흐름에 따라 손가락 모양의 CO_2가 녹아 있는 물이 저류층 아래로 흐르며, 궁극적으로는 대부분의 CO_2가 녹아 있는 물은 저류층 하부에 쌓인다. 그러나 항상 그런 것처럼 CO_2의 용해도가 압력과 온도에 좌우되기 때문에 전 과정은 이것보다는 복잡하다. 그럼에도 불구하고 일반적으로 주입된 CO_2가 누출될 가능성은 시간이 흐름에 따라 증가하는

게 아니라 감소한다.

CO_2는 광물포획에 의해서도 저장될 수 있다. 광물포획은 CO_2가 상대적으로 불안정한 암석 암편(일반적으로 칼슘과 마그네슘 실리케이트)과 만나게 되면 서로 반응하여 안정된 칼슘 또는 마그네슘 탄산염암을 형성한다. 이 같은 반응이 일어나게 되면, CO_2는 근본적으로 안정된 탄산염 광물로 변하여 오랜 지질시간 동안 갇히게 된다. 그러나 이러한 반응은 수천 년에 걸쳐 매우 느리게 일어난다. 결과적으로 광물포획은 CO_2의 지중저장 안정성을 높여주지만 오랜 지질시간 동안 아주 천천히 일어난다. 현재 광물포획 반응을 지질시간 범위가 아닌 인간시간 범위 정도로 빠르게 진행시키는 연구가 진행 중에 있다.

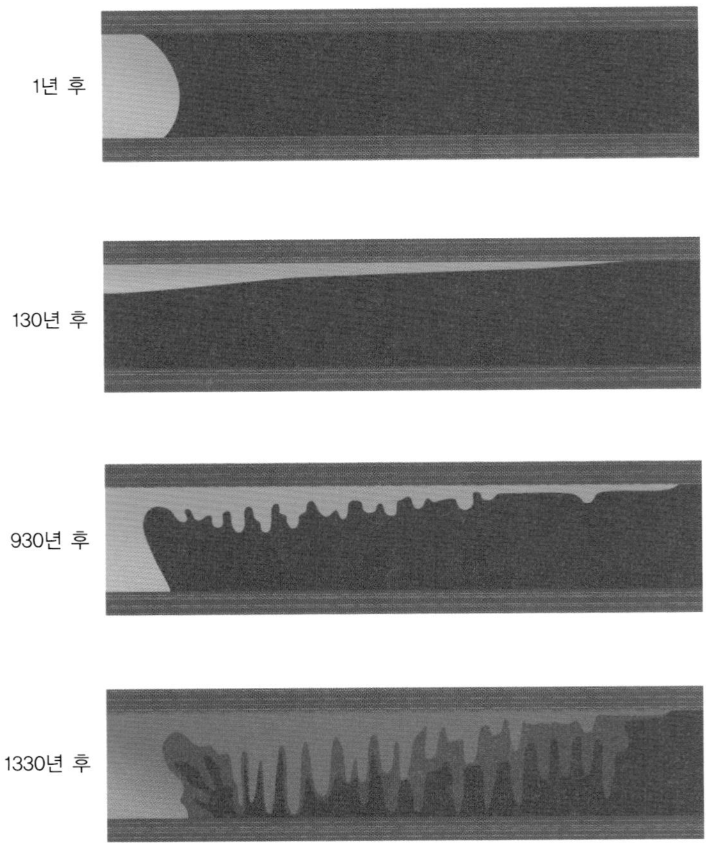

그림 8.10 대수층에서의 CO_2 거동을 정밀하게 전산 묘사하면 CO_2가 초기에는 상부 덮개암으로 올라가다가 옆으로 퍼진다. 시간이 흐름에 따라 점점 더 많은 CO_2가 염수에 용해되어, 염수는 무거워져서 아래로 가라앉는다(Jonathan Ennist – King).

고갈 유가스전에 CO_2 저장

CO_2 지중저장에 필수적인 저류층과 덮개암의 존재와 양호한 지질학적 환경이 얼마나 자주 발견될 수 있을까?

CO_2 지중저장에 적합한 명백한 장소는 고갈 유가스전이다. 이들은 이미 입증된 배사구조와 같은 지질구조와 수백만 년 동안 원유와 천연가스를 지하구조에 저장했던 양호한 저류암과 효과적인 덮개암을 가지고 있다. 고갈 유가스전의 지질은 이미 잘 알려져 있어 저장된 CO_2가 예측치 못한 지질학적 복잡성으로 인해 예상하지 못한 방향으로 이동하게 될 가능성이 낮은 편이다(그림 8.11).

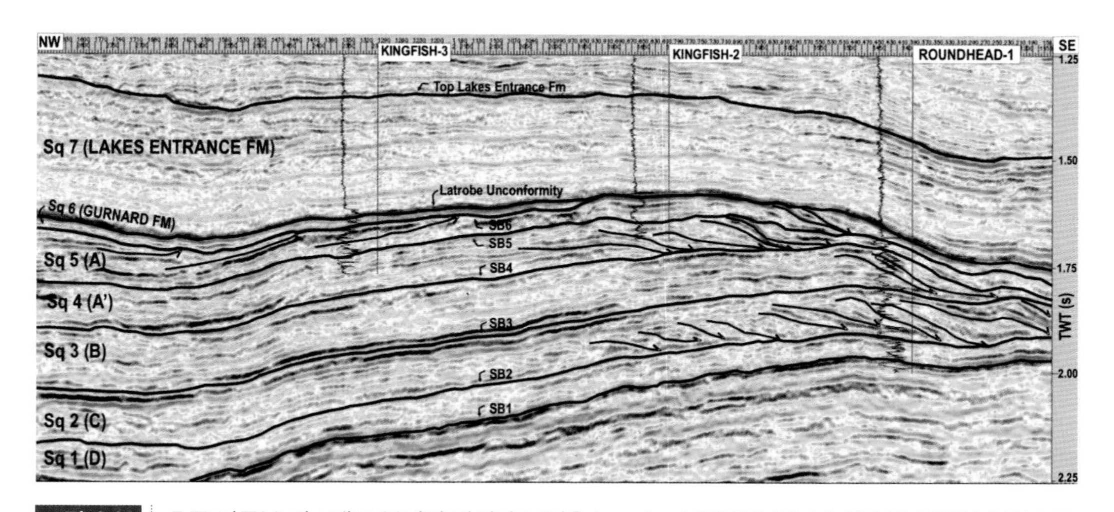

그림 8.11 호주 남동부 깁스랜드 분지의 탄성파 도면은 Latrobe 부정합면 하부에 해수면 변화와 침식으로 형성된 북서쪽으로 경사진 두꺼운 다공질 퇴적물을 보여주고 있으며 상부는 비교적 평평한 퇴적물로 이루어져 있다. 다공질 퇴적물 내에는 여러 개의 저류암 – 덮개암 지층이 있어 훌륭한 CO_2 저장소가 될 것이다. 그러나 CO_2 저장이 지역 내 유가스전에 나쁜 영향이 없는지 세심한 고려가 필요하다.

고갈 유가스전에 CO_2를 주입하여 저장하는 것은 또 다른 이득을 얻을 수 있다. 생산되는 원유의 양이 증가되는 경우이다. 원유회수증진[EOR]이라고 칭하는 원유의 1차 회수 이후에 물이나 가스를 주입하여 원유를 증산하는 2차 회수가 있다. 어떤 유전에서는 3차 회수에 의해 생산량을 최대로 얻을 수 있다. 일반적으로 중질유나 고점성 원유에 CO_2를 주입하여 증산하는 경우가 이에 해당된다. CO_2를 이용한 회수증진은 미국과 캐나다가 대부분을 차지하지만 100

여 군데의 유전에서 활용되고 있다.

대부분의 유전에서는 1차 회수에 의한 최대 생산은 원시 부존량의 40% 정도이다. 2차 회수에 의해서는 약 10~20% 정도를 증산 할 수 있다. CO_2를 주입하는 3차 회수에 의해서는 평균 13%의 증산을 더 얻을 수 있다. CO_2를 주입하면 원유가 팽창하여 원유 점성도를 낮추게 되어 원유가 지상으로 더 쉽게 흐르거나 펌핑될 수 있다(그림 8.12). 원유 증산이 더 이상 경제성이 없을 때까지 생산된 원유로부터 CO_2를 분리하여 재주입하게 된다. 그렇게 되면 지하에 남아 있는 CO_2는 저류층에 영원히 저장된다.

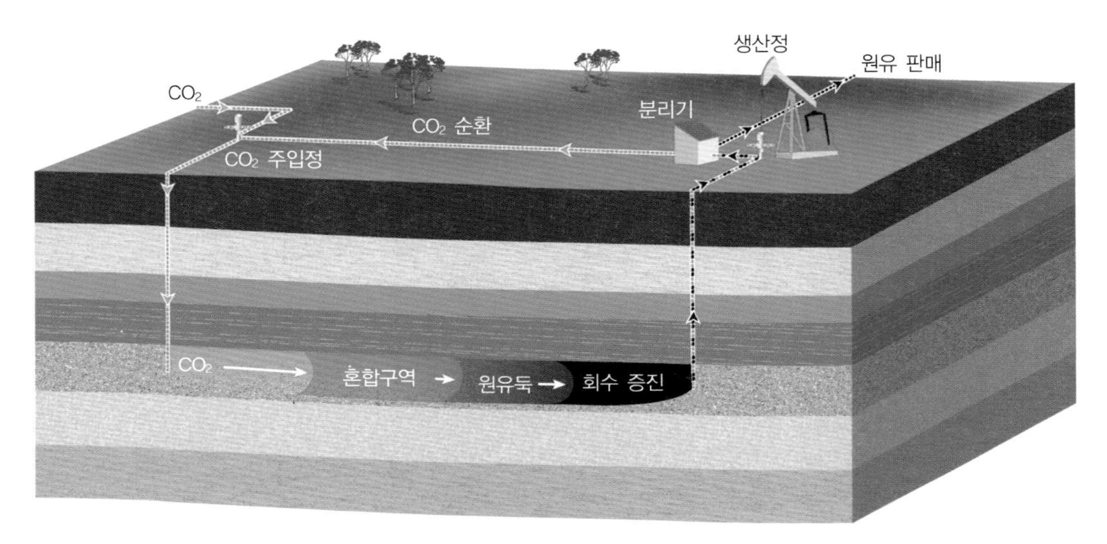

그림 8.12 CO_2를 활용한 원유증산기법은 북미에서 50년 동안 수행되어 왔다. CO_2 원유증산사업이 당초 CO_2 저장을 위한 것은 아니었으나, 시간이 지남에 따라 CO_2-EOR에서 순환되는 CO_2의 점점 더 많은 양이 지하에 저장되고 있다. CO_2-EOR 사업은 지상과 지하에서 CO_2 처리에 대한 많은 교훈을 주고 있다(IPCC 2005).

현재 미국과 캐나다에서는 연간 약 5,000만 t의 CO_2가 원유회수증진에 사용되고 있다. 여기에 사용되는 CO_2는 지하에서 생산되는 자연적 CO_2가 대부분이나 가스분리공장, 비료공장, 화학공장 등에서 배출되는 CO_2를 사용하고자 하는 관심이 점점 더 늘어가고 있다. 미국에서는 CO_2를 사용한 원유회수증진이 대규모 CCS 사업 추진의 중요한 동력으로 간주된다. CO_2 회수증진의 이점은 CCS의 비용이 주입되는 CO_2 t당 약 4~5배럴의 비율로 증산되는 원유 가치로 인해 상쇄되고도 남을 잠재력 때문이다.

CO_2 회수증진사업의 아주 좋은 사례가 웨이번 프로젝트이다. 미국 노스다코다 주의 뷸라에

있는 석탄가스화 공장에서 배출되는 CO_2를 캐나다의 사스카취안 주의 윌리스톤 분지까지 약 325 km를 수송하여 CO_2 회수증진사업에 사용하고 있다. 웨이번 유전의 회수증진을 위해 연간 약 300만 t의 CO_2가 주입된다. 콜로라도주의 랭글리유전도 공장에서 배출되는 CO_2를 일부 사용하여 대규모 CO_2 회수증진사업을 성공적으로 수행하고 있다.

라바지(랭글리, 솔트 크리크, 모넬)

엑슨모빌이 운영하는 미국 와이오밍 주의 라바지 천연가스전은 66%의 CO_2와 소량의 황화수소, 헬륨을 함유하고 있으며 1986년부터 생산하기 시작하였다. 생산된 천연가스는 슈트크리크에 있는 세계 최대의 CO_2 분리공장에서 용매 기술과 신제어 동결 기술을 이용하여 CO_2를 분리한다. 초기 CO_2 생산량은 연간 400만 t이었으나 2010년 이후 600~700만 t으로 증가되었다. 분리된 CO_2는 원유증산사업에 판매되어 유전에 주입되고 있다.

셰브론이 운영하는 랭글리 유전에는 1986년 이후 연간 200만 t의 라바지 CO_2가 주입되어 현재까지 2,500만 t 이상의 CO_2가 영구 저장되었다. 가스누출 연구를 포함한 제한된 모니터링과 검증 프로그램이 수행 중에 있으며 현재까지 주입된 CO_2가 누출된 사례는 없다.

아나다코 석유회사가 운영 중인 솔트 크리크 유전은 1993년부터 원유 증산을 위해 CO_2를 주입하고 있다. 지금까지 800만 t의 라바지 CO_2가 주입되었으며, 향후 2,200만 t이 더 주입될 예정으로 있다.

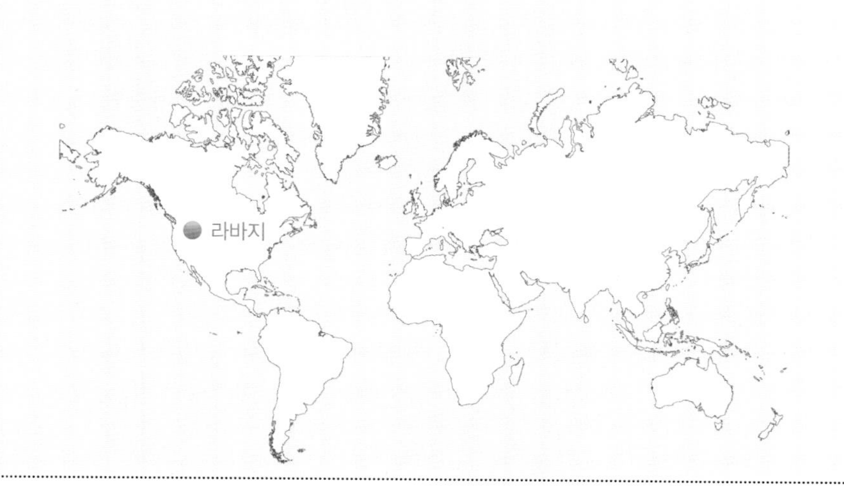

우리는 장래에 보다 많은 CO_2 회수증진사업을 보고 싶지만 CO_2 회수증진사업이 화석연료를 더 많이 사용하도록 유도하기 때문에 CO_2가 대기 중으로 더 많이 방출된다는 논란이 있다. 하지만 원유회수증진 자체가 더 많은 원유를 사용토록 하는 것이 아니라 전통적으로 생산되는 원유를 대체하는 것이다.

CCS에서 원유회수증진의 중요성은 CO_2 주입과 저장에 대한 경험과 CCS 사업을 촉진시키는 데 있다. 북미에서는 CO_2 회수증진이 CCS 사업을 촉진시키는 중요한 기회가 될 수 있으며 브라질, 중동, 중국, 동남아시아, 북해 등에서도 새로운 기회가 될 수 있다. 호주와 기타 국가에서 발견되는 경유 유전에서는 CO_2 회수증진을 바로 사용할 수 없으며 향후 추진 여부도 제한적일 수밖에 없다.

ARI [Advanced Resources International]의 Vello Kruuskaa는 최근 유전의 생산 시기 중 말기보다는 초기에 CO_2를 주입하면 회수증진을 쉽게 얻을 수 있다고 주장하였다. 전 세계적으로는 CO_2 회수증진이 주요 CO_2 저장 기회가 될 수는 없더라도 원유 증산으로 저장 경비를 상쇄할 수 있어 어떤 곳이든 추진될 수 있다.

CO_2를 이용한 가스회수증진 [EGR]도 원유회수증진보다 더 보편적으로 적용될 것으로 증명될 가능성이 있다. 그러나 현시점에서는 상업적으로 활용되지 못하고 다만 가능성에 머무르고 있다. 기본원리는 매우 간단하다. 천연가스전이 고갈되어 가면 압력이 떨어지게 되고, 이때 CO_2를 주입하게 되면 천연가스전 하부에 채워져서 압력을 유지시켜주고 더 많은 천연가스를 밀어낸다. 이 사업의 과제는 주입된 CO_2가 남아 있던 천연가스와 섞이지 않도록 해야 하는 점과 언제 CO_2를 주입하는 것이 적당할지를 판별하는 일이다.

현재까지 가스전에 가장 많은 CO_2를 주입한 사업은 알제리의 인살라 가스전으로 연간 1~200만 t의 CO_2를 가스전 하부에 주입하였다. 그러나 이는 가스회수증진을 위해 CO_2를 주입한 것이 아니라 생산된 천연가스로부터 불순물인 CO_2를 분리하여 저장한 것이다.

북해지역의 네덜란드 측 가스전에는 CO_2 회수증진을 시험하기 위해 K12B라고 불리는 가스 저류층에 수년 동안 CO_2를 성공적으로 주입하였다.

호주에서는 CO2CRC 오트웨이 프로젝트의 일환으로(제9장 참조) 고갈된 가스전에 소규모의 CO_2 주입이 성공적으로 이루어져 고갈된 가스전에 대한 CO_2 저장의 미래가 고무적이다. 예를 들면, 가스가 생산된 공간이 모두 CO_2로 채워지는 것은 아니지만 약 60% 정도는 CO_2로 저장되는 것으로 보인다. 이러한 수치가 다른 가스전에도 적용된다면 전 세계적으로 고갈 유가스전에 저장될 수 있는 CO_2의 양은 수조 t에 달할 것이며 수십 년 동안의 CO_2 배출량과 맞먹게 될 것이다. 이는 저탄소 연료인 천연가스의 사용 증가와 고갈 유가스전에 CO_2를 저장할 수 있다는 두 가지 장점을 가진다.

천연가스 수요가 늘어나고, 더 많은 가스전이 개발되면, 고갈된 가스전에 CO_2를 저장할 기회는 늘어날 것이다. 그러나 천연가스 수요가 늘어나면 CO_2 함량이 높은 가스전을 개발하게 될 확률도 높아지게 되어 고갈된 가스전의 일부는 가스전에서 생산된 CO_2를 저장해야 할 필요성이 있다. 그럼에도 불구하고 고갈된 가스전에 CO_2를 저장하는 사업은 회수증진법을 사용하든 사용하지 않든 간에 미래의 중요한 CO_2 감축 방법이 될 것이다.

슬라이프너 Slipner 프로젝트

1991년 노르웨이는 유가스전을 포함하여 해양에서의 CO_2 배출에 세금을 부과하는 세계 최초의 국가가 되었다. 그 당시 노르웨이 국영석유회사인 스타트오일과 협력사들은 북해 중부에 위치한 슬라이프너 서부 가스전 개발을 마무리하고 있었다.

이 가스전에서 생산되는 천연가스는 9.5%의 높은 CO_2 함량을 포함하고 있었으며 CO_2 양은 연간 100만 t에 달했다. CO_2 배출을 낮추고 탄소세를 줄이기 위해 스타트오일은 1996년부터 생산되는 천연가스에서 CO_2를 아민 기술을 이용하여 분리하기 시작했다. 분리된 CO_2는 근처에 건설된 가스 처리 플랫폼으로 이송되어 압축 후 가스전 상부에 있는 웃시라층으로 주입되었다. 웃시라층은 해저면에서 1,000 m 깊이에 있는 심부염수층이다. 1996년부터 연간 100만 t씩 주입되어 현재까지 약 1,600만 t이 저장되었다. CO_2 저장을 위한 탄성파 모니터링의 유효성과 CO_2 누출이 전혀 일어나지 않음을 입증하기 위해 대규모 탄성파 모니터링 프로그램이 수행되었다(스타트오일 제공).

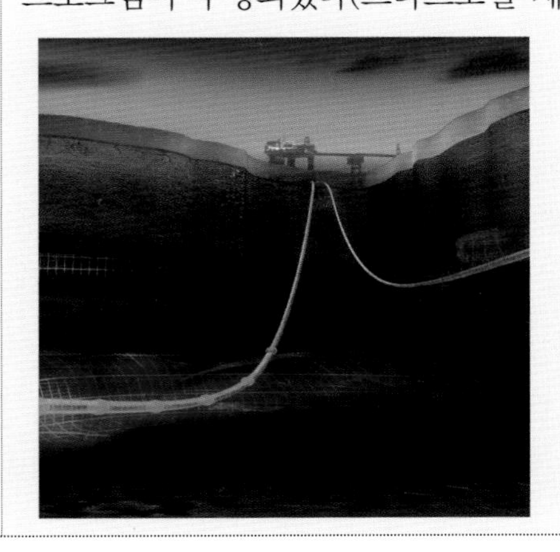

심부염수층에 CO_2 저장

고갈 유가스전이 중요하긴 하지만, 훨씬 크고 보다 광범위하게 분포하는 지중저장소는 심부염수층 DSA, Deep Saline Aquifer이 될 것이다. 심부염수층은 염도가 너무 높아 먹는 샘물과 농사용으로 적합하지 않은 염수로 채워져 있는 심부의 다공성, 투과성 암석으로 항상 그렇지는 않지만 일반적으로 사암층이다(그림 8.13).

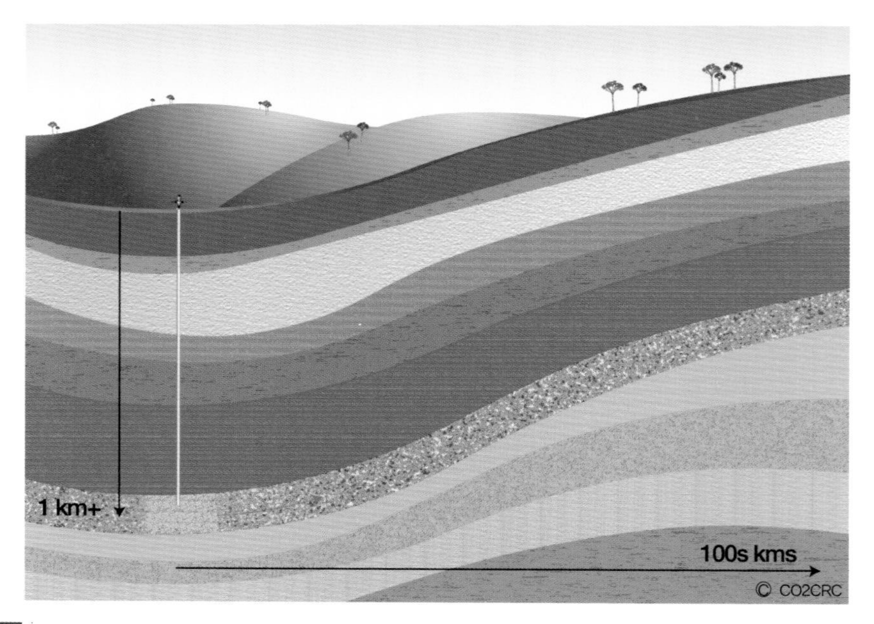

그림 8.13 CO_2 저장을 위한 가장 중요한 대상 중에 하나는 심부염수층(DSA)이다. 주입된 CO_2는 상부에 있는 덮개암에 막혀 매우 천천히 옆으로 확산되어 점점 더 많은 CO_2가 저장된다.

심부염수층은 수직적으로 지표 근처부터 수 km의 깊이까지, 수평적으로 수백만 km^2에 걸쳐 전 세계 여러 곳에서 발견된다. 심부염수층은 대규모 암석으로 구성되어 있으며 바닷물보다 약간 더 짠 것부터 훨씬 더 짠 엄청난 양의 염수로 채워져 있다. 대부분의 심부염수층의 특징은 암석을 통한 지하수의 흐름이 매우 느린 1년에 수 m 정도밖에 이동하지 않는다는 점이다. 따라서 대규모의 퇴적분지에서는 심부염수층의 지층수가 집수지로부터 멀리 떨어진 배출지까지 흐르는 데 백만 년 이상이 걸릴 수도 있다.

심부염수층에서의 CO_2 저장 원리는 주입된 CO_2의 일부가 지층수에 용해되고 퇴적분지에서

고 있다.

일반적으로 현무암보다는 퇴적분지가 월등한 CO_2 저장능력을 보여주고 있으나 적합한 퇴적분지가 없는 지역에서는 CO_2 저장소로 현무암을 고려해볼 만하다.

CO_2 저장을 추진할 충분한 잠재력이 있는 앞서 언급한 북서 미국의 태평양 연안과 인도 이외에도 현무암층은 전 세계에 광범위하게 분포하고 있다. 예를 들면 컬럼비아 대학의 연구자들은 주요 CO_2 배출원에 가까운 미국 북동지역(뉴욕 주, 뉴저지 주, 매사추세츠 주의 연안을 포함한 육상과 해상)의 현무암 지역이 CCS를 적용할 잠재력을 가지고 있다고 주장한다. 그러나 이러한 개념이 발전되기 위해서는 현무암층의 특성, 두께, 분포에 대한 상당한 연구가 선행되어야 한다.

사문석에 CO_2 저장

또 다른 CO_2 저장 가능 암석은 사문석이다. 사문석은 규산마그네슘과 다른 연관 광물로 구성되어 있으며 CO_2와 화학적으로 잘 반응하여 만들어지는 탄산염암 광물에 CO_2ㅈ가 저장된다.

그러나 사문석의 지질은 현부암보다 복잡하여 종종 급경사를 이루며 통상 습곡 작용을 받거나 단층으로 이루어져 있다. 또한 공극률과 투수율이 잘 알려져 있지 않지만 매우 낮아, CO_2 주입이 어려울 수 있다. Matter와 Kelemen은 사문석을 수압파쇄하여 열을 가하면 화학적 반응이 열과 반응속도를 높이기 전에 CO_2와 화학적 반응을 일으킬 수 있다고 한다. 궁극적으로는 암석 내의 CO_2는 탄산염 광물로 영구히 저장된다.

사문석은 CO_2 저장에 고려되는 일반적인 심도보다 훨씬 깊은 곳인 맨틀에 분포하는 것이 보통이다. 그러나 드물게는 상당히 얕은 곳의 잘 밝혀진 지질 지역 내에 존재할 때도 있다. 이러한 예로는 동부 호주와 미 서부지역이 주목을 받고 있다.

지금까지 사문석에 CO_2를 저장하는 현장 적용 사례는 없었다. 따라서 CO_2와 사문석의 현장 반응은 아마도 미래의 고려사항이 될 것이다.

대안으로는 사문석을 캐서 분쇄한 후 고온에서 CO_2와 반응시켜 탄산염암 광물을 만드는 것이다. 또한 부산물로 사문석에 포함된 유용 광물을 얻어 상업적으로 활용 가능하다(그림 8.19).

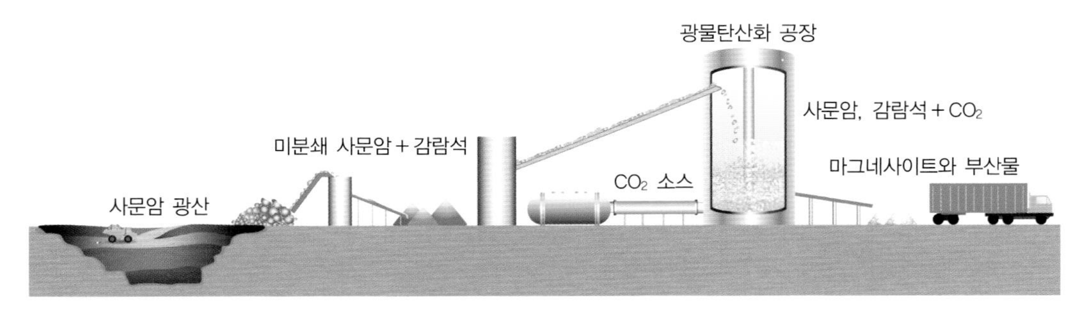

그림 8.19 사문석류의 암석은 지표면에 많이 존재한다. 이들은 CO_2와 반응하여 안정적인 탄산염암을 형성하기 때문에 광물탄산화에 활용된다. 정상적인 상태에서는 그 반응이 매우 느려 새로운 사문석의 채광방법을 고안하고 분쇄하여 반응속도를 증대시키고 부산물을 얻고 있다. 현재까지는 채광, 분쇄, 수송비용이 높아 경제성 있는 기술을 개발하지 못하고 있어 지속적인 연구가 필요하다.

이러한 기술은 몇몇 연구자가 시도하였지만 경비가 너무 높은 것 같다. 게다가 사문석 채굴과 수송, 파쇄에 에너지를 많이 사용하게 되어 이러한 광물탄산화로 얻게 되는 CO_2 감축은 의문시된다. 그럼에도 불구하고 사문석과 유사 광물에 대한 CO_2 저장이 미래의 가능성으로 인해 완전히 무시될 수는 없다.

저장용량 평가

회수증진법을 포함한 석유가스개발 산업의 경험과 슬라이프너, 인살라, 웨이번 사업과 같은 대규모 CO_2 지중저장 사업, 그리고 CO2CRC의 오트웨이 사업, 독일의 케친 사업 등의 연구 프로젝트, 미국의 CO_2저장광역협력사업을 통해 우리는 CO_2 지중저장이 타당성 있다는 사실을 알고 있다.

그러나 현재 수행 중인 모든 프로젝트를 통해 저장되는 CO_2의 양을 모두 합해도 인간 활동에 의해 매년 배출되는 총 CO_2 양의 극히 일부분에 지나지 않는다.

그렇다면 대규모 CO_2 지중저장 사업의 가능성은 어느 정도이며, 저장용량은 얼마인지, 이 질문에 대한 대답을 하기 위해서는 저장용량 평가를 위한 CO_2 저장 지역에 대한 지질학적 지식이 필요하다.

과학자들이 과거 200년 동안 지질도 작성을 해왔음에도 불구하고 많은 지역의 지질학적 지식이 CO_2 저장 능력을 정확하게 평가하는 데 전혀 도움이 되지 못한다는 것을 안다면 놀라게 될 것이다.

그 이유는 지표면에서 지하 수백 m까지의 지질에 대해서는 잘 알고 있지만 광범위한 석유, 가스 탐사 작업이 이루어진 지역을 제외하면 CO_2 저장 심도가 되는 지하 800~3,000 m 사이의 지질은 잘 모르기 때문이다.

심부 지질이 가장 잘 알려진 곳으로는 심부 광산이 있는 지역과 석유·가스 탐사 작업이 많이 수행된 지역을 들 수 있다. 이 중 심부 광산 지역은 CO_2 저장에 적합지 않으나 석유·가스 탐사 지역은 CO_2 저장에 적합한 암석의 특성을 보이는 지역이다.

CO_2 저장에 적합한 지역을 판별해내는 첫 번째 단계는 퇴적분지 암석의 특성을 알 수 있도록 모든 지질학적 자료를 수집하는 일이다. 특히 다음과 같은 자료를 수집해야 한다.

- 퇴적분지의 크기와 위치
- 퇴적분지가 지질학적으로 단순한지 복잡한지 여부
- 퇴적물의 두께와 종류
- 지진이 자주 발생하는지 여부

그런 다음 CO_2 저장 적합성을 기준으로 퇴적분지의 순위를 매기게 된다. 많은 연방정부와 지방정부는 이미 이러한 초기 단계의 평가를 수행하였다. CO_2 저장에 적합한 암석을 확인한 후에는 전체 암석의 부피와 CO_2를 저장할 수 있는 공극부피를 계산해야 한다. 또한 저장되는 CO_2의 밀도를 계산하기 위해 지질학적으로 적합한 암석층의 깊이와 온도를 알아야 한다.

BOX 8.1 저장용량 계산

CO_2 저장용량 계산으로 지하지질구조에 저장할 수 있는 CO_2양을 추정할 수 있다. 지표에서 1 km 깊이에 CO_2를 저장하는 데에는 지질학적 불확실성이 내재되어 있어 정확한 암석물성을 알 수도 없으며 저장량을 정확하게 계산하는 것도 불가능하다. 따라서 저장용량 계산은 지질학자의 진실성, 기술과 판단에 크게 좌우되며 신뢰도 수준은 지하구조의 복잡성과 가용 자료에 달려 있다.

심부염수층의 저장용량

심부염수층의 저장용량은 미국의 CO_2저장광역협력사업, 이산화탄소포집저장리더십포럼, 그리고 여러 저자들이 개발한 부피 공식에 의해 계산된다.

$$G_{CO2} = A \times h \times \phi \times p \times E \times g$$

G_{CO2}(백만 t)=저장용량
A(km^2)=계산 면적
h(km)=염수층의 총 두께
ϕ(%)=염수층 총 두께의 평균 공극률
p(백만 t/km^3)=저장소 압력과 온도에서의 CO_2 밀도
E(%)=CO_2 저장 효율
g(%)=유가스전 유망 구조의 형상 계수(심부염수층에서는 잘 사용하지 않음)

CO_2 저장 효율(E)은 총 두께를 순두께로, 총면적을 순 면적으로, 총 공극률을 연결된 유효 공극률로 다시 말해 실제로 CO_2를 저장할 수 있는 양으로 보정해준다. 위 공식에서 E를 생략하면 총 공극부피 또는 최대 저장용량이 된다. E를 포함하게 되면, 각 물성 값에 대해 불확실성 수준으로 저장용량을 계산할 수 있게 해준다. 전 세계 많은 지역의 심부염수층은 그 특성이 잘 알려져 있지 않아 두께와 공극률 같은 물성을 추정할 필요가 있다. 게다가 정확하지 않은 물성값을 1~10%의 공극률과 같이 범위로 주어지게 되면 저장용량 계산에 심각한 영향을 미친다.

고갈 유가스전의 CO_2 저장용량 계산은 심부염수층보다 가용 자료가 엄청나게 많기 때문에 보다 용이하다. 그러나 고갈 유가스전의 경우, 총 공극부피에서 원유와 천연가스가 생산된 이후 CO_2가 저장될 부피 비율을 고려할 수 있는 새로운 변수가 필요하다. 또한 최소 물포화도와 최소 오일, 가스 포화도, 그리고 회수율도 고려해야 한다. 오일과 물에 대한 CO_2 용해도를 포함한 원유와 가스의 회수 메커니즘도 저장 효율에 포함되어야 한다.

석탄층에 대한 CO_2 저장은 유가스전과 심부염수층과는 다르다. 즉, CO_2 공극에 저장되는 게 아니라 석탄표면에 흡착되기 때문이다. 석탄층에 대한 저장용량 평가는 해당 심도와 온도에서의 석탄 흡착 능력을 알아야 하며 석탄의 등급, 품질, 유형과 같은 특성에 따라 다르다. 석탄층에 CO_2를 저장하게 되면 향후 석탄자원을 사용할 수 없게 되어 석탄자원의 개발과 석탄층 가스 생산, 현장 가스화 가능성을 미리 타진해야 한다.

이러한 정보들이 모여서 이론적 CO_2 저장 능력이 어느 정도인지 알게 해준다. 그러나 암석의 모든 공극에 CO_2를 저장할 수 있는 것이 아니며, 대부분의 연구에 의하면 전체 공극 공간에 아주 일부분만이 CO_2를 실제 저장할 수 있다고 한다. 예를 들어 암석의 약 40%가 공극으로 이루어져 있다면 공극의 4% 이하만이 실제 CO_2 저장이 가능하다고 한다.

그러나 또 하나의 문제는 실제 CO_2를 저장할 수 있는 용량인 '저장효율'을 정확하게 알 수 없다는 점이며 현재 이를 정확하게 계산하기 위한 연구를 수행 중이다. 따라서 현재로서는 낮은 저장효율을 사용하는 것이 바람직하다.

CO_2를 이론적으로 저장할 수 있는 최대용량(총 공극부피로 표현되는 기술적 저장용량)과 실제 CO_2 저장이 가능한 용량과는 확연한 차이가 난다(그림 8.20). 이론적 저장용량은 일반적으로 큰 값이며 실제 저장용량은 훨씬 적다. 이러한 경향은 모든 광물 자원과 에너지 자원에서 볼 수 있다. 광물 자원이든 석유·가스 자원이든, 초기의 부존량 매우 크지만 상세한 조사가 이루어지면 초기 부존량 일부분만 생산 가능하게 된다. 나머지는 생산하기에 너무 깊거나, 어렵거나, 비용이 많이 들어 불가능하며 또는 환경적, 문화적 문제로 접근이 불가능하기 때문이다.

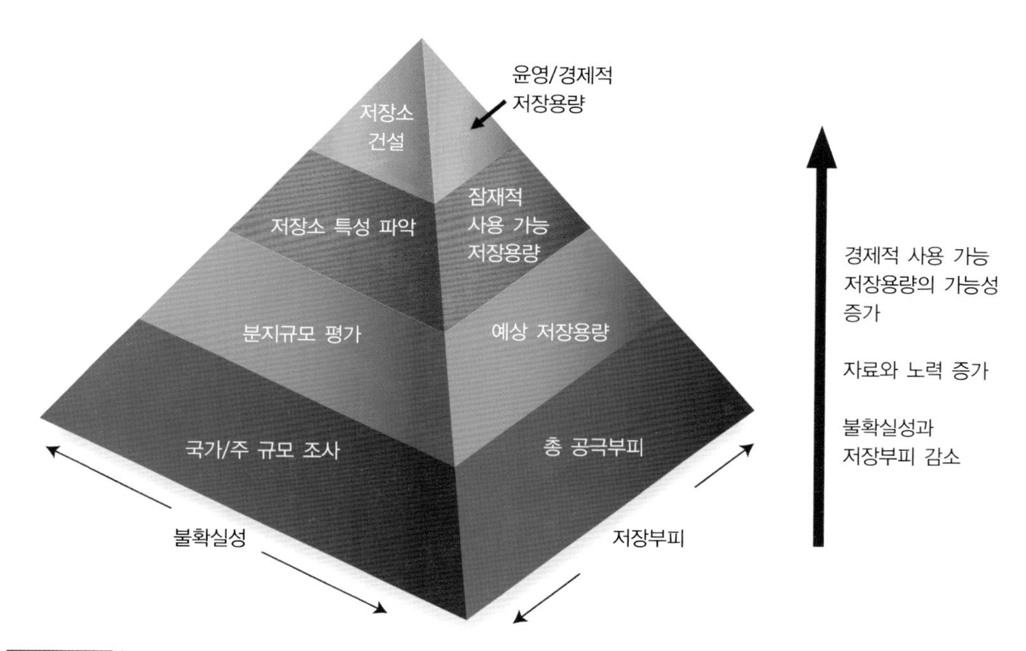

그림 8.20 자원량 피라미드는 맨 하부에 CO_2 저장의 적합성을 판별할 수 없는 총 공극부피로부터 최상부의 훨씬 적은 공극부피의 경제성 있는 저장량까지 점진적으로 표현하고 있다.

CO_2 저장용량도 마찬가지로 지질학적 저장 지층에 대해 알면 알수록 불확실성은 줄어들며 저장용량에 대한 확신은 높아진다. 저장용량 수치는 이러한 평가 작업의 결과로 줄어든다. 이러한 현상은 그림 8.20에 나온 바와 같이 자원량 피라미드로 설명될 수 있다.

총 공극부피는 제한적 자료만 알려진 경우이며 피라미드의 맨 아랫부분으로 가장 큰 부피로 나타난다. 피라미드의 위로 올라 갈수록 자료의 양은 많아지며 공극부피는 줄어든다. 결과적으로 신뢰도가 높아지면 저장용량은 감소한다.

시추경비나 운영경비가 감소하거나 CO_2 저장으로 얻게 되는 금전적 이득인 탄소세가 증가하면 저장용량도 증가한다. 또한 CO_2 저장 암석층을 좀 더 효율적으로 사용하는 방법을 습득함에 따라 저장용량이 증가한다는 사실도 언급하는 것이 중요하다.

국가 차원의 저장용량 평가

특정 지역이나 국가의 CO_2 저장용량 평가 작업이 이루어지고 있다. 최근 호주 국가 CO_2 저장지도 특별위원회가 수행한 석유가스전과 심부염수층에 대한(그림 8.21) 호주의 CO_2 저장 잠재량 연구가 완료되었다.

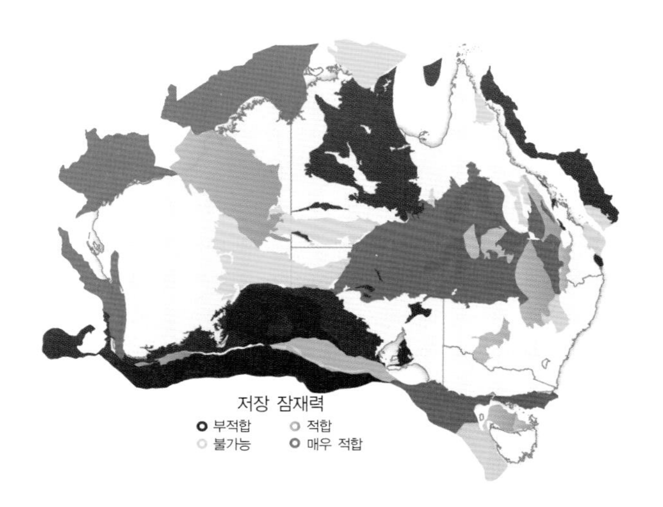

그림 8.21 CO2CRC가 수행한 지오디스크 프로젝트의 1차 분석 결과 호주의 CO_2 지중저장 잠재력이 수백 년 이상 된다고 발표하였다. 호주 CO_2 저장지도 특별위원회의 최근 분석은 높은 저장 잠재력을 가진 심부염수층 지역을 도면화함으로써 이러한 주장을 뒷받침하고 있다. 이는 현 수준의 CO_2 배출량을 수백 년 이상 저장하는 데 충분하다(호주 CO_2 저장지도 특별위원회, 2009).

고갈 유가스전의 경우 호주의 대규모 가스전이 위치한 해양에 있으며 165억 t으로 추정되었다. 심부염수층의 경우 자료가 충분치 않아 저장용량의 신뢰도가 많이 떨어져 향후 심부 시추와 탄성파 탐사 작업으로 해소해야 하지만 상당한 신뢰도 기준으로 저장용량은 330억 t에서 2,260억 t으로 추정된다. 한편 CO2CRC는 개발 불가능한 석탄층의 CO_2 저장용량을 90억 t으로 추정한 바 있다. 이러한 지중저장용량 추정치를 CO_2 배출량과 비교해보면, 호주 인구의

90%를 차지하는 호주 동부에서 현재의 배출량인 연간 200만 t을 70~450년간 저장할 수 있는 양이라고 특별위원회는 주장하고 있다. 호주 서부에서의 저장용량은 연간 100만 t의 배출량 기준 260~1,120년 동안 저장할 수 있는 양에 해당한다. 결과적으로 호주는 배출되는 CO_2를 100년 이상 저장할 수 있는 충분한 저장 공간을 가지고 있다는 뜻이다.

북미의 저장 잠재량은 여러 번의 대륙규모 조사와 이어지는 광역 조사로 평가되었다. 미국 국립에너지기술연구소 NETL에 의해 발간된 미국과 캐나다의 CO_2 지중저장 지도는 석유가스 저류층과 개발이 불가능한 석탄층, 심부염수층뿐만 아니라 현무암 지층과 유기물이 풍부한 쉐일 등 특수한 저장 공간의 공간적 분포도를 요약해 놓았다. 이보다 상세한 평가결과는 지역별, 분지별로 제공되고 있다.

고갈되었거나 현재 생산 중인 석유가스전은 824억 t의 CO_2를 저장할 수 있는 것으로 보고되고 있으며, 개발 불가능한 석탄층의 CO_2 저장용량은 1,560~1,730억 t으로 추정되고, 심부염

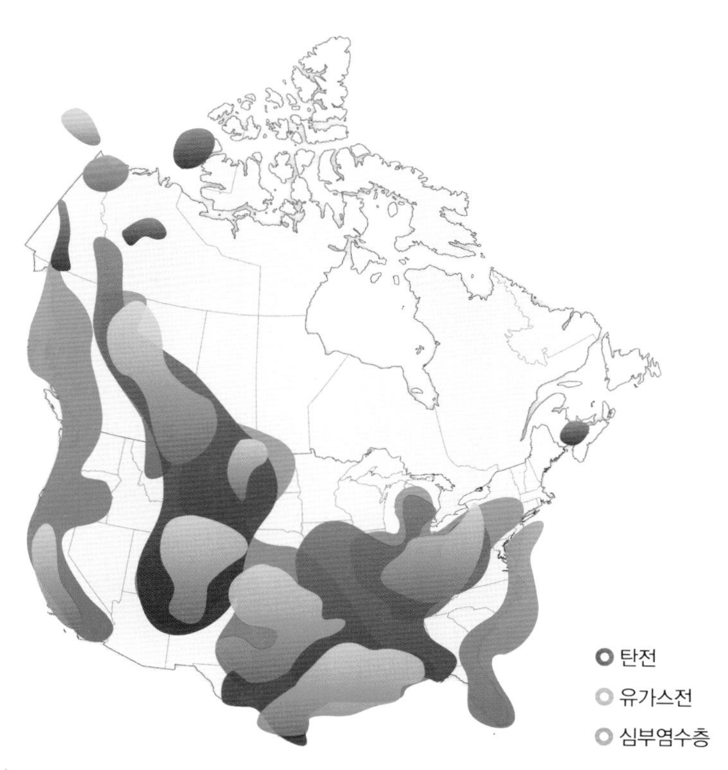

그림 8.22 미국은 CO_2저장광역협력사업(RCSP)을 통해 미국과 캐나다의 개발 불가능한 석탄층, 유가스 저류층, 심부염수층과 이들의 CO_2 저장 잠재력을 보여주는 훌륭한 광역지도를 발간하였다. 몇몇 지역은 중복된 저장층을 나타내고 있다. 주요 지역은 미국 중서부지역이며 서부 캐나다까지 연장되어 있다(미, 에너지성, 에너지기술연구소 2010).

수층의 경우 9,190~3조 3,780억 t의 CO_2를 저장할 수 있는 용량이다.

지도책에 의하면 4,365개 배출소의 정보를 취합하여 미국과 캐나다의 연간 CO_2 배출량을 38억 t으로 추산하였다(그림 8.22). 배출량과 저장용량을 비교하면 고갈 유가스전은 20년, 개발 불가능 탄전은 40년, 심부염수층은 240~890년 저장에 해당된다. 이와 같은 초기 예측은 미국과 캐나다에서 현재의 배출량 기준으로는 향후 100년 이상 저장이 충분하다는 결론에 도달한다.

그림 8.23에 나타난 바와 같이 유럽위원회의 저장용량 프로젝트는 전 유럽의 CO_2 저장용량 평가를 완료하였으며 다음과 같은 저장용량을 추정하였다.

- 석유가스전 : 200~320억 t
- 탄전 : 10~20억 t
- 심부염수층 : 960~3,260억 t

이는 총 1,170억 t의 저장용량을 나타낸다. 서유럽의 CO_2 총배출량은 연 32억 t으로 이 중 19억 t이 고정 배출원에서 나온다. 따라서 서유럽의 총 저장용량은 배출량을 19억 t으로 가정하면 보수적으로 보아도 60년 이상 저장이 가능하며, 최대로 보면 180년 이상 저장이 가능하다. 서유럽의 저장용량은 평균적으로 100년 이상 저장이 가능한 것으로 보면 된다.

중국 지질조사소는 CO_2 저장에 적합한 50개의 퇴적분지를 확인하였으며 이들의 총 용량은 1조 4,550억 t에 해당하며 이중 1조 4,350억 t이 심부염수층이다. 석유가스전은 78억 t, 개발 불가능 탄전은 120억 t으로 추산되었다. 국제에너지기구 IEA에 의하면 중국의 고정 배출원은 연간 약 37억 t의 CO_2를 배출하여, 중국의 저장용량은 390년에 해당된다. 만약 이것이 매우 낙관적인 예측이라고 해도 현재의 배출량 기준으로 향후 100년 이상은 충분히 저장 가능하다.

따라서 전 세계의 중요 4지역에서 향후 100년 동안 고정 배출원으로부터 CO_2 배출을 대규모로 감축하는 데 필요한 충분한 CO_2 저장용량을 가지고 있으며 이는 2005년 기후변화에 관한 정부 간 협의체 IPCC의 특별보고서 결론과 일치한다.

그림 8.23 유럽의 육상저장용량 연구는 유럽연합이 지원하는 Geocapacity 프로젝트에 의해 수행되었으며 유가스전, 탄전, 심부염수층의 분포를 보여주고 있다. 주요 지역으로는 북서 유럽과 북해의 중앙 지역을 들 수 있다(EU Geocapacity project 2009).

앞서 언급한 4개 지역 이외에는 CO_2 저장용량 평가가 제대로 수행된 적이 없다. 우리는 원유 생산이 상당한 남미의 동부지역이 대규모 CO_2 저장용량을 가지고 있다고 추정한다. 그러나 서부지역은 제한적인 저장용량밖에 없을 것이다. 아프리카의 중부와 남부지역 대부분은 현시점에서 제한적인 육상 저장능력밖에는 없다. 그러나 나이지리아, 북아프리카, 러시아의 일부, 중동, 그리고 동남아시아 같은 지역은 주요 석유가스 생산지역으로 CO_2 저장에 대한 잠재력이 높은 편이다. 반대로 일본, 한국, 필리핀 같은 서태평양 지역과 인도, 스리랑카 같은 남아시아는 저장용량이 제한적일 수밖에 없다. 대부분은 해상지역이며 현무암이 될 것이다.

따라서 화석연료가 풍부한 국가는 상당한 CO_2 저장 잠재력이 있지만 화석연료가 적은 나라는 많아봐야 중간정도의 저장 잠재력을 보이는 것이 전 세계적 상황이다.

결 론

이러한 상황을 염두에 두고 전 세계적 CO_2 저장 잠재력에 대해 어떻다고 말할 수 있을까? 추정에 사용된 가정에 따라 예측치는 상당한 차이를 보이기 때문에 대답은 쉽지 않으며 현시점에서는 논쟁의 여지가 있다. 2005년 CCS에 대한 IPCC 특별보고서는 전 세계 CO_2 저장용량에 대한 기술적 잠재량을 추정하였다(석유가스전 6,750~9,000억 t, 개발 불가능 탄전 30~2,000억 t, 심부염수층 1조~10조 t).

2005년 IPCC 특별보고서 이후에 수행된 평가 작업은 고갈 유가스전과 심부염수층에 대해서는 IPCC의 기술적 잠재량의 최대 추정치를 뒷받침하고 있다. 그러나 탄전에 대한 잠재량은 아직 의문시되며, 현무암과 사문석에 대한 추정치는 나와 있지 않다. 물론 이러한 추정치들은 상당한 불확실성을 내포하고 있다. 이러한 불확실성을 수긍한다고 해도 심부염수층의 전 세계 CO_2 저장 잠재력은 다른 어떤 저장 수단보다 크며 그다음이 고갈 유가스전, 그리고 탄전의 저장 잠재력은 소규모이다.

이러한 추정치는 향후 보다 정밀한 조사가 필요하지만, 전 세계 CO_2 배출량은 연간 300억 t 수준이며 CCS 대상이 되는 고정 배출원으로부터의 배출량은 130억 t 수준이라는 점을 상기할 필요가 있다. 즉, 전 세계 CO_2 저장 잠재량을 보수적으로 계산해도 현재의 고정 배출원 배출량(표 8.1) 기준으로 최소 100년 이상 저장이 가능하며 아마도 훨씬 더 긴 기간 저장이 가능할 것이다. CCS는 지구의 지질학적 차이점 때문에 전 세계 모든 지역 또는 국가에서 적용 가능한 것은 아니지만 주요 인구 밀집지역과 주요 고정 배출원의 대부분이 퇴적분지가 존재하는 곳으로 CO_2 저장 기회가 많을 것이다. 장기적으로는 파이프라인이나 심지어 선박에 의한 장거리 수송이 전 세계적 CO_2 저장 기회를 제공할 것이며 특히 적절한 저장소가 없는 지역에도 CO_2 저장이 가능할 것이다.

표 8.1 저장용량 추정치(단위 : 10억 t)

	유가스전	개발 불가능 탄전	심부염수층	대규모 배출원의 배출량 추정치	현 배출량 기준 저장 기간(년)
미국/캐나다(육상)	82	156~173	919~3,378	3.8	300~1,000
호주(육상과 해저)	17	9	33~226	0.3	200~800
서유럽(주로 육상)	20	1	96	1.9	60
중국(육상)	8	12	1,435	3.7	400
전 세계(IPCC, 2005)	675~900	3~200	1,000~10,000	13	100~1,000

제9장 CCS가 효과적이라고 말할 수 있는 근거

새로운 기술을 개발하여 적용하는 첫 단계는 과학을 이해하고 신뢰성 있는 반복적인 연구결과를 얻는 일이다. 앞장에서는 새로운 혁신적인 기술은 아니지만 CCS 기술을 어떻게 적용하는지에 대해 알아보았다. 그러나 이보다 더 중요한 것은 새로운 기술의 적용에 어느 정도의 불확실성이 있는지? 또는 향후 야기될 어떤 위험이 있는지를 규명하는 일이다. 그렇게 되면 위험을 관리할 수 있는 적절한 조치가 취해져서 일반인이 안심할 수 있게 된다. 똑같이 중요한 일은 CCS의 과학기술을 일반 대중에게 효과적으로 설명하는 일이다.

지금까지의 토의로 우리는 배출되는 CO_2를 분리하고 수송하는 방법을 알고 있는 것이 확실하다. 또한 우리는 CO_2가 지질학적으로 저장될 수 있고 그 용량이 막대하다는 것도 알고 있다. 그러나 CCS가 안전하다는 것을 어떻게 알 수 있을까? CCS와 관련된 위험성에는 어떤 것이 있는가?

우리는 일상생활에서 인식하지 못하지만 무의식적으로 위험성을 평가하고 있다. 우리는 지금 건널목을 건너야 할지 아니면 차량 왕래가 뜸해질 때까지 기다려야 하는지 또는 스릴은 있지만 경사가 급한 곳에서 스키를 타야 할지 아니면 스릴은 덜하지만 경사가 완만한 곳에서 스키를 타야할지, 지금 추월해야 할지 아니면 기다려야 할지 등을 무의식적으로 평가하고 있다.

위험성 평가의 본질

주요 프로젝트 또는 행사를 계획할 때 관련되는 위험을 몇 개만 언급한다 해도 미래의 경제적 손실, 환경적 영향, 건강과 안전문제, 정치적 위험성, 인구에 대한 위험 등 다양한 위험이 존재하며 이를 정식으로 평가하는 것이 필요하다. 위험성 평가 과정은 프로젝트를 설계하고 프로젝트 진행 여부를 판단하는 데 매우 중요하다.

프로젝트의 초기 단계에서, 위험성 평가는 다음과 같은 데 이용된다.

- 프로젝트가 경제적으로 타당한지를 결정하는 데
- 프로젝트가 정부의 법규나 규정을 만족하는지 여부
- 적정한 조건으로 재원을 확보할 수 있도록 은행을 설득하는 데
- 지역 주민들의 찬반 여부를 판단하는 데
- 프로젝트가 승인되기 위해 필요한 작업을 결정하는 데

일반 대중들은 지중저장 프로젝트의 위험성에 대해 과거 경험, 지식수준과 이해도, 그리고 프로젝트와 얼마나 이해관계가 있는지 또는 그들 자신 또는 가족이 개별적으로 프로젝트에 의해 받게될 혜택이나 손실에 기초한 매우 다른 인식을 가지고 있다.

광범위하게 시용되는 위험도 평가(그림 9.1)는 두 가지 기본사항을 고려하는 일반적 과정이다. 그 하나는 이 프로젝트가 진행될 가능성은 어느 정도인지이고, 다른 하나는 이 프로젝트에 의한 결과 또는 영향이 무엇인지 고려하는 것이다.

만약 장비를 사용하거나 액체를 수송하는 경우와 같이 어떤 공정을 수행했던 오랜 이력이 존재한다면, 이런 특정한 공정이 일어날 확률이 높고 낮은지 말할 수 있는 충분한 경험을 가지고 있다. 또한 이런 공정의 결과가 큰지 작은지 말할 수 있는 경험도 충분하다.

위험도에 대한 관심이 주로 지중저장에 몰려있지만, 위험도 평가는 전체 CCS 공정에 적용되어야 한다. 아마도 CO_2 포집은 산업체와 규제기관이 잘 알고 있는 다른 화학공정과 비슷하기 때문에, 이미 오랫동안 적용해온 보건안전과 환경법규 및 규정에 명시된 일반적 산업위험도 이상의 대단한 위험성이 거의 없다고 생각하고 있다. 물론 대용량의 아민용매를 사용함으로써 발생하는 건강상 또는 환경적 위험성과 같은 특수한 경우도 있다. 그러나 CO_2 포집과 관련된 위험성을 관리할 수 있는 절차는 대부분 잘 만들어져 있다.

천연가스 파이프라인과 CO_2 파이프라인 사이에는 약간의 차이점이 있다. CO_2는 폭발성이나 가연성이 없어 천연가스 파이프라인보다 안전하다. 일반인들은 대부분 수천 km의 가스 파이프라인이 운영되고 있으며 보건안전 절차뿐만 아니라 파이프라인 규정이 잘 만들어져 있다고 알고 있다. 다만 기존의 규정을 대규모 CO_2 파이프라인에 맞게 수정할 필요는 있다. 예를 들어 CO_2는 메탄보다 부식성이 높으며, 특이한 물리화학적 특성을 가지고 있다. 이미 언급한 CO_2 위험성 중 하나는 CO_2가 공기보다 무거워 지표에 농축될 수 있어 질식될 위험성이 있다는 점이다.

심부염수층과 농업이나 인간과 동물이 사용하는 대수층 사이에 적어도 한 개 이상의 불투수층이 존재함을 증명해야 한다(그림 9.5 참조).

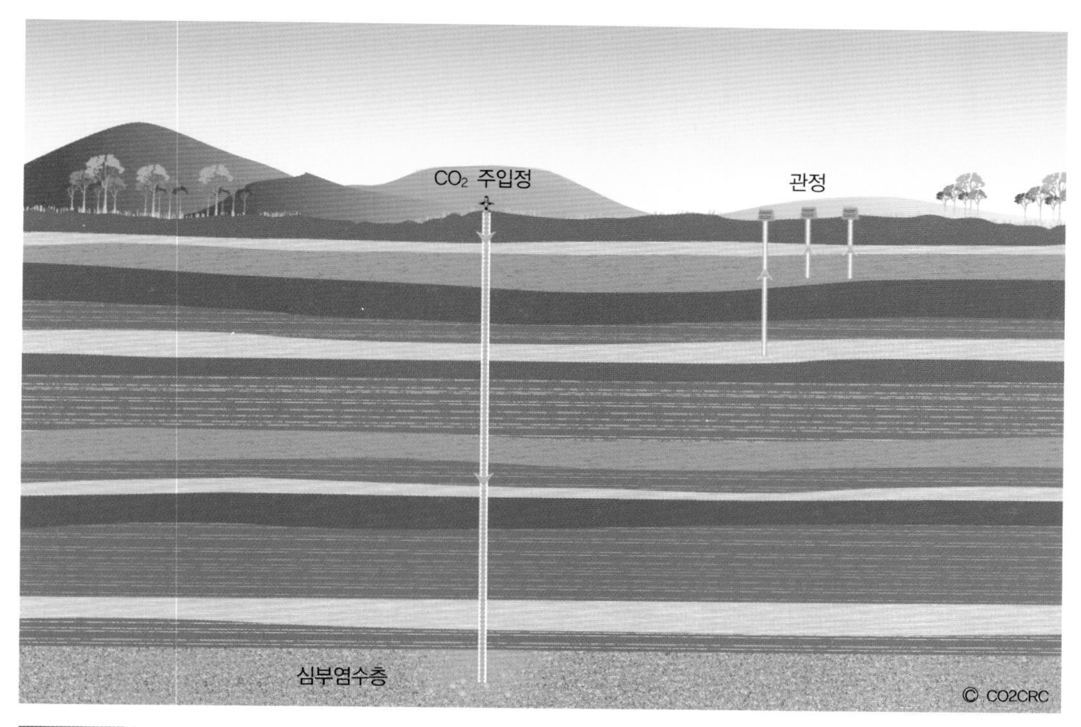

그림 9.5 상부에 여러 개의 덮개층이 있는 심부염수층은 훌륭한 CO_2 저장소 역할을 한다. 가장 깊은 첫 번째 덮개층에서 CO_2 누출이 발생해도 그 상부의 덮개층이 CO_2 누출을 막아준다.

그러나 세심한 특성 파악에도 불구하고 우리가 지하 매질을 다루기 때문에, 최선의 주의 깊은 공학적 공정이라도 예기치 못한 사고가 발생할 수 있다. 위험성 평가 과정은 이러한 예기치 못한 사고의 가능성을 예측하고 그 영향을 평가해야 한다.

모범 실행 매뉴얼을 따른다 해도 주입된 CO_2가 누출될 경우 어떤 조치를 취해야 하는지 예측해야 한다. 먼저, 누출된 CO_2가 다른 불투수층에 막혀 있는 경우에는 다른 조치가 필요 없다. 그렇지 않은 경우에는 지상으로 누출되었는지 조사해야 한다. 만약 지상으로 누출되었다면, 누출량을 계산하여 예상되는 위험을 추정해야 한다. 누출량이 매우 적다면, 특별한 조치 없이 지속적인 관찰을 하면 된다. 하지만 누출량이 상당하다면, 저장소 압력을 낮추는 등 즉각적인 대응책을 실시해야 한다. 만약 누출이 주입정 또는 관측정에서 발생한다면 시멘팅의 재시공을 비롯한 즉각적인 조치를 취해야 한다.

모니터링

CO_2가 지중저장소에 저장될 때 어떤 현상이 발생될지 예측하는 것은 CCS 프로젝트를 기획하는 과정의 중요 부분이다. 또 다른 주요사항은 저장소의 모니터링 프로그램을 만드는 일이다. 모니터링 프로그램은 규제기관 또는 지역사회에 지중저장 프로젝트가 안전하게 수행될 수 있다는 확신을 심어주는 필수사항이다.

이를 위해 두 종류의 모니터링인 심부 무결성 모니터링과 천부 보증 모니터링이 필요하다. (그림 9.6 참조)

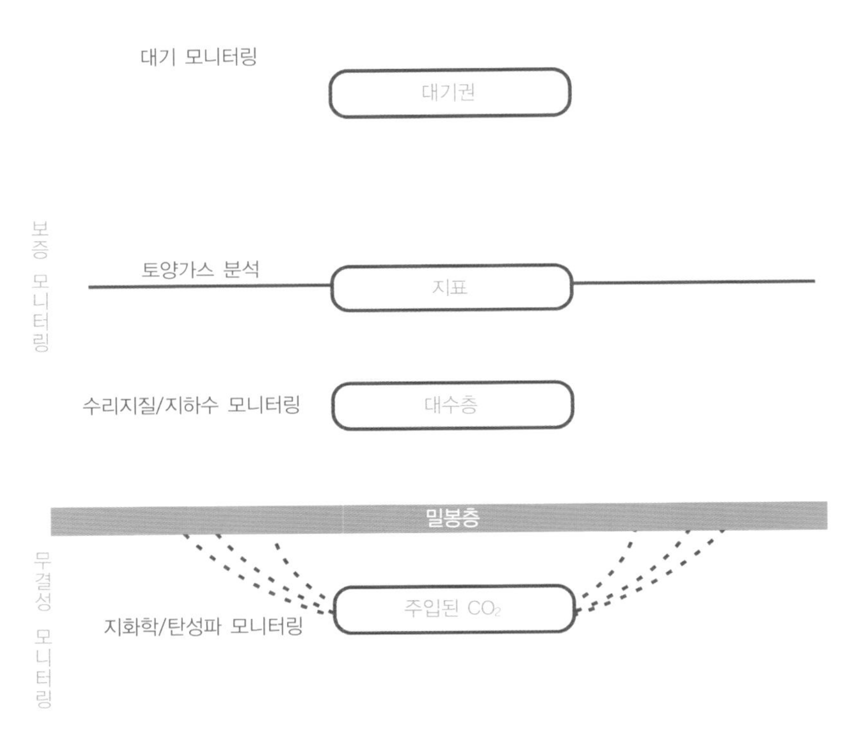

그림 9.6 지중저장소에 CO_2가 갇혀 있음을 확인할 수 있는 무결성 모니터링과 주입된 CO_2가 천부의 대수층, 토양층, 지상으로 누출되지 않음을 확인할 수 있는 보증 모니터링을 모두 실시하는 것이 중요하다.

무결성 모니터링은 주입된 CO_2가 지하저장소에 예상대로 저장되어 있는지 확인하는 모니터링 프로그램이며, 보증 모니터링은 주입된 CO_2가 먹는 샘물 대수층이나 토양층, 대기 중으로 누출되지 않아 지표 부근의 환경이나 공중 보건에 위험이 없음을 규제기관과 지역사회에 보증하기 위해 수행되는 모니터링 프로그램이다.

크렌필드 프로젝트

미국 남부 미시시피의 크렌필드 유전은 1940년대에 발견되어 20년간 약 22%의 원유를 생산한 후 고갈되었다. 2008년 운영사인 던베리사는 남동부 CO_2저장광역협력사업의 일환으로 투스칼루사 지층에 원유증산을 위해 CO_2를 주입하기 시작하였다.

연간 40만 t의 초기 주입량은 2009년 백만 t으로 증가되었으며 3단계에서는 150만 t으로 증가될 것이다. 투스칼루사 사암은 3,000 m 심도의 심부염수층으로 광범위하게 분포하고 있다. 추적자, 정저센서, 유튜브, 검층, 복합탄성파(4D와 VSP 포함) 등의 모니터링 기술을 이용하여, 텍사스 광상국과 공동 연구기관은 연간 250만 t의 자연 CO_2와 이 지역의 발전소에서 배출되는 25만 t의 인공 CO_2 주입을 신중히 관측하고 있다(텍사스 광상국 수잔 호보카).

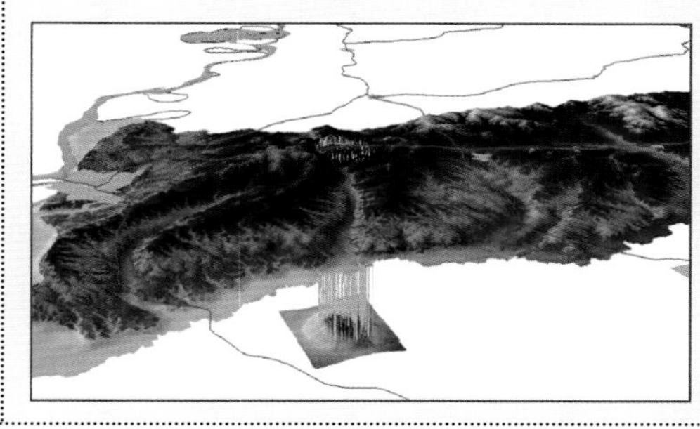

무결성 모니터링

무결성 모니터링은 지중저장소 내에서 CO_2 거동을 확인하는 데 중요하다. 인체 장기를 영상화하는 데 사용되는 초음파의 원리와 마찬가지로, 지표에서 멀리 떨어진 심부에 있는 암석을 영상화하는 데 음파를 사용한다. 즉, 음파를 발생시키기 위해 대규모 진동 트럭이나 폭약, 무거운 낙하 철판을 사용한다. 발생된 음파는 암석층에 반사되어 되돌아온다(그림 9.7).

그림 9.7 무결성 모니터링의 일환으로 심부암석층과 주입된 CO_2를 영상화하기 위해 탄성파 트럭이 암반층에 충격파를 발생시키고 있다.

정밀한 자료처리 기술을 사용하면, 물과 CO_2를 통과하는 음파 속도 차에 의해 물을 함유한 암석과 CO_2를 함유한 암석을 구별할 수 있다. 결과적으로 지하구조와 저장된 CO_2의 3차원 영상을 만들어낼 수 있다. 시간 간격을 두고 똑같은 탄성파 탐사를 하면 시간에 따른 CO_2의 거동을 볼 수 있는 4차원 영상을 만들 수 있다. 즉, 지중저장 지층 내에서 CO_2가 어떻게 이동하는지, 아니면 저장 지층에서 누출되어 천부지층으로 이동했는지를 볼 수 있다. 노르웨이의 슬라이프너 프로젝트는 탄성파 탐사를 통해 CO_2 저장의 획기적인 영상을 얻을 수 있었으며, 이는 탄성파 모니터링의 교과서적 표준이 되었다(그림 9.8).

이와 같은 고갈된 가스전의 경우, 주입된 CO_2가 가스전에 남아 있는 메탄가스를 만나면 어떻게 변하는지 정확한 그림을 보여준다. 따라서 여러 기술을 종합적으로 사용하면 주입된 CO_2가 심부에서 어떻게 거동하는지 정확한 그림을 보여주고, 예상한 대로 움직이는지 확인이 가능하다.

보증 모니터링

보증 모니터링은 저장 지층에서 누출된 CO_2를 감지하는 모니터링 기법으로 여러 가지 방법이 있다. 여기에는 덮개암을 통해 누출되는 CO_2를 감지하는 3차원, 4차원 탄성파 탐사도 포함된다. 또한 지하수의 산성도 변화와 미량 금속의 증가와 같은 지하수의 화학적 변화를 관측하기 위해 천부 관정이 사용될 수 있다. 초과 CO_2 농도를 감지하는 토양층 모니터링과 저장층 주변의 대기 중 CO_2 농도의 이상대를 감지하는 대기 모니터링도 포함된다. 보증 모니터링, 특히 대기 모니터링의 어려움은 지하수, 토양, 대기 중의 CO_2 농도변화가 실제 CO_2 누출에 의한 변화인지, 아니면 자연적 변화인지 구별하는 것이 쉽지 않다는 점이다(그림 9.10).

그림 9.10 CO_2 이상대를 찾기 위한 토양 시료 채취는 지표에서 쉽게 할 수 있지만, 토양 내 CO_2 양의 자연변화 때문에 자료 분석은 쉽지 않다.

예를 들면, 지표 바로 위의 CO_2 농도는 일별, 계절별, 연간 엄청난 자연적 변화를 보이고 있어 소량의 CO_2 누출을 찾아내기가 어렵다. 따라서 CCS 프로젝트가 시작되기 전에 CO_2의 배경 농도와 자연적 변화를 알 수 있는 기본 조사를 실시하는 것이 중요하다.

주입된 CO_2는 저장소 주변의 자연적 CO_2와는 성분이 현격히 다를 수 있어, CO_2가 누출될 경우 농도 증가가 단순히 자연적 CO_2 농도변화가 아니라는 것을 알 수 있다(그림 9.11).

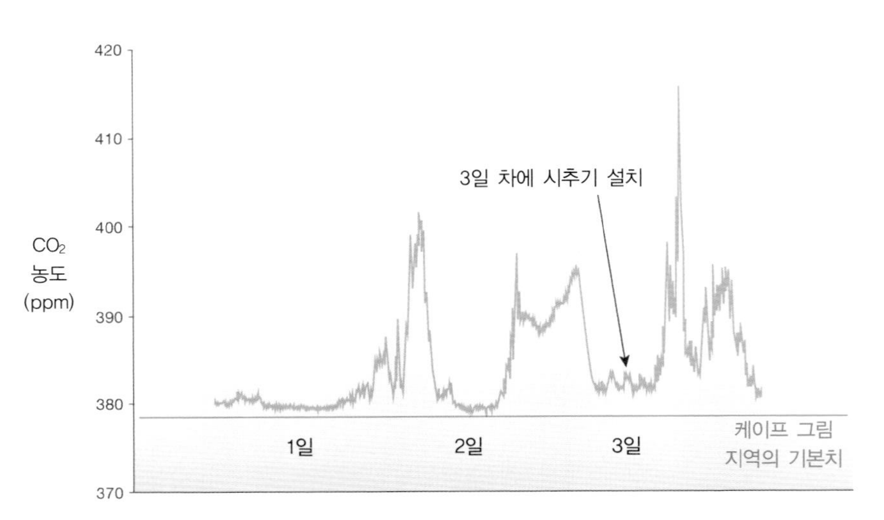

그림 9.11 CO2CRC 오트웨이에서의 대기 CO_2 농도 측정은 광합성으로 인한 자연적 변화가 심하다. 그러나 주의 깊게 분석을 시도하면 지역적으로 발생하는 인위적인 고농도 CO_2를 찾아낼 수 있다.

한편 주입된 CO_2에 추적자 물질을 사용하는 경우, 측정된 CO_2가 주입된 것인지 자연 상태의 CO_2인지 구별할 수 있다. 추적자는 여러 개의 소규모 프로젝트에서는 성공적으로 사용되었지만 대규모 CCS 프로젝트에서는 실용적이지 못할 수 있다.

규제 법규

이와 같이 잠재적인 CO_2 저장소가 어떻게 운영될지 예측할 수 있을 뿐만 아니라 모니터링을 통해 예측한 대로 운영되는 것을 확인하는 것이 가능하다. 일반 대중의 확신을 돕는 또 하나의 방법은 효율적인 규제 법규이다. 현재 여러 나라에서 CO_2 지중저장소가 안전하고 효율적으로 관측되고 운영될 수 있도록 규정을 제정하였다(그림 9.12).

들의 수명은 100년이 채 되지 못한다. 즉, CCS 운영사가 200년 동안 유지될 수 있을 거라고 생각하지 못한다. 따라서 누출이 발생할 때 문제를 해결해줄 수 있다고 영원히 보증해줄 수 있는 회사는 없다. 그러나 정부는 어떤 형태로든 100년, 200년 아니 1,000년 동안 그 책임을 질 수 있다고 확신할 수 있다.

그렇다면 운영사는 그 책임을 면하고 미래의 문제에 관여하지 않아도 된다는 말인가? 무엇보다도 먼저 책임소재를 이전할 수 있는 것은 미래에 문제가 발생할 확률이 매우 낮다는 확신이 있어야만 가능하며, 둘째로 장기간의 모니터링 프로그램을 수행해야 하는 것은 정부의 몫이며 미래의 모니터링 작업과 문제 해결을 위한 경비를 충당하기 위해 저장 CO_2 t당 수수료를 지불하거나 공채를 기탁하도록 정부는 요구할 수 있다.

위험이란 미래에 발생하는 사고들의 결과라는 사실을 인식한다면 사고를 줄일 수 있다는 점을 명심해야 한다. 위험이 전혀 없는 작업은 없으며 심지어 아무것도 하지 않는다는 결정도 위험성을 내포하고 있다. CO_2 배출을 제한하기 위한 어떠한 조치도 취하지 않는 것도 위험성을 내포하고 있다.

다른 CO_2 배출감축방법에 의한 결과로 대기 중 CO_2 농도가 위험 수준까지 증가할 수 있다는 위험을 고려한다면 CCS를 추진함으로써 발생되는 잠재적 위험은 쉽게 용인할 수 있을 것이다.

CCS의 사회적 면허

CO_2의 지질학적 저장이 안전하고 효율적인 CO_2 감축 기술이라고 확신하는 데는 다음과 같은 기본적인 이유가 있다.

1. 효율적인 지하저장기술을 확보하였다.
2. 주입된 CO_2가 어떻게 거동하는지 알고 있다.
3. CO_2 거동을 관측하고 증명할 수 있다.
4. 적절한 규제 법규가 이미 제정되었거나 조만간 제정될 것으로 확신한다.

그러나 CCS가 효과적인 감축수단이 되고 CCS 프로젝트를 운영할 수 있는 사회적 면허를 받기 위해서는 여기에 한 가지 더 고려해야 할 사항이 있다. 그것은 프로젝트가 수행되는 지역사회뿐만 아니라 정책을 입안하고 프로젝트를 후원하는 정부와 정치가들의 의견에 귀를 기울이고 그들과 소통해야 한다는 점이다. 또한 UN 또는 NGO와 같은 국제기구가 CCS에 대해 찬반을 결정하는 대중매체에 영향력을 행사할 수 있으므로 이들과의 소통에도 주력해야 한다. 현재 CCS에 대해 알고 있는 사람이 적으며 이해하고 있는 사람은 더욱 소수이다. 들어보지 못한 CCS에 대한 불확실성 나아가 두려움을 느끼는 것이 당연하다.

CCS 프로젝트 운영자들을 대하는 지역사회의 반응은 복합적이다. CCS 프로젝트에 대해 반대하는 지역사회가 있는가 하면 적극적으로 찬성하는 곳도 있다. 미국의 몇몇 지역사회는 휴처젠 FutureGen 프로젝트가 그들 지역에서 수행되는 데 반대하고 있다. 반대로 일자리가 늘어나고 다른 혜택 때문에 휴처젠 프로젝트를 자기 지역에 유치하고자 하는 적극적인 지역사회도 있다. 유럽의 프로젝트도 마찬가지다. 몇몇 지방은 찬성하지만 네덜란드의 Barendrecht 지방은 결사적으로 반대하고 있다. 해저 지중저장은 눈앞에 보이지 않고 해당 지역사회가 없어 문제가 적은 편이다.

호주의 경우, CO2CRC의 오트웨이 프로젝트에 대해서는 상당히 우호적이다. 모든 지역민이 찬성한다고는 할 수 없어도, 전체적으로는 찬성하고 있으며 심지어 국제적인 조명을 받는 데 자부심을 느끼는 주민도 있다. 우호적인 시각을 얻기 위해서는 프로젝트가 시작되기 전에 지역사회와 소통을 시작해야 한다. 프로젝트를 설명할 때 감추는 것 없이 모든 것을 공개하는 것이 중요하며 지역민의 지중저장소 방문이 환영받아야 되고 문제가 발생하였을 때 누구를 찾아야 하는지 가능하면 지역민 중에서 담당관을 지정하는 것이 바람직하다.

해당 지역사회를 넘어 CCS 프로젝트가 보다 광범위하게 알려지도록 교육하는 데에는 CCS 시설이 매우 유용하게 사용될 수 있다. 실제 CCS 시설에 대해 알기 위해서는 책을 읽는 것보다 시설을 견학하고 담당자와 대화하는 것이 바람직하다. CCS의 가치를 선전하기 위한 것이 아닌 보다 많은 대중들의 알권리를 위해 미디어를 활용하는 것이 중요하다. 대중이 스스로 판단하게 하는 것이 최선의 방법이다. 이 책이 이러한 대중과의 소통에 일조하게 되면 더할 나위가 없다.

제10장 CCS 비용

대규모 CCS 프로젝트를 운영하는 데 어느 정도의 비용이 소요되는 것일까? 대규모 지열 사업, 태양열 사업처럼 답변하기에 매우 어려운 질문이다.

답변을 시도하기 전에 다음과 같은 몇 가지 사항을 먼저 결정해야 한다. 어떤 기술을 사용할 것인가? 어느 규모로 할 것인가? 언제, 어디서 수행할 것인가? 신규 건설인지 아니면 개조 작업인가? 배출 가스의 성분은 무엇인가? 적용 이율은 얼마인가? 문제는 사람들이 특히 정치가는 대중과 바로 소통할 수 있는 단순한 답변 또는 숫자를 좋아한다는 점이다. 그들은 가장 효율적인 CO_2 감축 기술을 개발하기 위해 CCS를 통한 청정 전기가 다른 청정기술에 의한 전기 또는 비청정 전기에 비해 얼마나 비싼지 알 수 있기를 원한다.

이것은 대답하기가 쉽지 않지만 필요한 질문이다. 사실 모든 청정에너지 기술의 비용은 다음과 같은 변수에 따라 엄청난 차이가 난다.

- 위치
- 공급의 변화량, 또는 전력 공급의 확실성에 대한 가치, 또는 중단비용
- CO_2의 대기 중 방출을 포함한 외부 요인 비용

다음 장에서 거론하겠지만 이러한 비용 문제가 탄소에 가격을 매김으로써 해결될 수 있다고 생각한다. 이번 장에서는 CCS의 직접 비용에 대해서 살펴보고 이 비용이 다른 청정에너지와 어떻게 비교되는지 알아보려고 한다.

비용의 상호관계

석탄가스화복합발전IGCC을 이용한 500 MW 발전소를 새로 건설하는 데는 30~40억 불이 소요된다. 반면에 500 MW 재래식 석탄화력발전소 건설에는 10~20억 불이 소요된다. 그러나 두 발전소에 대한 CO_2 포집의 상대적 가격은 그 반대가 된다. 연소 전 포집을 이용한 IGCC의 비용은 재래식 발전소에 대한 연소 후 포집비용보다 저렴하다. 따라서 발전소 건설의 투자비와 운영비를 포함한 CO_2 포집설비 비용은 상호 교차적이다. 마찬가지로 신규 건설과 개조 건설도 비용 면에서 상호 교차적이다.

CCS를 포함한 신규발전소는 극초임계 시스템을 사용하거나 폐열을 더욱 효율적으로 사용함으로써 또는 두 가지 모두 사용함으로써 효율을 크게 향상시킬 기회를 제공한다. 반면 노후 발전소 비용은 이미 전부 지출이 되었기 때문에 추가 비용은 개조 포집설비에 소요되는 비용뿐이라서, 총 개조 비용은 신규 발전소 건설 비용보다 저렴하다.

발전소 효율은 포집설비에 에너지가 필요하기 때문에 포집공장 건설로 인해 감소한다. 포집공정에 에너지 또는 연료가 필요하기 때문에 발전소는 판매용 에너지 생산이 약간 감소하며 결과적으로 이익이 감소한다. 이 때문에 발전소의 발전용량을 확대해야 할 뿐만 아니라, 소요연료의 증가로 인해 비용이 증가한다. 특히 석탄 대신 가스와 같은 더 비싼 청정 연료를 사용한다면 CCS 비용은 초기 CO_2 배출량에 의해 영향을 받을 뿐만 아니라 저장되는 CO_2의 농도에 의해서도 영향을 받는다.

저장되는 CO_2의 농도가 높으면 높을수록, 포집 및 수송비용이 높으며, 반대로 보다 순수한 고농도의 CO_2를 저장한다면, 질소와 같은 비 CO_2 가스를 압축, 수송, 저장하지 않음으로써 비용은 절감할 수 있다. 만약 저장 가스 내에 독성 물질이 있다면 수송, 저장하기 전에 이를 제거해야 하며, 여기에는 비용이 많이 들기 때문에 비용 추정은 더 복잡해질 것이다.

배출되는 모든 CO_2를 포집하지 않고 일부만 포집함으로써 포집비용을 줄일 수 있는가? 물론 적은 양의 CO_2를 포집한다면, 비용을 낮출 수 있다. 그러나 이는 CCS의 목적을 포기하는 것이다. 그럼에도 불구하고 연소 후 포집의 경우, 피크 수요 시간대의 전기세가 비피크 시간대보다 10배 이상 비싸다면 포집설비를 하루 약 2시간 정도 꺼놓는 것이 경제적이다. 이렇게 되면 CO_2 포집량은 10% 감소하지만 포집비용은 20~30% 줄일 수 있다.

발전소 이외의 배출원으로부터 CO_2 포집비용

발전소가 아닌 배출원으로부터 포집비용은 어느 정도인가? 천연가스를 액화천연가스 공장에 보내기 전에 CO_2를 분리하는 일은 가스 처리에서 필수적인 공정이며 비교적 저렴한 비용으로 순수한 CO_2를 분리해낼 수 있다(그림 10.1 참조). 이 점이 슬라이프너와 같은 노르웨이 가스 프로젝트에서 CCS가 처음 적용된 이유이다. 장래 서부 호주의 골곤 액화천연가스 프로젝트 때도 적용될 예정이다. 가스 처리 프로젝트의 CO_2 분리는 CCS 적용에서 매우 쉽지만 비용은 들게 마련이다. 예를 들면 골곤 액화천연가스 프로젝트의 CCS 분야는 전체 프로젝트 비용에 추가로 20억 불이 소요된다. 이것은 CO_2 배출을 감축하지 않는 다른 가스전과 경쟁하는 경우 수익 또는 실행 가능성에 확실한 영향을 미친다.

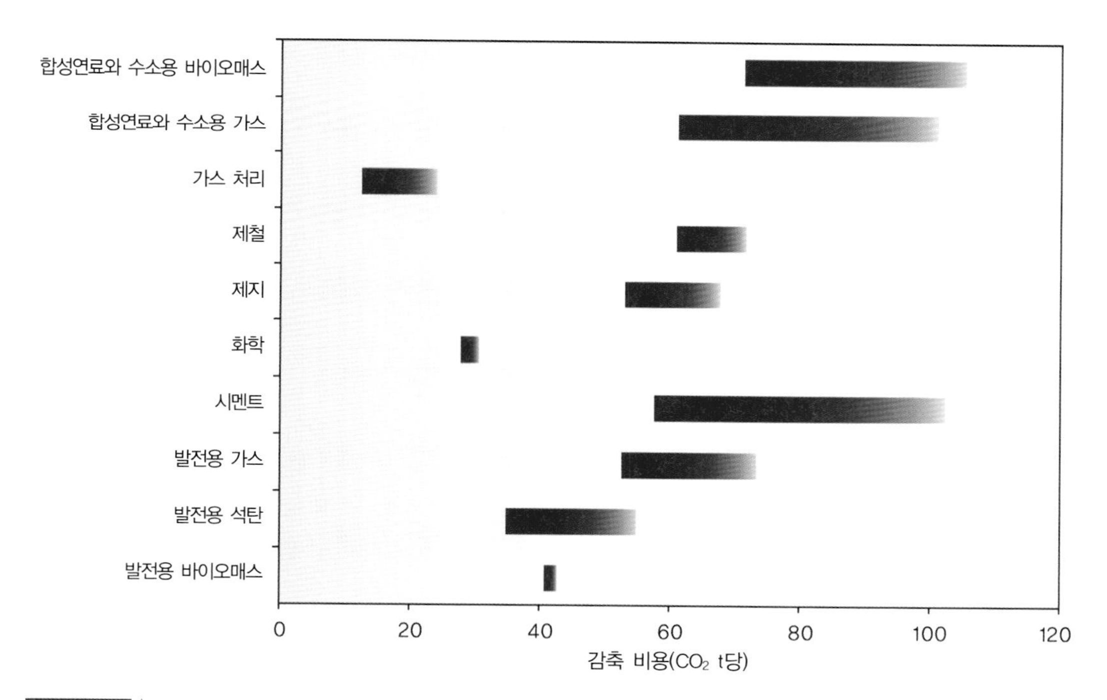

그림 10.1 CCS를 설치했을 때의 감축 비용은 배출원에 따라 변화가 심하다. 가장 저렴한 CCS 감축 비용은 요소 비료와 같은 화학제품을 생산하기 위해 가스 처리하는 경우이다. 발전용은 중간 정도이며 바이오매스와 합성연료는 비싼 편이다. 그러나 감축 비용을 비교할 때에는 요한다. 비용 범위가 매우 넓고 합성연료의 경우 그 가치를 정확하게 산출하기가 쉽지 않기 때문에 주의를 요한다(IEA 2009).

철강 공장과 비료 공장에서 배출되는 가스도 고농도의 CO_2로 이루어져 있다. 즉, 포집설비를 상대적으로 저렴한 비용으로 건설할 수 있다. 그러나 아직까지 포집설비 건설에 진전이 없는 이유는 무엇일까? 액화천연가스 경우와 마찬가지로, 철강과 비료는 전 세계 가격 경쟁 시장에서 판매되고 있어 부수적인 비용 증가를 가져오는 CCS는 이를 강제하는 정책이나 추진 여건이 결정되기 전에는 적용하기 쉽지 않다. 한편 그림 10.2에 나타난 바와 같이 실증 사업을 통한 연구에서 대규모 상업 프로젝트로 기술이 발전하기 때문에 정도의 차이는 있지만 시간이 지남에 따라 소요비용은 감소하게 된다.

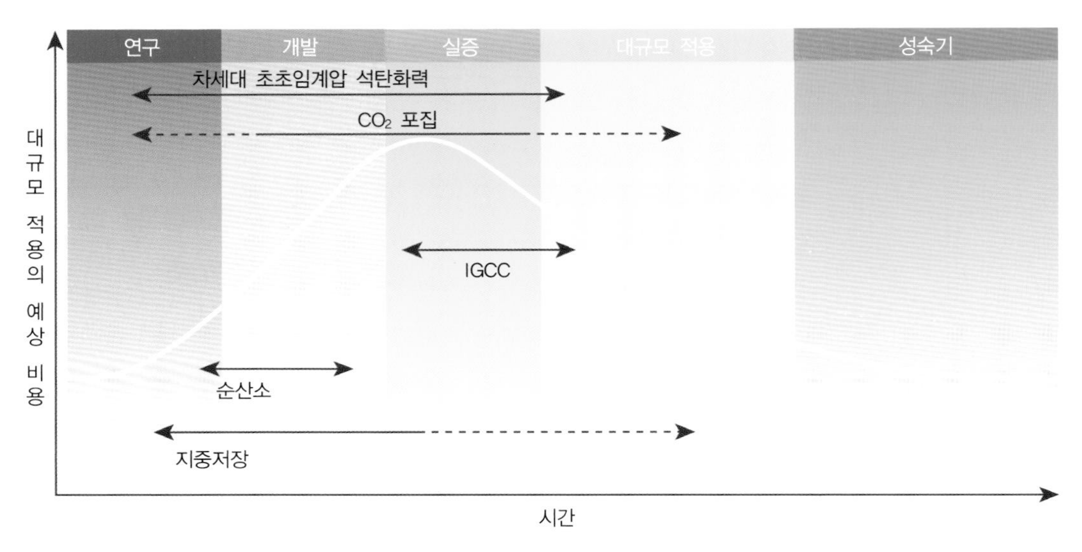

그림 10.2 새로운 기술의 비용 곡선은 실증단계에서 최대치를 나타내며 기술이 성숙기에 접어들면 급격히 감소한다. CCS 사슬의 각 기술이 진화하는 데 걸리는 시간은 비용 곡선을 따라 서로 다르게 나타난다. 수송은 이미 성수된 기술이며, 지중저장도 비교적 성숙기에 도달하였지만, 대규모 포집은 아직 미성숙 단계로 비용이 획기적으로 낮아지기에는 시간이 더 필요하다.

이러한 모든 불확실성과 변동성을 감안하여 CO_2 포집설비를 건설하는 데 소요되는 비용을 추정할 수 있는가? 사실 IPCC, IEA, GCCSI, CO2CRC, MIT, EPR과 같은 기관들에 의해 평준화된 포집비용을 추정하기 위한 시도가 있었다. 2005년에 IPCC는 2003~2004년 가격 기준의 포집비용에 대한 조사결과를 발표하였다. 석탄가스화복합발전이 가장 저렴하며 그다음이 연소 후 포집, 그리고 천연가스복합발전 NGCC이 가장 비싸다. 2011년에 OECD와 IEA는 상대적 포집비용의 비슷한 결과를 발표하였다. 석탄가스화복합발전이 가장 저렴하고, 천연가스복합발전이 가장 비싸며, 석탄화력발전소의 연소 후 포집설비가 중간이다. 순산소 연소의 포집비용은 석탄가스화복합발전과 연소 후 포집설비 사이로 조사되었다. 단순화를 위해 대표 비용을 한 가지 수치로 나타내기도 한다. 그러나 한 가지 수치로 표현하는 것은 높은 불확실성을 내포하고 있기 때문에 주의 깊게 사용해야 한다.

포집설비 비용보다 총비용을 고려하는 것이 매우 중요하다. 석탄가스화복합발전이 가장 저렴한 포집 방법이기는 하지만 석탄가스화복합발전이 석탄화력이나 천연가스복합발전과 비교하여 가장 비싼 발전소 건설비용이 든다면, 포집설비의 저렴한 비용의 혜택은 높은 투자비와 자금 조달 비용에 의해 사라질 것이다. 마찬가지로 천연가스복합발전의 CO_2 t당 포집비용이 비싸긴 하지만, 천연가스는 전기 생산당 CO_2 배출량은 1/2밖에 되지 않는다. 게다가 천연가스복합발전소는 건설비용이 저렴하고, 포집설비를 포함한 건설 총비용은 다른 발전소보다 저렴할 수 있다. 그러나 가스연료가격은 석탄연료가격의 두 배임을 명심해야 한다.

2005년과 2011년의 포집비용에 대한 연구결과를 비교해보면 과거 몇 년 동안 타 청정에너지와 마찬가지로 철강과 콘크리트 등의 재료비와 노동 임금의 증가로 인해 포집비용이 엄청 증가했음을 알 수 있다. 다른 종류의 발전소를 포함한 재래식 발전소의 건설비용도 과거 몇 년 동안 엄청 증가했음을 기억해야 한다.

대규모 포집 기술에 대한 최종 가격 산정도 불확실성이나 위험성 수준을 고려해야 한다. 건설 경험이 여러 차례 있는 경우, 프로젝트 개발업자 또는 건설업자는 설비의 효율적 운전과 비용 추정에 대한 높은 신뢰도를 가진다. 이 경우, 약 10~20%의 예비비가 비용 산정에 적용된다. 반면에 대규모 발전소에 대규모 포집설비를 건설하는 경우 첫 사례이기 때문에 건설회사는 높은 비용을 반영하게 될 높은 불확실성을 고려해야 한다. 이 경우, 약 40%의 예비비를 적용해야 한다. 실제 비용을 결정하는 또는 비용을 절감하는 유일한 방법은 대규모 포집설비를 건설하여 운영해보는 것이다. '실행함으로써 배우는' 것이 발전하는 유일한 길이며, CCS 또는 대규모 청정에너지 기술을 진전시키는 데 주요 장애물인 재정적 위험성을 감소시키는 유일한 길이다.

포집설비를 기존 발전소에 설치하는 비용은 어느 정도인가? 신규 건설과 설비 개량은 어느 것이 저렴한가? IEA－GHG 프로그램과 CO2CRC에 의해 실시된 최근 연구결과, 몇 가지 요소에 의해 설비 개량이 신규 건설보다 비싸다는 것이 밝혀졌다.

즉, 구 발전소는 포집설비를 설치하도록 설계되지 않았으며, 높은 에너지 벌금, 낮은 효율, 신규 발전소보다 수명이 짧다는 단점을 지니고 있다. 이러한 단점에도 불구하고 IEA－GHG 연구는 다음과 같은 결론을 발표하였다.

"구 발전소에 CCS를 설치하는 경우의 전력비용이 상황에 따라 CCS를 포함한 신규 발전소의 전력비용보다 저렴할 수 있다. 구 발전소와 비교하여 신규 발전소의 낮은 포집비용은 발전소 건설의 높은 기본 투자비에 의해 상쇄된다." 이러한 결론은 몇몇 구 발전소 또는 비청정 발전소가 비용을 효율적으로 사용하면 청정 발전소로 개량될 수 있음을 암시하고 있다.

구 발전소를 개량할 것인가, 말 것인가 하는 결정은 조세 시스템(발전소의 수명과 종류, 위치, 새로운 포집설비를 건설하기 위한 토지의 이용 가능성)을 포함한 정책에 크게 좌우된다. 이러한 복잡성에도 불구하고, 최소 수십억 불이 소요되는 구 발전소 개량 사업이 완벽하게 검토돼야 한다는 점이 중요하다. 현재 전 세계적으로 수천 개의 구 발전소가 있으며, 엄청난 CO_2 배출량을 기록하고 있고, CCS를 통한 배출량 규제를 하지 않는다면 앞으로도 수년 동안 계속 CO_2를 배출할 것이다.

수송 관련 비용

CO_2 수송 및 압축 비용은 어느 정도인가? 수송비용 산정에 매우 좋은 기준이 있는데, 그것은 수천 km에 달하는 CO_2 파이프라인으로 과거 40년 동안 연간 5,000만 t의 CO_2를 수송한 북미의 경험이다. 이와 더불어 여러 조건하에서 수십만 km에 달하는 천연가스 파이프라인의 건설과 운영도 중요한 경험이다. CO_2 수송량과 수송 프로젝트의 규모는 CO_2 t당 수송비용에 엄청난 영향을 미친다. 예를 들면 20 cm 직경의 가스 파이프라인은 km당 40만 불이 소요되지만 100 cm 직경의 가스 파이프라인은 km당 300만 불의 비용이 든다. 그러나 100 cm 직경의 파이프라인은 20 cm 직경의 파이프라인보다 25배나 많은 CO_2를 수송할 수 있다.

파이프라인 설치비용은 파이프 직경뿐만 아니라 육상이냐 해저냐, 지형이 평지냐 산악이냐, 인구가 많은 지역이냐 적은 지역이냐 등에 의해 좌우된다.

파이프라인 비용 이외에도, 수송거리와 루트에 따라 CO_2 압력을 유지하기 위해 200~300 km마다 압축기나 펌프를 설치해야 한다. 압축기는 크기에 따라 다르지만 4,000만 불의 투자비와 수백만 불의 운영비가 소요된다. CO2CRC의 수송비용 연구에 의하면 200 km 파이프라인(육상 100 km+해저 100 km)을 이용해 연간 3,000만 t의 CO_2를 수송하는 데 8억 불의 투자비와 연간 3,000만 불의 운영비가 든다고 한다.

2005년에 IPCC는 육상과 해저 파이프라인의 비용을 비교한 척도를 제공하였다. 통상적인 지형 조건에서 250 km 파이프라인 기준으로 연간 500만 t의 CO_2를 수송하는 경우 해저에서는 t당 3.6~4.3불이 소요되며 육상에서는 2.2.~3.4불이 소요된다고 추정하였다. 이 비용은 2004년도 기준으로 현재의 비용기준으로 볼 수는 없지만, 해저 파이프라인이 육상 파이프라인보다 약 50% 이상 비용이 더 들고, 이는 CCS 프로젝트의 전체 비용을 증가시키는 요인이 된다.

IPCC는 파이프라인 비용과 선박 수송비용을 비교하였다. 수심, 항구 시설을 비롯한 여러 요소에 좌우되기는 하지만 수송거리가 1,000 km를 넘어서면 선박 수송이 저렴하다고 결론지었다.

Teekay 해양수송회사에 의하면 선박 수송은 소규모로도 타당성이 있으며, 700~1,500 km 거리에서 유연성을 제공한다고 한다. 미래에는 비용 문제가 CO_2의 장거리 수송에서 극복하지 못할 요소는 아니다. 예를 들면 저장용량이 제한적인 국가에서 해저의 대규모 저장용량을 가진 국가로 CO_2 수송이 가능하다. 상당 기간 동안 CO_2 수송은 IPCC가 예측한대로 파이프라인을 통해 250 km의 거리를 t당 1~8불 가격으로 수송될 것이다. 결론적으로 수송비용은 위치에 따라 크게 좌우됨을 강조하고 있다.

저장비용

저장비용에 대해서는 석유개발 산업이 CO_2 저장비용 산정에 대한 좋은 사례를 제공하고 있다. 그러나 수송비용과 마찬가지로 위치에 따른 비용 차이에 주목해야 한다. 예를 들면 100 m 수심의 해저에 2,000 m의 탐사정 또는 주입정을 시추하는 것은 육상에서 2,000 m를 시추하는 것보다 10배 정도 비용이 소요된다. 비용은 지역별로도 많은 차이가 난다. 미국과 같이 석유개발 사업이 활발한 지역에서는 육상의 2,000 m 시추에 100만 불 정도면 되지만, 호주의 외진 곳에서는 500만 불이 소요될 것이다. 이와 같은 커다란 비용 차이는 단지 지역에 따른 차이일 뿐이다.

2005년에 IPCC는 저장비용을 CO_2 t당 0.5~8불 범위로 추정하였다. 이 비용 범위는 현시점에서는 낮은 것으로 평가된다.

2005년 이후 우리는 지질의 영향, 특히 저장암의 투과도에 대한 이해도를 증대시켰다. 투과도가 낮은 경우 CO_2를 주입하기가 어렵고, 따라서 더 많은 주입정을 시추하던지, 주입 구간을 확대하기 위해 수평정을 시추하던지, 아니면 두 가지 모두를 실행해야 한다. 투과도를 향상시키기 위한 수압파쇄를 실시하기도 한다. 이러한 낮은 투과도 지역은 투과도가 좋아서 1~2개 주입정만으로도 많은 양의 CO_2를 주입하기 쉬운 지역에서의 저장비용과 비교하면 비용이 훨씬 높다.

뉴사우스웨일즈 대학의 연구자들은 CO2CRC 사업을 위해 저장비용 문제를 세밀하게 연구하고 있다. CO_2 배출원으로부터 거리가 약간 있지만(수송비용이 높고) 투과도는 매우 높은 저장소에 CO_2를 주입하는 것과 거리는 가까우나(수송비용이 낮은) 투과도는 낮은 저장소에 주입하는 경우의 비용을 비교 검토한 결과 거리는 있지만 투과도가 높은 저장소에 주입하는 것이 비용 측면에서 이득이다.

한편 투과도 이외에도 심도와 지각의 지온구배율의 영향도 크다. 심도가 깊으면 깊을수록 시추비용이 증가한다. 일반적으로 심도가 낮으면 심도가 깊은 암석보다 투과도가 높지만, 천부의 높은 투과도의 저장소와 심부의 낮은 투과도 저장소 중 어느 것이 비용이 덜 드는지 생각해보아야 한다.

지하온도는 저장되는 CO_2의 밀도에 영향을 미쳐 실제로 저장되는 CO_2 양을 결정한다. 2010년 호주 CO_2 저장지도 특별위원회가 실시한 호주 퇴적분지에 대한 투과도, 심도, 거리에 따른 비용 분석에서 수송과 저장비용이 양호한 호주 남동쪽 깁스랜드 분지의 배출원 – 저장소 결합에서는 CO_2 t당 7불 정도로 낮은 반면, 불리한 배출원 – 저장소 결합에서는 t당 70불까지 치솟아 CCS를 적용하지 못하게 될 것이라고 밝혔다.

고려해야 할 또 하나의 요소는 저장소에 대한 주입 기간뿐만 아니라 주입 종료 후 수행해야 할 10여 년간의 지속적인 모니터링 비용이다. 이 또한 지역에 따라, 육상 또는 해저인지 산악지대인지 해안지대인지 극지방인지 적도지역인지에 따라 변화가 크다. IPCC는 불확실성이 높겠지만 모니터링 비용이 t당 10~30센트 수준이라고 추정하였다. 모니터링 비용에 대한 가장 적절한 표현은 "모니터링 비용이 CCS 프로젝트의 비용에 엄청난 영향을 미치지는 않을 것이다."라는 것이다.

주의할 점은 비용이 지역뿐만 아니라 규제 법규에 좌우된다는 점이다. 게다가 비현실적인 모니터링 조건이 존재한다면 CCS 프로젝트에 상당한 부담을 주게 될 것이다.

CCS의 총비용 예측

자 그럼 CCS 프로젝트의 총비용이 어느 정도인가? 하는 질문으로 돌아가자. 포집비용+수송비용+저장비용으로 단순히 비용을 더해서 총비용을 계산하는 것이 아니라는 것은 명확하다. 만약 단순히 비용을 더하게 되면 매우 낙관적인 경우를 생각해서 비현실적으로 낮은 비용을 도출하거나 반대로 최악의 경우를 택하여 비현실적으로 높은 비용을 추정하게 된다.

현재까지 많은 연구가 CCS 프로젝트를 위한 총비용을 도출하였다. 2008년에 McKinsey and Company는 200 MW 발전소의 실증 프로젝트에 소요되는 비용을 산출하였다. 200 MW

규모에서는 CO_2 감축 t당 70유로의 비용이 들며, 600 MW의 경우 45유로가 필요하다고 발표하였다. 이 값들은 상업적 규모의 설비가 운영되면 상당한 비용 절감이 이루어질 것이라는 예상에 입각하여 추정한 것이다. 2005년 IPCC의 추정값도 이와 비슷하다. 그러나 CCS 시스템의 각 요소들의 범위가 너무 넓어, 종합해보면 CO_2 감축 t당 17불에서 91불까지 다양하다. 2011년 Paul Feron and Lincoln Paterson은 CCS를 장착한 석탄화력발전소의 개략적 비용을 CO_2 감축 t당 80~140불 정도로 추정한 바 있다.

CCS 운영 사업으로부터 비용 산출

'CCS에 어느 정도 비용이 드느냐?' 하는 질문에 대답하는 것이 쉽지는 않지만 '모른다' 또는 '대답하기에는 너무 복잡하다' 등으로 답변하는 것은 만족스럽지 못하다는 관점에서 지금까지 거론한 CCS 비용에 대한 대략적인 비용 범위는 유용하게 사용될 수 있다. 그럼에도 불구하고 전 세계적인 평균비용 기준보다는 특정 프로젝트의 비용 기준이 필요할 수 있다. 현재 대규모 CCS를 설치한 발전소가 운영 중인 것이 없고, 실증 프로젝트도 소수이기 때문에 파일럿 또는 실증연구를 계속하는 것이 중요하다. 향후 대규모 CCS 프로젝트를 추진하는 것은 더욱 중요하며 이에 대한 실제 비용을 알 수 있고 비용도 실증 프로젝트보다 저렴하다는 것을 알게 될 것이다.

현시점에서 최선의 방법은 현재 운영 중인 CCS 프로젝트 비용에 대해 신빙성 검사를 하는 것이다. 예를 들면 프랭크 모리츠는 2008년 웨이번 원유회수증진 프로젝트의 투자비가 13억불이라고 보고하였다. 이는 물론 밝히지는 않았지만 원유회수증진 비용도 포함한다. 3,000만 t의 CO_2가 320 km 파이프라인으로 수송되며, 수송 및 저장비용은 t당 최대 40불 정도로 추정된다. 미국국립에너지기술연구소의 2001년 보고서는 웨이번의 수송 및 압축비용을 1억 불로 계산하였다. 수송과 저장의 운영비는 확실하지 않지만 CO_2 t당 약 5불 수준일 것이다. CO_2는 파이프라인 회사에 t당 15불에 판매되며 이는 최소한 뷸라 석탄가스화 공장에서 CO_2를 포집하는 비용으로 충당될 것이다. 따라서 웨이번의 사례와 약간의 가정을 더하여 석탄가스화 공장에 설치된 포집, 수송, 저장을 포함하는 CCS의 총비용은 t당 약 60불 수준이 될 것이다. 하지만 이 값을 CO_2 감축 t당 값으로 변환하는 것은 불가능하다.

두 번째 사례는 북해의 슬라이프너 프로젝트로, 생산된 천연가스에서 포집된 CO_2가 처리되지 않았다면 t당 50불의 세금이 부과되었을 것이며, 이 세금은 CO_2 저장비용의 최대치로, 세금

이 저장비용보다 적었다면 세금을 내는 것을 선택했을 것이다. 사실 IEA는 2010년에 압축과 저장비용을 t당 16불로 발표하였다. 슬라이프너 프로젝트는 천연가스를 판매하기 위해서 CO_2를 어차피 분리해야 하기 때문에 CCS 입장에서는 CO_2 분리비용이 0이다. 게다가 CO_2 저장층인 웃시라층은 매우 높은 투과도를 나타내며 생산 플랫폼 바로 밑에 있어 수송비용도 0이다. 슬라이프너에서 압축비용은 매우 비싼 해상 작업이기 때문에 비싸다. 그럼에도 불구하고 저장비용은 CO_2 감축 t당 16불 정도이다.

세 번째 사례는 호주 서부의 골곤 프로젝트로 슬라이프너와 마찬가지로 천연가스전이다. 배로우 Barrow 섬에 30년 동안 연간 300~400만 t의 분리된 CO_2를 저장하는 프로젝트로 투자비가 20억 불에 달한다. 이 투자비는 CO_2 주입 t당 18불에 해당하며, 운영비 등은 알려져 있지 않으며 수송비와 분리비용은 0이다. t당 18불은 순수 저장비용의 투자비로 대표적인 추정치가 될 것이다. 지금까지 언급한 비용은 개략적인 것으로 프로젝트가 출범한 이후 비용 상승과 금융비용, 감가상각, 운영비 등을 고려하지 않은 것이다.

부수적인 비용을 잠시 제쳐둔다면, 실제 사례는 저장만 생각할 때 t당 10~20불이 양호한 저장층에 대해 합리적인 비용이며, 320 km 수송비용은 t당 20~30불, 100 km 수송비용은 t당 6~10불이 합리적 비용이다. 프로젝트의 실제 비용에 대한 우리 지식의 격차는 대규모 포집설비에 있으며, 이는 대규모 프로젝트를 실제 운영하기 이전에는 채워지지 않을 것이다. 그때까지는 연소 후 포집에 대해 CO_2 감축 t당 55불을 중간 값으로 생각하는 것이 합리적이다.

결론적으로 말하면, CO_2 감축 t당 70~85불이 다음과 같은 가상 프로젝트의 비용으로 가능할 것이다.

- 250~500 MW의 화력발전소
- 연소 후 포집기술 사용
- 양호한 저장 특성을 가진 고갈 유가스전 같은 저장소에 100 km 거리를 연간 200~300만 t의 CO_2 수송

이 비용에서 금융비용은 고려치 않았으며 실제비용은 이보다 적을 수도 또는 많을 수도 있다.

비용의 불확실성

비용의 불확실성을 고려하는 것은 올바른 비용추정 방법이다. CCS에는 기술적 불확실성뿐만 아니라 건설자재 또는 노동비용의 변동, 사업승인 과정의 속도, 금융비용의 변동이 존재한다. 이 모든 것을 포함한 불확실성은 모든 주요 프로젝트에 고려되고 있으나, CCS 비용 추정을 보다 어렵게 만드는 것은 아직 완전한 대규모 CCS 시스템이 만들어지지 않았다는 점이다. 또 하나의 불확실성은 대부분의 국가에서 CCS를 지원할 명확한 장기정책이 없는 상황에서 CCS 프로젝트를 수행함에 따른 수익의 불확실성이다. 이렇게 불확실성이 누적되면 제안된 CCS 프로젝트가 다른 대규모 프로젝트보다 더 높은 보험료를 지불하게 된다.

주요 프로젝트의 비용 추정 과정은 단계별로 진행된다. 프로젝트의 위험성이 너무 높아 폐기되거나 또는 위험보다 보상이 커서 건설하기로 결정하는 최종 투자 결정 순간까지 단계별로 가용 정보는 점점 더 정확해지고, 공학적 설계는 더 상세해지게 된다. 즉, 비용 추정에 확률이 고려되어 균형잡힌 결정을 내릴 수 있다.

그러나 CCS의 경우 정책의 미확립으로 인한 외부 위험성과 경험에 의존할 수 있는 주요 프로젝트의 부족으로 인해 높은 수준의 불확실성이 존재한다. 이는 재정적 성공에 대한 낮은 수준의 신뢰도를 말하며, 그렇지 않을 경우보다 비용이 20~40% 이상 더 소요된다.

예를 들면 IPCC와 IEA가 인용한 CCS 프로젝트 비용은 이러한 불확실성 비용을 적절히 산정하지 않아 비현실적으로 낮을 수 있다. 반면에 프로젝트 제안자는 실패의 위험성을 최소화하기를 원하며, 너무 신중한 나머지 불확실성에 너무 높은 비용을 할당한다. 따라서 프로젝트 제안자의 비용은 지나치게 높게 나온다. CCS 프로젝트를 최초로 추진하는 사람은 불확실성과 위험성에 높은 비용을 지불할 수밖에 없어 정부가 불확실성의 비용을 지불하거나 다른 연구 사업을 지원함으로써 위험성을 낮추지 않는 한 이를 CCS 프로젝트에 반영해야 한다.

비용 비교

지금까지 CCS 비용이 얼마나 들고 비용의 범위가 왜 그렇게 큰지 설명하였지만, 정책 결정자들은 온실가스 정책을 입안하는 데 어느 정도 비용이 소요되는지 계속해서 질문할 것이다. 가장 좋은 대답은 프로젝트별로 질문에 답변하는 것이다. 동시에 CCS 비용뿐만 아니라 전력비용이 얼마나 들고, 특히 다른 청정에너지와 비교하여 CCS 비용이 어느 정도인지 대답할 필요가 있다.

그 대답은 간단하지가 않다. 전력비용에서 이것이 발전소에서의 비용인지 공급자에서의 비용인지 아니면 소비자에서의 비용인지 구분해야 한다. 배출되는 CO_2 전부를 포집할 것인지 90%만 포집할 것인지도 비용에 영향을 미치는 중요 질문이다. 물론 어떤 연료를 사용하고 그 연료의 비용이 어느 정도인지가 결정적인 질문이다. CCS 비용을 타 청정에너지 비용과 비교하는 것은 서로 다른 에너지 분야의 비용 접근 방법이 다르기 때문에 어렵다. 필요한 배전망 개선비용을 포함시켜야 하는지 아니면 제외시켜야 하는지, 사용하는 물 비용은 어떻게 포함시키는가에 대한 결과는 사과와 배를 비교하는 것과 비슷한 형태로 귀결된다.

John Burgess가 2008년과 2011년 호주 과학공학한림원을 위해 수행한 연구는 다양한 기술의 에너지 비용을 비교하였다. 이 결과는 호주에 국한된 것이며 연료 및 타 비용은 국가별로 엄청난 차이가 난다. 그럼에도 불구하고 여러 가지 기술의 상대적 비용은 대부분 OECD 국가에서는 비슷할 것으로 예상된다. Burgess가 발표한 각 설비의 발전용량당 2015년 기준 투자비는 CCS가 없는 복합 사이클 가스 터빈의 경우 킬로와트당 1,200~1,300불에서 CCS를 포함할 경우 1,900~2,300불이다. CCS 포함 석탄화력발전소의 투자비는 킬로와트당 2,900~4,500불이며 풍력의 경우 2,100~2,900불이다. 태양광은 광전자의 종류에 따라 4,600~5,700불, 지열은 4,000~6,300불이다.

기술이 성숙됨에 따라 시간이 지나면 투자비는 내려가기 마련이다. 초기에는 가스 또는 석탄발전소의 CCS는 태양광보다 2~3배 저렴하다. 그러나 2040년에는 훨씬 줄어들 것이다.

MWh당 달러($/MWh)의 발전원별 발전원가LCOE로 변환하면, 2020년 비용이 바이오메스 스팀의 50$/MWh부터 태양광 전지 평면판의 300$/MWh까지 다양하다. 그러나 2040년에는 70~190$/MWh로 CCS는 이 범위의 중간 정도이다(그림 10.3).

지금까지 거론한 사항을 종합하면 모든 청정에너지의 비용은 전력비용을 증가시키겠지만 향후 20~30년을 지나면 결정될 것이다. 현시점에서 투자비 또는 발전원별 발전원가 때문에 CCS를 포함하여 청정에너지를 에너지 믹스에서 제외시킬 어떤 근거도 없다.

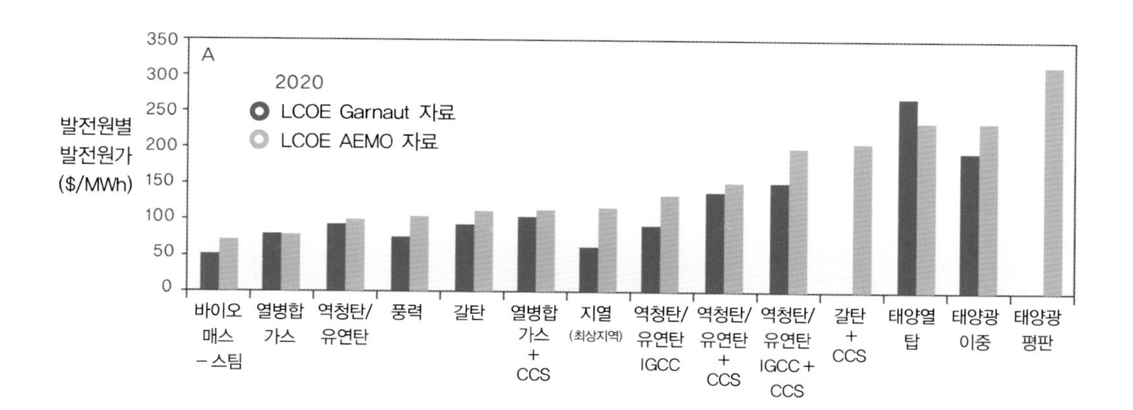

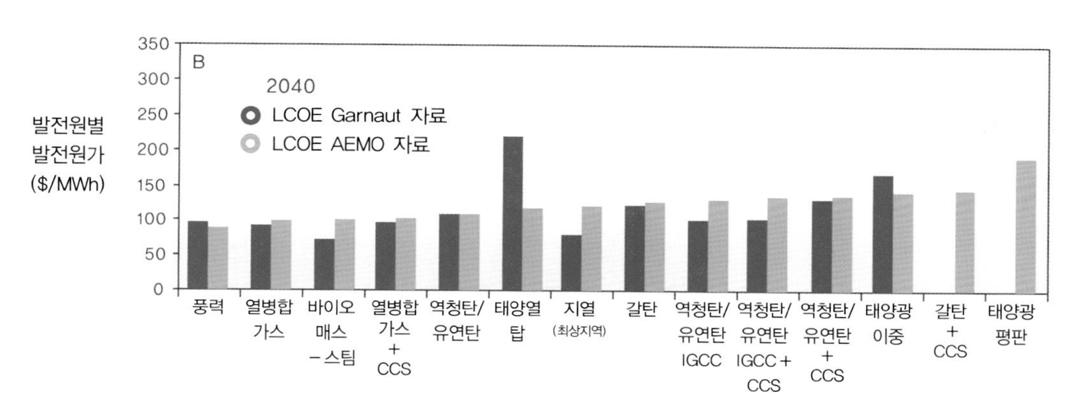

그림 10.3 다양한 에너지 가격을 균등하게 비교하기 위해, 호주 과학기술한림원의 존 버르게스는 (A) 2020년과 (B) 2040년의 발전원별 발전원가를 예측하였다. 이 예측치는 로스 가르넷(Garnaut) 교수의 자료와 호주에너지시장협회(AEMO) 자료를 사용하였다. Garnaut 자료와 AEMO 자료는 서로 비슷한 경향을 보이고 있지만, Garnaut 자료가 AEMO 자료보다 대체적으로 낮았다. 특이한 것은 Garnaut 자료가 2040년 가격에서 태양열이 가장 비싸다는 점이다. 풍력은 가장 낮았다. 2020년의 지열 가격은 상당히 낙관적이다. 다양한 CCS 기술은 전력비용 범위가 넓으나 태양열, 태양광보다는 항상 낮았으며 그중 가스발전 CCS가 가장 낮았다(Burgess 2011).

호주연방과학기술원 CSIRO의 연구는 2050년 기준으로 MW시간당 전력비용을 토대로 중앙 전력생산을 위한 여러 가지 기술들을 조사하였다(그림 10.4). 호주공학한림원 연구와 마찬가지로 호주연방과학기술원 연구에 의하면 어떤 청정에너지 기술을 사용하더라도 기존의 석탄 또는 가스 발전의 전력생산비용과 비교하면 100% 이상 더 비싸다. 발전소에서 100% 비용 증가는 주택 소유자에게는 25~50% 추가 비용을 뜻한다.

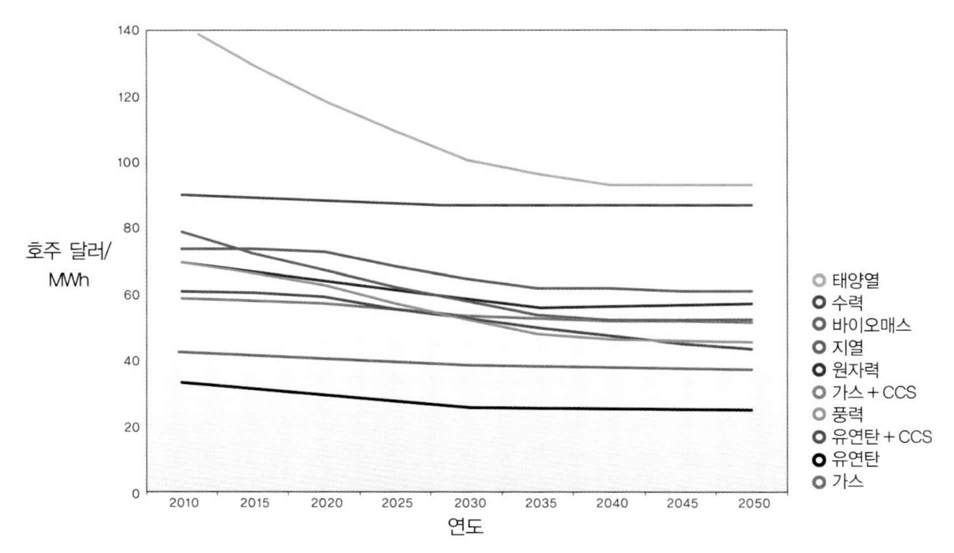

그림 10.4 2050년까지의 비용 전망에 의하면 탄소가격이 없는 경우, 유연탄에 의한 전력비용이 가장 저렴하고 가스가 그다음이다. 태양열의 전력비용이 2040년에 급격히 낮아졌지만 전 기간 동안 타 에너지에 비해 가장 높았다. 수력은 전 기간 변화 없이 높았으며 바이오매스가 그다음을 차지하고 있다. 그다음으로는 풍력, 지열, 원자력, 석탄, 가스+CCS 순이다. 따라서 현시점에 CO_2 감축 비용에서 중간 값을 나타내는 기술들을 제외할 이유가 없다.

또한 2050년까지 태양열, 수력은 전력생산에서 경쟁력이 없으며, 바이오매스 또한 경쟁력이 없어 보인다. 지열, 원자력, 풍력, CCS는 비용 면에서 10~20%의 차이를 나타내며 2050년이 되면 비용이 상당히 감소할 것으로 예상된다. 따라서 호주연방과학기술연구원의 연구가 CCS를 포함한 석탄화력 발전이 2050년까지 MWh당 가장 저렴한 청정에너지라고 주장했음에도 불구하고 CCS 또는 다른 청정에너지를 에너지 믹스에서 제외시킬 어떤 비용적 근거가 없다.

결 론

결론적으로 CCS가 어느 정도 비용이 소요되는지에 대한 정확한 대답은 매우 어렵겠지만, 여러 기관 또는 전문가들이 제시한 CO_2의 포집, 수송, 저장에 대한 비용과 통합 CCS 시스템의 비용, 그리고 현재 운영 중인 또는 건설 중인 프로젝트에서 수집한 비용 자료들은 모두 현 기술개발 수준에서의 예측치와 일치함을 알 수 있다(표 10.1, 10.2).

표 10.1 지난 10년간 증가한 발전소 종류별 CO_2 포집비용

발전소 종류	CO_2 저감 t당 포집비용($US)	
	2003[1]	2009[2]
천연가스복합발전(NGCC)	56	90
연소 후 포집	59	67
순산소	47	51
석탄가스화복합발전(IGCC)	25	41

[1]IPCC 2005에서 평가
[2]Finkenrath 2011에서 평가

표 10.2 발전소 또는 산업별 CCS 적용에 따른 기술별 기준 비용(2002년 기준)

기술별	비용 범위
석탄 또는 가스발전 포집	15~75US$/1t CO_2 순 포집
수소와 암모니아 생산 또는 가스 처리 포집	5~55US$/1t CO_2 순 포집
기타 산업용 포집	25~115US$/1t CO_2 순 포집
수송	1~8US$/1t CO_2 순 포집
지중저장	0.5~8US$/1t CO_2 순 포집
지중저장 모니터링	0.1~0.3US$/1t CO_2 순 포집

* IPCC 특별보고서에서 차용

이 장에서 여러 번 강조했듯이, 비용은 프로젝트 별로 일정 수준의 신뢰도 기준으로 추정될 수 있으며, 현재 운영 중인 대규모 CCS 프로젝트가 없는 관계로 근본적인 불확실성은 상당한 추가 비용 위험을 내재하고 있다. 이런 사항을 모두 명심해도 양호한 지역에서는 CCS 프로젝트가 CO_2 감축 t당 약 100불에 가능하며, t당 20~30불 정도의 저장 기회가 근방에 있는 가스 분리 공정 또는 산업 공정의 경우는 100불보다 훨씬 낮은 가격에 감축이 가능할 것으로 예측하는 것이 현실적이다.

CCS와 태양열, 지열과 같은 청정에너지의 비용은 향후 10년 동안 감소될 것이다. 그러나 이를 위해서는 CCS 또는 다른 청정에너지의 대규모 프로젝트를 수년 안에 시작해야 한다. 운영 중인 발전소를 CCS로 개량하는 것도 어떤 상황에서는 신규 건설보다 비용 면에서 효율적이기 때문에 무시해서는 안 된다. 모든 청정에너지처럼 CCS도 전력비용을 높인다는 것은 의심의 여지가 없다. 그러나 CCS는 비용 면에서 모든 청정에너지 기술의 중간 정도의 자리를 차지하기 때문에 CO_2 감축 포트폴리오에 포함시켜야 한다.

다음 장은 CCS 비용에 대한 질문을 온실가스 정책의 일환으로 토론해볼 생각이다.

제11장 청정에너지 기술과 정책

에너지는 인구증가, 물 공급, 빈곤 감소, 건강, 자원, 식량 부족, 기후를 포함한 중요한 이슈들과 밀접한 관계에 있다(그림 11.1). 기후변화를 이러한 이슈들과 별개로 볼 수 없으며, 동시에 세계적 해악을 모두 망라하는 하나의 글로벌 통합 계획으로 해결할 수 있는 것도 아니다.

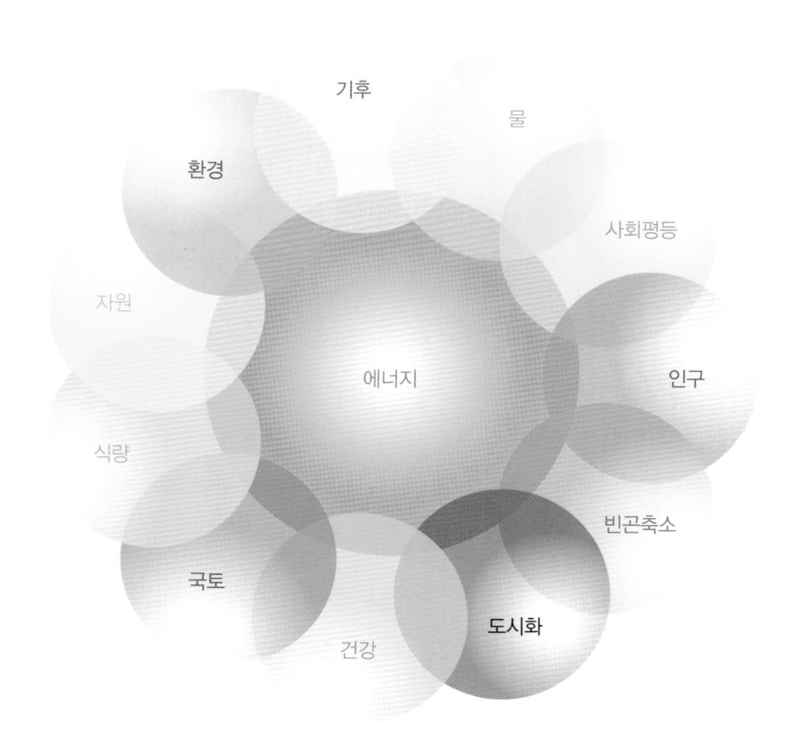

그림 11.1 에너지는 경제, 사회, 환경, 기술 등 다양한 이슈들과 밀접한 관계에 있다. 이들 사이의 상호작용과 다원적 접근법을 취해야 하는 필요성이 청정에너지 정책을 수립하는 데 걸림돌로 작용하고 있다.

따라서 지금은 기후변화가 일어나고 있는 중이며 CO_2 배출 수준을 감소시킬 필요가 있다는 사실에만 집중하자. 다행인 것은 청정에너지를 생산하는 다양한 기술이 존재한다는 점이며 불행인 것은 대부분의 경우 이를 사용치 않는다는 점이다.

해결책을 제공하는 단 하나의 기술은 없으며 다음의 포트폴리오와 기술이 모두 필요하다(그림 11.2). 이상적인 청정에너지는 없으며 각 기술은 장단점을 가지고 있다. 대부분의 경우 가장 큰 문제는 공급의 중단이며, 또 다른 어려움은 규모의 문제이다. 모든 청정에너지는 어떤 형태로든 환경적 이점이 있으며 어떤 것은 다른 것에 비해 장점이 크다.

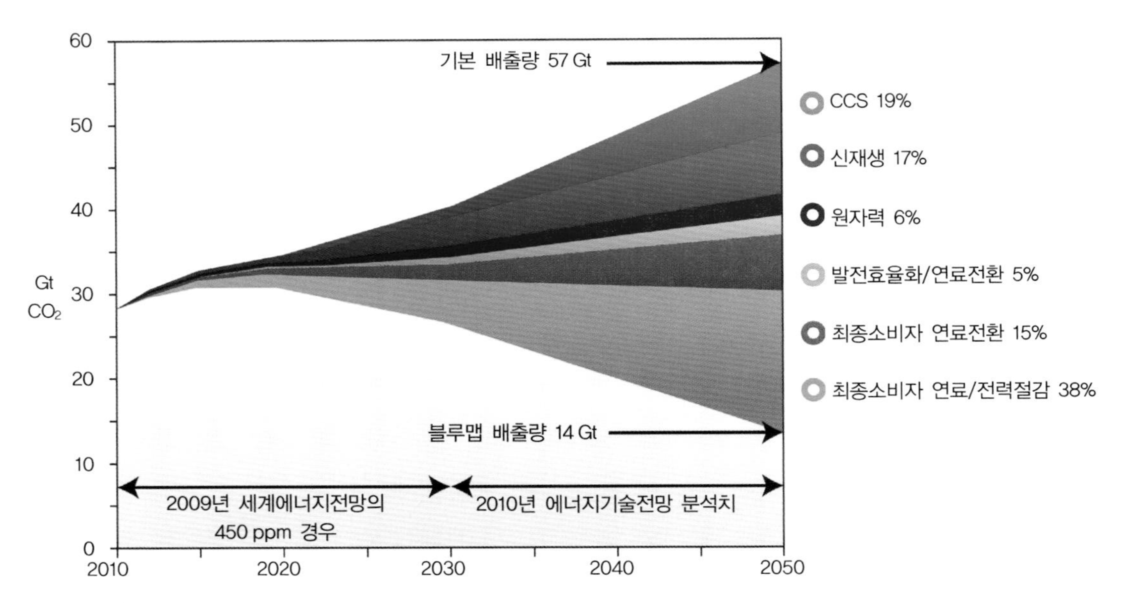

그림 11.2 다양한 종류의 온실가스 감축수단이 있으나 2050년까지 배출량을 획기적으로 감축하기 위해서는 모든 기술이 다 필요하다는 것을 나타내고 있다. 국제에너지기구가 발표한 2050년까지의 Blue－Map 시나리오는 2030년까지는 세계에너지전망(WEO) 자료를, 2050년까지는 에너지기술전망(ETP) 자료를 사용하였다. 이에 따르면 기존대로 배출하는 경우와 비교하여 48 Gt의 CO_2를 감축해야 한다고 주장하고 있다(OECD/IEA 2008).

2020년의 CO_2 감축목표를 달성하는 데 바로 지금 직접적으로 공헌할 수 있는 청정에너지 기술이 있는 반면에, 아직은 현실화되지 않았지만 훨씬 어려운 2050년 감축목표를 달성하는 데 결정적인 청정에너지도 있다.

어떤 사람은 재생에너지, 예를 들면 CO_2 저장을 포함, 태양에너지와 풍력과 같은 재생에너지가 현재의 전력 소비량을 모두 또는 적어도 10년 이내에 충족시킬 수 있다고 주장한다. 반면에 어떤 사람은 청정에너지는 현재의 기술개발 수준에서는 비실용적이며 단지 과학기술적 열망에 지나지 않는다고 주장한다.

미래의 강제 탄소감축 사회를 위한 전략

이미 많은 국가가 2020년 또는 2050년의 CO_2 감축목표를 설정하였다. 예를 들면, 호주의 2020년 목표는 2000년 배출 대비 5%를 줄이는 것이며 이는 평소와 같은 추세와 비교하면 20%를 줄이는 것이다. 2050년 목표는 달성하기 훨씬 더 힘든 배출량의 80%를 줄이는 것이다. 유렵의 국가들도 비슷한 목표를 설정하였다.

2020년과 2050년의 감축목표를 달성하기 위해 먼저 전체적인 청정에너지 기술 전망을 조망한 다음, 이에 필요한 규모와 시기의 개별 청정에너지를 고려하는 것이 바람직하다. 다시, 호주의 경우로 돌아가 2020년 감축목표를 달성할 수 있는 기술을 검토해보자. 기본적으로 2020년 감축목표를 위한 선택은 이미 정해져 있다. 즉, 현재 활용되고 있는 청정에너지를 기본으로 해야 하며 이들은 풍력과 태양광에서 일부, 그리고 석탄을 가스로 전환하는 것이다. 또한 에너지 효율 증대와 CO_2의 토양 흡수도 포함한다. 개발도상국의 CO_2 감축 활동으로부터 얻어진 탄소 배출권의 구매도 포함된다. 이 기간 동안 대규모 태양광, 지열, CCS 프로젝트로부터는 상당한 감축을 기대할 수 없다. 예외적인 것은 천연가스와 액화천연가스에 적용되는 CCS다. 서부 호주의 골곤 프로젝트가 2015년에 연간 300~400만 t의 CO_2를 저장하게 될 것이다. 그리고 천연가스 프로젝트에서도 CO_2 저장이 시작될 것이다. 2020년 감축목표는 기존의 기술과 청정개발체제 등을 통한 탄소배출권의 구매, 재생에너지 강제할당조치 MRET와 같은 규정을 활용해 달성될 것이다.

t당 23불로 정해진 호주 탄소가격은 2020년까지 청정에너지 기술 정착에 커다란 영향을 미치지는 못할 것이다. 호주생산성위원회 Productivity Commission의 조사에 의하면 규정으로 2020년 감축목표를 달성하기 위해서는 엄청난 비용이 들 것이라고 한다.

5%를 감축하는 2020년 목표는 달성 가능하다. 그러나 훨씬 어려운 2050년 감축목표를 달성하기 위해 필요한 것은 무엇인가? 호주 재무성에 의한 2050년 경제 모델링은 전력의 51%를 재생에너지(지열 21%, 풍력 18%, 태양광 5%, 수력 4%, 바이오매스 3%)에서 31%를 CCS를 포함한 석탄과 천연가스에서, 나머지 18%는 CCS가 없는 화석연료에서 충당하는 것으로 되어

있다. 지금까지 호주가 제조업에서 경쟁력 있는 혜택을 본 것이 있다면 그것은 화석연료와 광물, 그리고 저렴한 에너지에 대한 손쉬운 접근성에 있었다. CO_2 배출에 가격을 매기게 되면 이러한 혜택은 줄게 되고, 탄소가격이 매우 높게 책정되면 사라지게 될 것이다.

이는 탄소가격에 대한 이의를 제기하는 것은 아니라 2020~2050년 청정에너지경제로 가는 데 가장 현실적인 기술이 무엇인가 고민하고 정부는 새로운 경쟁력 있는 제도를 찾아야 한다고 주장하는 것이다. 예를 들면 호주와 같은 나라는 풍력을 적용하는 데 특별한 이점이 없으며, 서부 유럽의 대서양 연안 국가가 바람이 훨씬 강력하다. 마찬가지로 풍력용 터빈을 생산하는 데에 기술도 있으며 거대 국내 시장과 저렴한 비용 구조를 가지고 있는 중국이나 유럽에 비교하여 경쟁력이 떨어진다.

파력, 조력, 수력 에너지의 경우도 마찬가지이다. 그러나 호주에서 이러한 기술을 개발하거나 적용하는 것을 포기하라는 말은 아니다. 비용 면에서 효율적으로 적용해야 한다는 말이다. 논쟁은 다음과 같은 분야로 전개된다. 특정 재생에너지가 대규모 탄소 저감을 가져오지 못함에도 불구하고 여기에 투자하는 이유는 많은 녹색 일자리가 만들어질 것이기 때문이다. 그러나 실제로 녹색 일자리가 만들어졌는가? 녹색 일자리가 탄소강제감축사회에서 더 이상 존재하지 않는 화석연료 산업 또는 광산업의 고소득 일자리를 대체하지는 않았는가? 현재의 녹색 일자리란 대중이 기대하는 하이테크 일자리보다는 타 지역에서 만들어진 태양광 패널이나 터빈을 설치하는 일자리에 불과하다.

물론 예외는 있다. 그러나 녹색 경제에 대한 현실 감각을 지니고 있는 것이 중요하며, 그렇지 않으면 녹색 일자리 대신 녹색 키메라*를 쫓고 있는 우리를 발견하게 될 것이다.

많은 국가는 이미 준비가 된 비용 효율적이며 대규모의 전력생산을 확보할 수 있는 기술에 크게 의존하고 있다. 현재의 기술성숙도 기준으로 2020~2050년 기간에 호주와 같은 나라에 이와 같은 잠재력을 가진 청정에너지는 태양열, 지열, 그리고 석탄, 천연가스, 바이오매스에 대한 CCS이다. 원자력이 없는 상황에서 국가 프로그램이 비용을 고려한 현실적인 평가를 받게 하기 위한 명확한 단계목표를 가지고 이러한 세 가지 청정에너지에 집중하는 것이 바람직하다.

호주가 이러한 세 가지 청정에너지에 집중할 이유는 무엇인가? 태양에너지의 경우 호주는 전 세계에서 가장 화창하고 건조한 선진국 중 하나라는 자연적 이점을 가지고 있다. 그보다는 호주가 태양에너지에 대한 연구와 혁신에 대한 훌륭한 경험을 가지고 있기 때문이다. 그러나 이는 상업적 성공으로 연결됨을 뜻하지 않기 때문에 태양에너지 연구개발 성공에서는 상업적 성공에 초점을 맞추어야 한다. 태양광과 태양열 중 어디에 초점을 맞추어야 하는가? 2016년까지 두 분야를 모두 추진한 후 어느 것이 승자가 될지 판단하는 것이 바람직하다.

---

* 키메라 : 그리스 신화에 나오는 괴물. 머리는 사자, 몸은 양, 다리는 뱀의 형상을 하고 있다.

지열에서 호주는 고온파쇄암반HFR에 가장 적합한 지질을 보여주고 있으며 지구과학 분야의 선도 국가이며 지식 기반도 탄탄하다. 비슷한 중점 분야인 CCS도 호주의 풍부한 화석연료와 수백 년 동안 충분한 저장 공간, 그리고 급성장한 화학공학과 지구과학의 토대를 그 이유로 들 수 있다.

지금까지 말한 중점 분야 또는 2020년 이후의 청정에너지에 대한 설명에 동의하지 않을 수 있다. 그렇게 되면 호주는 청정에너지 분야에서 아무것도 할 수 없게 된다. 태양에너지, 지열, CCS 분야의 명확한 강점을 유지하도록 해야 하며 이를 통해 CO_2 감축 기회와 안정된 전력 기저부하를 최대화해야 한다.

다른 나라들도 호주와 마찬가지로 청정에너지에 대한 자신들의 프로그램을 통해 자연에너지의 혜택이 어디에 있는지 평가하고, 이들 혜택을 탐색하기 위한 계획을 개발하여야 한다.

CO_2 배출감축목표 달성

2020년 이후 청정에너지 적용에 초점을 맞춘 청정에너지개발 프로그램이 어떻게 작동하는가? 각각의 청정에너지는 2020년까지 기저부하 500 MW를 생산하는 것이 목표이다. 이 목표를 달성하기 위한 수단은 청정에너지들 사이의 경쟁이 아니라 각각의 기술을 2020년까지 광범위하게 적용하기 위한 최종 투자 결정의 기초를 제공하기 위한 국가 프로젝트이다. 이 프로젝트는 연구계와 밀접하게 협의하여 정부와 산업계가 정해야 한다. 상세 계획이 세워지면, 민간 기업이 책임지고 정해진 비용과 시간 안에 성과물을 완성하도록 입찰을 시행해야 한다.

이는 지금까지 해왔던 규정과 강제 목표, 주력 프로젝트, 저탄소가격을 통합한 전략과는 상당한 차이가 있다. 과거의 전략은 대규모 청정에너지가 필요할 때 이를 제공하지 못한다. 2020~2050년을 목표로 하는 이와 같은 대규모 프로젝트에 대해 양당의 지지를 얻는다면 성공적인 장기 감축전략 개발에 대한 전망은 훨씬 더 밝을 것이다.

효율적이고 비용 효과적인 에너지 저장 시스템이 2020년까지 개발된다면, 2020~2050년 동안 풍력과 태양에너지로부터 더 많은 감축을 달성할 수 있다. 이 때문에 과거 에너지 저장에 대한 연구개발을 강조했던 것이다. 만약 2020년까지 효율적이고 비용 효과적인 에너지 저장 시스템이 개발되지 못하면 풍력은 2020년 이전에 최대치에 도달할 것이며 전체 감축의 20% 이하를 담당하게 된다. 마찬가지로 태양광도 2020년까지 그다지 큰 효과를 보지 못하게 될 것이다. 단, 고립된 지역에서는 효율적인 에너지 저장 시스템이 없어도 중요한 역할을 한다.

대규모 태양열은 2020년 이전에는 적용되기 힘들며 2030~2040년 기간이 현실적인 적용시기가 될 것이다. 고온균열암석을 제외한 지열은 2020년까지 적용될 가능성이 있다. 그러나 2030년 이전에는 전력공급에 큰 기여를 하기는 힘들며 2050년까지 21%를 담당하는 호주 재무성의 조사 결과는 의문시된다.

2030년 이전에는 고온염수층 지열에 의한 기여가 크겠지만 2030년 이후에는 고온균열암석 지열에 의한 기여가 대부분일 것이다. 2020~2030년 기간에는 원자력에너지에 대한 재고가 있을 것이다. 그러나 2020~2030년 기간의 가장 큰 특징은 호주를 비롯한 많은 나라가 계속 화석연료에 크게 의존하고, 결과적으로 CCS가 감축 포트폴리오의 중요한 부분을 차지할 것이다. 만약 대규모 CCS 개발이 정부와 산업체에 의해 이루어지지 않는다면, 장기 감축목표가 달성될 전망은 전혀 없다. 따라서 이는 국가 감축목표의 엄청난 후퇴이기 때문에 이러한 일이 일어나지 않도록 해야 한다. 정부와 산업체는 2020년 이후 최종 투자 결정과 상업적 적용이 제시간에 이루어지도록 2020년까지는 CCS를 추진해야 한다.

몇몇 천연가스가 풍부한 국가는 석탄발전에 CCS를 적용하는 것보다는 가스 처리 및 가스 발전소에 CCS를 적용하는 것이 더 중요할 수 있다. 또한 비료, 제철 산업에 CCS를 적용하는 것이 중요할 수 있다.

전력 수요와 결합된 석탄액화와 석탄수소변환 프로젝트가 2025~2030년 기간에 중요할 수 있다.

호주는 CCS 기술의 조기 사용자로서 2020년 이후 CCS를 적용하는 데 커다란 영향을 미칠 수 있다. 전 세계에서 석탄의 최대 수출국으로서 호주는 석탄화력발전소에 CCS를 적용하는 데 중요한 역할을 하게 될 것이다.

청정에너지 믹스에서의 CCS

지금부터는 CCS에 대해서, 특히 2020년 이후 대규모 CCS 적용에 필요한 조치 사항에 대해 논의하고자 한다. 현재는 우리가 필요로 하는 규모로 CCS가 시행되지 못하고 있다. 여기에는 두 가지 이유가 있다. 기술적 불확실성과 정책적 불확실성이다. 사실 이러한 불확실성은 모든 대규모 에너지 기술이 직면하게 되지만 여기서는 CCS에 대해서만 설명하고자 한다.

CCS 기술에 대해 자주 거론되는 이슈는 CCS가 비용이 너무 많이 든다는 점이다. 여기서 높은 비용에 대한 기준은 무엇인가? 재래식 석탄화력발전소에서 생산되는 전력비용을 기준으로 삼는다면, 모든 청정에너지는 너무 비싼 것이 현실이다. 따라서 현재 10년, 20년, 30년 후 CO_2 감축 t당 비용이 적은 것이 무엇인지를 밝혀내야 한다.

10장에서 결론 냈듯이, 전력생산비용을 기준으로 CCS는 저렴한 측에 속한다. 많은 국가에서 풍력과 태양광은 적용되고 있지만 CCS는 그렇지 못하다. 그렇다면 CCS가 풍력과 태양광보다 비싸다는 이야기인가? 그 답은 물론, '아니다'이다.

현재 많은 국가에서 정부 정책에 의해 풍력과 태양광은 높은 보조금을 제공받고 있다. 호주생산성위원회의 2011년 보고서는 10개국에 대한 다양한 청정에너지 비용을 조사하였다. 이에 의하면 몇몇 청정에너지 기술을 적용하기 위해 믿기 힘든 비용이 발생함을 알 수 있다(그림 11.3). 예를 들면, 호주에서 태양광 적용을 위한 다양한 보조금을 합치면 CO_2 감축 t당 431~1,043불 사이이다. 이보다 더 비싼 국가도 있다. 이 비용을 기준으로 한다면 CCS는 태양광보다 훨씬 저렴하다.

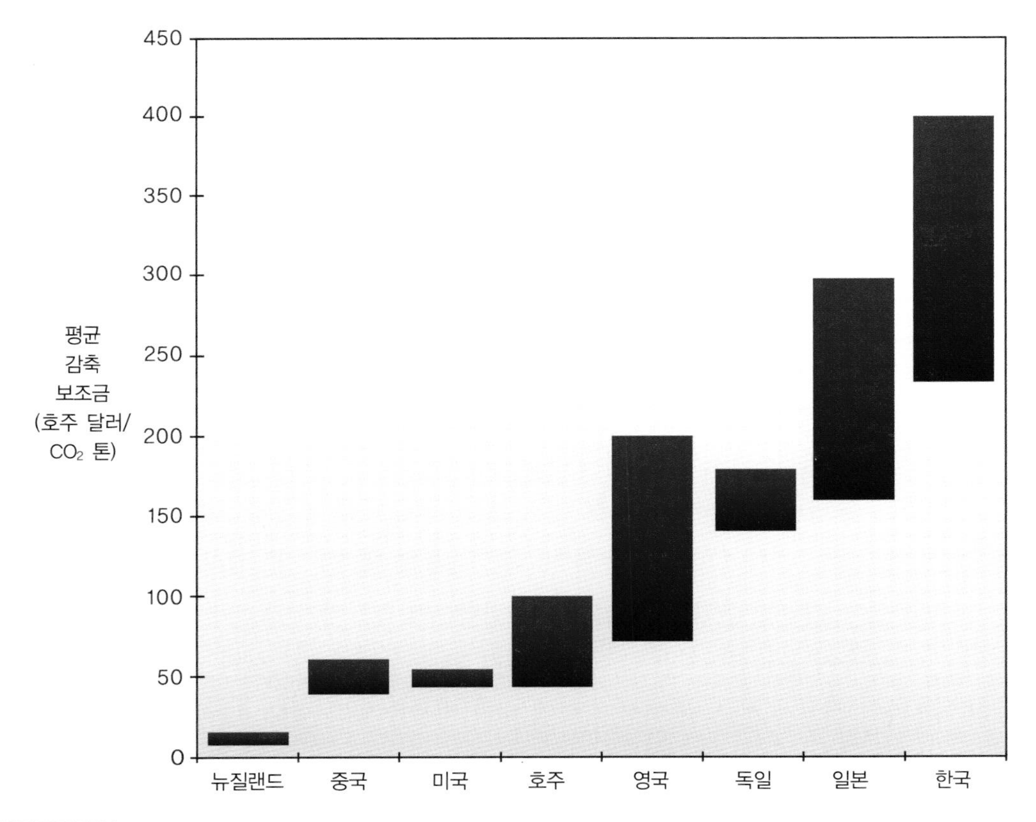

그림 11.3 각국의 CO_2 감축 보조금 현황(호주생산성위원회, 2011)

2010년 보고서에 의하면 전력 연구소는 호주의 전력생산 단가를 다음과 같이 발표하였다.

- CCS를 제외한 석탄화력발전소는 $78~91/MWh
- CCS를 제외한 복합사이클 가스 터빈은 $97/MWh
- 풍력은 $150~214/MWh
- 중간 규모의(5 MW) 태양광은 $400~473/MWh

이미 언급했듯이, CCS가 지역에 따라 비용 차이가 많이 나기 때문에 CCS 프로젝트 비용을 결정하기가 쉽지 않다. 하지만 폴페론과 링컨 페터슨이 2011년에 발표한 CCS를 위한 부대경비가 55~65불 수준이거나 석탄화력 CCS 또는 천연가스 CCS가 10장에서 거론한 t당 100불 수준이라도, 이는 풍력비용 범위의 낮은 수준이며 5 MW 태양광의 절반 수준밖에 되지 않는다. 이 이야기가 다른 청정에너지를 제외시키고 CCS에만 집중해야 한다는 뜻은 아님을 강조해야 한다. 오히려 청정에너지 분야에 CCS를 포함시키는 것이 필요함을 뜻하는 것이다.

태양광, 지열, CCS 등의 모든 대규모 기술은 향후 적용이 늘어날수록 비용이 낮아질 것이다. 그 규모는 각 기술의 성숙도에 좌우될 것이다. 이런 경향에도 불구하고 로스 가르노트와 호주 에너지 시장 운영 협회AFMO가 발표한 2050년의 예상 비용은 지속적인 CCS의 비용 경쟁력을 보여주고 있다.

기후변화에 관한 정부 간 협의체IPCC의 특별보고서는 청정에너지에 CCS를 포함시킬 경우 그렇지 않은 경우보다 감축 경비를 1/3 감소시킬 것이라고 결론지었다. 이러한 평가를 수정할 이유는 없다. 현재 우리는 화석연료발전소에 CCS를 포함시킬 경우 정확한 비용을 알기에 어려움이 있다. 그 이유는 그러한 것이 건설되거나 운영된 적이 없기 때문이다.

그러나 고온균열암석을 이용한 지열이나 태양광, 태양열의 대규모 발전소도 건설된 적이 없다. 건설비와 운영비를 높은 신뢰도로 알 수 있는 대규모 발전소는 수력, 원자력, 재래식 화력(석탄, 가스, 바이오매스)발전소 뿐이다. 다른 대규모 에너지 시스템의 비용은 정도의 차이는 있지만 불확실하다. 우리는 또한 현재의 전력분배 인프라가 CCS와 호환이 되며 화석연료의 미래 비용이 불확실하지만 CCS가 에너지 확보 문제를 야기하지 않음을 알고 있다. CO_2 파이프라인 건설과 시추 및 지하 작업에 대한 비용을 알고 있다. 따라서 CCS와 관련된 대부분의 비용을 다른 대규모 청정에너지보다 확실하게 알고 있으며 따라서 CCS가 비싸다고 주장할 어떤 근거도 없다.

CCS를 반대하는 측이 주장하는 두 번째 비판은 CCS가 입증되지 않은 기술이라는 점이다.

이는 이미 거론하였지만 다시 한 번 설명하는 것이 필요하다. CCS는 다음과 같은 이유로 이미 입증된 기술이다.

- CO_2 포집은 비록 그 규모를 10~100배 증가시켜야 하지만 이미 많은 발전소와 공장에서 시행 중에 있다.
- 수백만 t의 CO_2가 매년 파이프라인을 통해 이송되고 있다.
- 수백만 t의 CO_2가 매년 주입되는 실증 또는 상업 규모의 저장 프로젝트가 전 세계적으로 수년 동안 운영되고 있다.

CCS는 입증된 기술이다. CCS가 위험하다는 인식은 CCS는 잘 모르는 기술이며 CO_2를 위험물로 여기기 때문이다. 그러나 인간이 이 지구 상에 출현한 이래 CO_2가 지하에 부존되어 있는 지역 위에서 살고 있고 CO_2가 포함된 온천에서 온천욕을 즐기고 있으며 CO_2가 들어있는 지하수를 마시고 있다. 천연가스 저장소도 전 세계 여러 곳에 분포되어 있으며, 수백만 t의 CO_2가 원유 증산을 위해 수십 년 동안 이송되고 지하로 주입되고 있으며, 많은 사람이 CO_2 관련 지역 근방에 살고 있다. 식품산업에서는 많은 수의 소규모 CO_2 포집설비가 운영되고 있으며 발전소의 포집설비는 훨씬 크지만 일상적으로 운영 중인 다른 산업 설비와 비슷한 규모이다.

수백만 t의 가압된 CO_2를 지하에 주입하는 개념은 대부분 사람들에게 생소하기 때문에 지역 주민들이 위험하다고 생각하고 있다. 일례로 네덜란드의 바렌드렉트 지역 주민들이 수백 년 동안 천연가스전이 있는 곳에서 아무 문제 제기도 하지 않고 살아왔지만, 천연가스를 모두 생산한 지금 이곳에 비폭발성, 비휘발성인 CO_2를 주입하는 데 반대하고 있으며 CO_2를 위험한 것으로 인식하고 있다.

우리는 위험을 삶의 중요한 부분으로 받아들이며 살고 있다. 2010년 바렌드렉트 옆 동네에서 자전거를 타는 남자가 자전거 앞에 큰 박스를 놓고 8명의 헬멧도 안 쓴 4~5살 어린 아이들을 태우고 가는 걸 보고 깜짝 놀랐다. 물어보니 네덜란드에서는 여러 명의 어린아이를 수송하는 방법으로 자전거를 자주 사용한다고 들었다. 어떤 나라에서는 이와 같은 행동이 어린아이에게 엄청나게 위험한 일로 여겨지며 아마도 체포될 것이다. 따라서 위험하다는 개념은 개인에 따라, 국가에 따라, 문화에 따라 서로 다름을 알 수 있다. 위험을 받아들이는 일반적인 기준은 위험은 상대적으로 작고 혜택은 큰 경우이다.

CCS의 문제점은 혜택은 대기 중의 CO_2 농도 감소에 따른 전 지구적 혜택이지만, 위험은 저장소 인근에 사는 주민이나 지역사회가 되기 때문이다. 이런 똑같은 문제는 수력발전소, 풍력, 지열과 같은 다른 청정에너지에서도 발생할 수 있다. 따라서 이런 문제는 CCS에 국한된 것은 아니다. 이런 문제에 대한 해결책은 전 지구적 환경을 향상시키는 좋은 일에 의지하는 것보다는 영향을 받는 개인이나 지역에 보다 실질적으로 보상을 하는 것이다.

개인이나 지역민이 새로운 기술과 실질적 혜택을 보다 강하게 연관 지으면 지을수록, 지역민은 예상되는 위험을 보다 쉽게 받아들이게 된다. 개인이나 주민이 CCS와 같은 새로운 기술이 효과적으로 규제되고 지속적인 관측으로 CO_2가 실제로 대기 중으로 누출될 위험은 매우 낮다는 점을 인식하도록 노력하는 것도 매우 중요하다. CCS로부터 야기되는 어떤 위험도 일상생활에서 허용되는 수많은 활동에서 일어나는 위험보다 낮다. 위험성은 CCS를 청정에너지 구성에서 제외할 어떤 기준이 되지 못한다.

CCS가 다른 청정에너지와 비교하여 비싸지 않고, 위험하지 않고 이미 입증된 기술이라면 장기 에너지 구성에서 무엇이 중요한가? IEA, IPCC를 포함한 다양한 연구결과는 우리에게 모든 에너지원이 필요하며 모든 감축수단이 필요하다고 결론지었다. 필요한 감축수단은 나라마다 다를 것이다. 어떤 나라는 원자력을 제외할 것이고, 어떤 나라는 원자력이 계속해서 중요한 부분을 차지할 것이다. 어떤 나라는 바이오매스가 전체 에너지의 상당 부분을 차지할 것이다. 각 나라는 자신만의 CO_2 감축 계획을 가지고 있으며 어떤 나라는 CCS를 전혀 고려치 않을 수도 있다. 그러나 많은 국가가 많은 양의 저렴한 화석연료와 CO_2 지중저장에 적합한 지질을 가지고 있기 때문에 CCS를 포함한 화석연료 사용을 지속할 것이다.

전 지구적 CO_2 배출을 감소시킬 시급한 필요성을 추구하는 데 사회적 형평성을 잃지 말아야 하는 것이 중요하다. 예를 들어, 세계은행은 개발도상국의 석탄화력발전소에 대한 재정지원을 규제하는 것을 고려하고 있다. 2010년에 남아프리카의 석탄화력발전소 건설에 37.5억 불을 융자해준 세계은행에 대한 비판의 목소리가 높다. 반면 전 세계 10억 이상의 사람들이 전기가 부족하고 가정에서 고체 연료 사용으로 인한 연기에 노출되어 건강에 문제가 있는 실정이다. 전 지구적 CO_2 배출을 감소시키기 위해 세계은행이 취하는 조치가 가장 가난한 사람들에게 짐을 지운다면, 이는 불공평하며 CO_2 배출 감소를 위한 전략에도 합당하지 않다. 세계은행의 보다 나은 접근 방법은 당연히 개발도상국으로 하여금 그들의 화석연료를 CCS를 포함, 보다 청정하고 영리하게 사용하도록 돕는 일이다.

CCS를 비판하는 목소리는 석탄 사용을 계속한다는 점이다. 이에 대한 반론은 CCS 없이도 석탄을 포함한 화석연료의 사용이 앞으로도 계속 증가할 것이라는 점이다(그림 11.4). 호주가 전 세계 최대 석탄 수출국이란 이유로 석탄 사용에 대한 활발한 토론이 일어나고 있는 중이다. 이 중 석탄 수출을 중단해야 한다는 견해도 있다. 그러나 호주가 가장 큰 수출국이기는 하지만, 전 세계 석탄 생산의 6%만을 생산하고 있으며, 호주의 수출은 인도네시아, 남미, 남아프리카의 석탄으로 대체하는 것이 용이할 뿐만 아니라 현재 최대 생산국인 중국과 같이 매장량이 풍부한 나라의 생산 증가로 대체하는 것은 더 쉽다. 그보다 현실적인 문제는 석탄 수출이 몇몇 나라에서는 매우 중요한 수입원으로(호주의 경우 연간 550억 불) 이를 다른 수입원으로 충당하는 문제는 심각해질 수 있다. 예를 들면 이를 재생에너지 산업으로 충당하는 경우 550억 불의 수입원은 연간 10,000개의 5 MW 풍력 터빈을 생산하면 달성할 수 있는 수준이다. 이는 현재 전 세계에서 생산되는 풍력 터빈 연간 생산량보다 많은 것이다. 주요 석탄 수출국인 호주, 남아프리카, 인도네시아는 현재 풍력 터빈을 생산하고 있지 않기 때문에 어떻게 이를 달성하느냐는 현실적인 문제가 남아 있다.

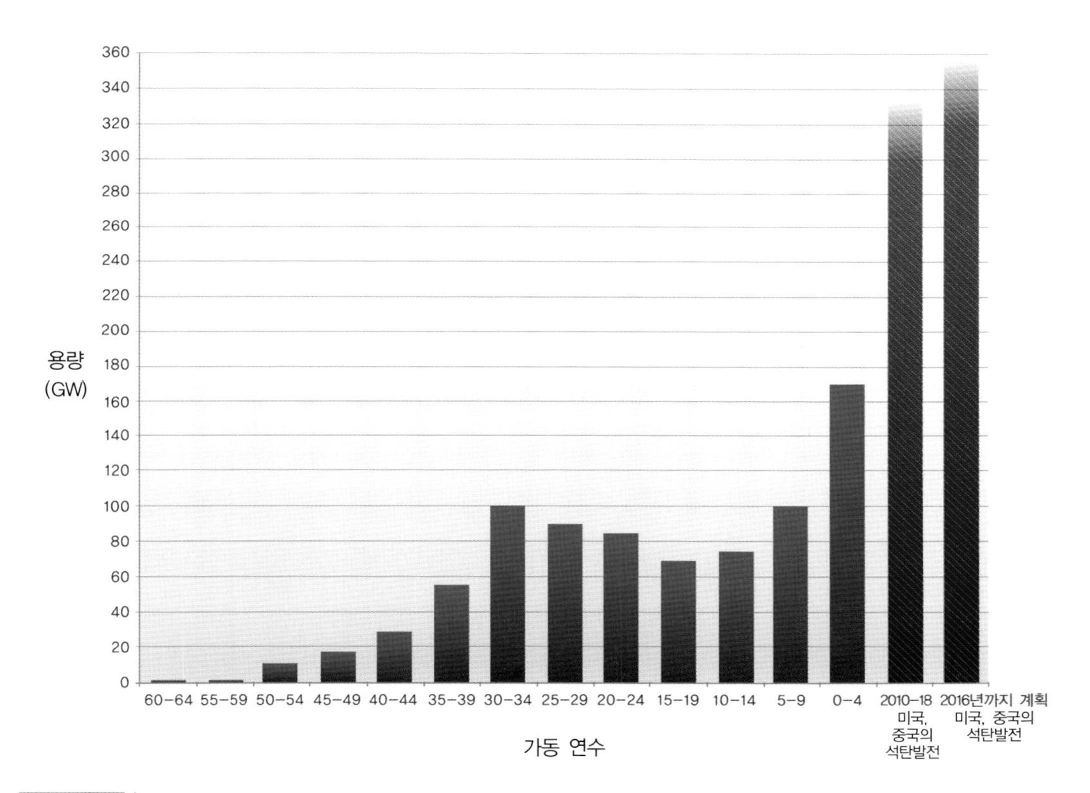

그림 11.4 전 세계 발전소 가동 연수에 의하면 CCS를 적용하지 않는 한 향후 수십 년간 CO_2를 계속 배출할 것으로 전망된다(Platts 2008, Shuster 2011).

제안된 프로젝트 사례

미국 일리노이 퇴적분지의 데카투르 프로젝트

데카투르 프로젝트는 중서부 CO_2저장광역협력사업에 의한 2단계 프로젝트다. 1단계에서는 아쳐 다니엘 미드랜드 에탄올 공장에서 100만 t의 CO_2를 포집하여 연간 30만 t씩 3년 동안 심도 2 km의 마운트 사이먼 사암층에 주입하였다. 1단계는 2011년 후반에 시작되어 강력한 저장소 특성 파악 프로그램이 진행되었다. 2013~2014년의 2단계에서는 보다 확장된 프로그램으로 연간 100만 t씩 총 250만 t의 CO_2가 저장될 것이다.

그린젠 프로젝트

그린젠 프로젝트는 중국 천진에 위치한 650 MW 발전소에서 석탄가스화에 의해 합성연료와 고순도 CO_2를 생산하여 유전의 원유 증산에 사용하는 프로젝트이다. 총비용 10억 불이 소요되는 이 프로젝트는 이미 250 MW 공장이 건설되고 있으며 2016년에 650 MW 공장이 건설될 예정이다.

휴처젠 프로젝트

미국의 대표적 CCS 프로젝트인 휴처젠 프로젝트는 200 MW 순산소 발전소에서 연간 130만 t의 CO_2를 포집하여 일리노이 주 메레도시아에 있는 2 km 심도의 마운트 사이먼 사암층에 저장하는 프로젝트이다. 2015년부터 운영할 계획으로 있으며 7개의 해외 기업과 미 에너지성이 재정을 지원하고 있다.

석탄 또는 액화천연가스의 판매를 CCS의 촉진 및 지원과 연계시키는 '탄소관리' 접근법이 탄소경감사회에서는 보다 실질적이다. 이는 석탄을 판매한 후 그 결과에 대해선 상관하지 않는 것보다 훨씬 도덕적이다. 호주가 핵확산방지조약에 가입한 국가에만 우라늄을 수출하는 방식과 마찬가지로 CO_2 감축에 영향력을 행사할 수 있을 것이다. 수출국이 수입국에 대해 영향력을 행사하는 데는 한계가 있으나, CO_2 배출을 제한하는 국제조약이 없는 상황에서 적절한 조치는 석탄이 보다 청정하고 효율적으로 사용되도록 어떤 기술을 적용하는 데 도움을 주는 것이다.

CCS를 포함하든, 포함하지 않든, 인도나 중국 같은 국가는 기존의 석탄화력발전소를 향후 10년 동안 계속 사용할 것이다. 물론 CCS를 포함시켜 사용하도록 우리가 할 수 있는 모든 조치를 취하고자 하는 것이다. 한편, 석단 – CCS에 관해 토론할 때의 문제점은 석탁산업계가 '청정 석탄'과 같은 용어를 CCS와 동일시하려는 의도 때문에 야기된다. 이는 석탄산업계가 '청정 석탄'에서 한발 더 나아가 '녹색 석탄', '효율적 석탄' 또는 '신석탄'과 같은 용어를 사용하고자 함으로써 비웃음을 사게 되는 계기가 될 것이다.

석탄산업계의 한 동료가 언급했듯이, '석탄' 앞에 어떤 용어를 붙이든 문제는 '석탄'이란 단어이지 그 앞에 붙은 '청정, 효율, 신'이란 단어가 아니라는 점을 산업계가 인식하지 못하는 것 같다. 따라서 석탄을 다른 용어로 대체하거나 CCS와 연관을 짓고자 하는 시도는 CCS를 석탄에만 적용가능한 것으로 잘못 인식케 하는 오류를 범할 수 있다. CCS는 석탄이든, 천연가스든, 바이오매스든 또는 산업 공정이든 대규모 CO_2 배출에 모두 적용가능하다.

2020~2050년엔 선진국과 중국에서 가스가 석탄을 급격히 대체하게 될 것이다. 2011년에 발표된 IEA의 2035년 가스 전망은 2010년과 비교하여 62% 소비 증가를 예상하였으며 석탄은 동기간에 11%의 증가를 예상하였다.

이러한 소비 증가를 충족할 수 있을까? IEA는 현재의 가스소비 추세라면 120년의 확정매장량이 있다고 주장한다. 천연가스가 향후 수년 동안 CO_2 배출을 감소시킬 것이라는 데에는 의심의 여지가 없으나 동시에 CO_2 배출량의 상당 부분을 차지하게 될 것이다.

가스 산업계에서의 CO_2 배출은 세 가지를 들 수 있다. 생산된 천연가스가 가스 파이프라인이나 액화천연가스 공장으로 보내지기 위해서는 천연가스에 포함된 불순물인 CO_2를 제거해야 한다. 두 번째는 직접적이든 간접적이든 액화천연가스 공장에서의 전력 사용으로 인한 CO_2 배출이며, 세 번째는 가스발전소에서의 CO_2 배출이다. 다행히 가스는 CO_2 지중저장에 적합한 지역에서 생산되고 처리된다. 게다가 가스회사는 석탄회사보다 CCS 관련기술에 보다 전문적이며 CCS 기술을 즉각 받아들일 수 있다. 또는 가스전은 생산이 끝나면 CO_2 지중저장소로 활용 가능하다. 따라서 가스가격과 가격의 안정성에 좌우되겠지만, 가스 산업계는 탄소저감사회에서는 승자가 될 수 있으며, 이를 위해 CCS를 받아들여야 한다.

가스는 액화천연가스 또는 파이프라인을 통해 국제적으로 유통되는 원자재로 CCS를 적용하는 프로젝트는 CO_2 배출을 감축하지 않는 프로젝트와 비교하여 경쟁력이 떨어진다. 물론 국제협약이 이 문제를 해결할 수 있다. 국제협약이 없더라도 CCS는 모든 가스 관련 프로젝트에 적용하는 사례가 증가할 것이다.

CCS는 바이오매스와 석탄바이오매스발전소에 적용가능하며 IEA에 의하면 2020~2050년에 활성화될 것으로 예상한다.

프린스턴 대학의 Bob Williams는 CCS를 보다 빨리 활성화할 수 있는 방법을 제안하였다. 즉, 석탄과 바이오매스를 CO_2가 지중저장되는 합성연료와 고부가가치의 액체수송연료, 청정전기를 생산하는 가스화 프로젝트를 통한 방법이다. 이때 전력수요와 경제성에 입각한 액체연료와 전력이 균형을 이루어야 한다. 이런 창의적인 제안은 석탄액화사업의 높은 탄소배출을 낮추고, 미래의 수소경제사회를 위한 초석을 제공한다는 추가적인 혜택을 얻을 수 있다. 한편 다음과 같은 혼합 청정기술에 대한 장기적 기회를 탐색할 필요가 있다.

- 지질학적 저장소를 지열, CCS, 압축 공기용으로 공동 사용
- CO_2 포집공장에서 용매 재생산을 위한 태양열 이용
- CO_2 조류 고정과 CCS의 연결
- 고CO_2 건축 자재와 CCS의 활용

이들은 대규모 프로젝트는 아니더라도 청정에너지 범주에서 검토할 가치가 있다.

정책 구성

CCS를 대한 기술적 장애물이 없다면, CCS를 발전시킬 수 있는 정책은 무엇인가? 현재 많은 나라에서 경제적 불안정과 기후변화 관련 정책 결정 과정의 불확실성으로 인해 복잡한 정치적 소용돌이 속에서 청정에너지 개발계획과 2030~2050년 CO_2 감축목표가 만들어지고 있다.

유럽연합에서는 기후변화정책이 합의된 목표와 배출권 거래로 정착되는 듯 보였으나 유럽연합의 배출감축목표에 대해 화석연료에 상당히 의존하고 있는 폴란드의 갑작스런 반대로 유럽연합의 기후변화정책에 대한 재평가와 불확실성이 증대되고 있다.

미국에서는 상원이 배출권 거래와 같은 연방 기후변화 감축 조치를 불확실한 상태로 만들어 놓았으며 향후 전망도 밝지 않다. 그럼에도 불구하고 기존의 연방 규정과 주정부 제도는 환경청으로 하여금 온실가스 배출을 감소시키도록 영향력을 행사하고 있다.

캐나다에서는 연방정부와 주정부 사이 기후변화에 대한 어떠한 협약도 없다. 그러나 앨버타와 사스카취안 주에서는 독자적으로 탄소세를 고려함으로써 새로운 온실가스 규정을 만들려는 움직임이 있다.

호주에서는 정책 토론의 대부분이 탄소세와 탄소가격의 역할에 대한 것이다. 이러한 토론에 공헌하는 주요 자료는 로스 가노트Ross Garnaut의 보고서와 생산성위원회, 그리고 최근의 탄소 규정이다. 이런 자료는 상세한 호주의 탄소 정책과 관련이 있지만 정책 구상과 청정에너지 기술을 통한 탄소가격 책정에 대해 간략히 알아보자. 호주 정부는 수년 동안 청정에너지 기술 비용을 보전해주기 위해 발전차액지원제도의 도움으로 재생에너지 목표와 청정에너지 연구개발을 지원하는 다양한 제도와 에너지절약 지원을 포함한 기후계획Climate initiative을 추진해 왔다(그림 11.5, 표 11.1 참조).

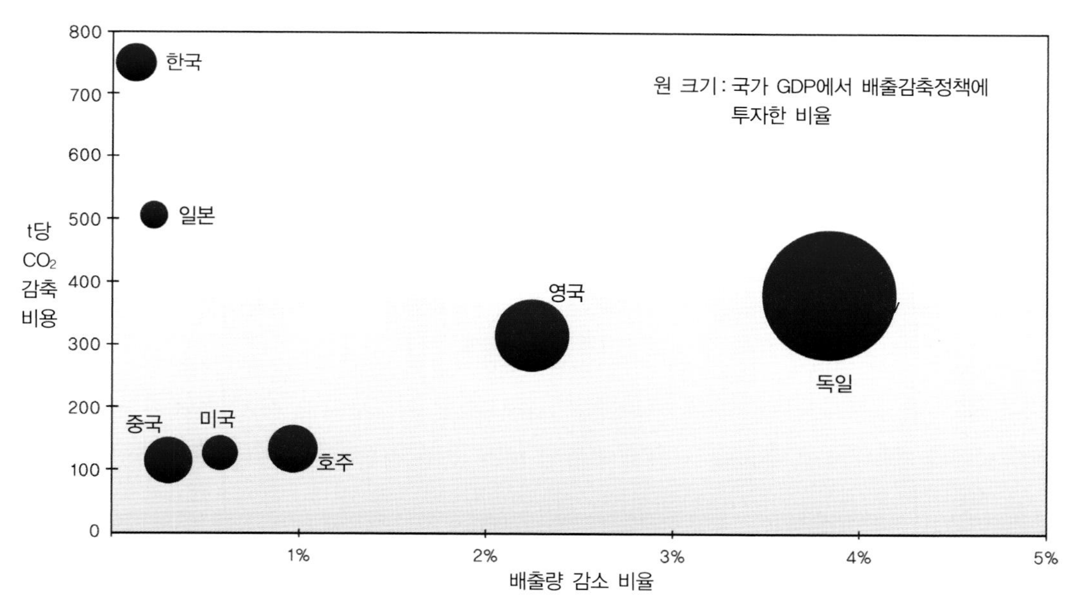

그림 11.5 CO_2 감축 보조금은 국가별로 차이가 심하다. 전력 분야 총 배출량 감소 비율은 미국과 호주가 비슷하며 중국, 일본, 한국은 낮고 영국과 독일은 높은 편이다(호주생산성위원회, 2011).

표 11.1 배출감축정책의 분류체계

1. 명시적 탄소가격	
배출권 거래제 : 총량 및 거래제	배출권 거래제 : 기본량 및 초과량(여유분)
배출권 거래제 : 자발적	탄소세
2. 보조금과 세금	
투자 보조금	신재생에너지 보조금
세금 환불 및 크레딧	세금 면제
저금리 대출	기타 보조금
연료/자원세	기타 세금
3. 직접 정부 지출	
정부 구매 : 일반	정부 구매 : 탄소상쇄조치
정부 투자 : 기간산업	정부 투자 : 환경
4. 규제수단	
재생에너지 목표량	재생에너지 인증제
전력공급 및 가격 규제	기술표준
연료 성분 강제 조항	에너지 효율 규제
강제 평가, 감사, 투자	합성 온실가스 규제
도시/수송 계획 규제	기타 규제
5. 연구개발 지원	
연구개발 – 일반, 실증	
연구개발 – 설치 및 보급	
6. 기타	
정보 지원 및 벤치마킹	(내용물)표시제
홍보 및 교육	
광범위한 대상 및 국가 간 규정(합의)	자발적 계약(동의)

* 2011년 생산성위원회 자료

많은 국가가 교토의정서에 서명하였으며, CCS를 개발하고 실증하기 위한 비슷한 계획을 발표하였다. 호주에서는 대규모 태양광과 CCS에 중점을 둔 청정에너지 기술을 실증하기 위한 30억 불의 핵심 프로젝트 Flagship program를 발표하였다. 별도로 지열과 풍력 지원 프로그램도 제안되었다. 당시 호주 총리의 개인적 취향에 따라 호주 정부는 GCCSI를 설립하였으며 5년 동안 5억 불을 지원하기로 약속했다.

기후정책에 대한 협정이 거의 전무한 사실에 영향을 받은 연방선거 이후 오랜 협상 끝에 소수파인 노동당 정부는 다음과 같은 조치를 시행하였다.

- 탄소세
- 2020년과 2050년의 감축목표
- 100억 불의 청정에너지 금융공사 설립과 탄소농업지원책을 포함한 청정에너지 정책

사회적으로 혜택을 받지 못하는 빈곤층과 석탄광과 철강 등의 산업계와 연관된 교역 분야의 문제점을 다루기 위한 보완적 조치들이 계획되었다. 이와 함께 녹색기금, 태양도시, 스마트그리드, 토착 탄소농업 지원프로그램과 청정에너지 기술개발 프로그램이 있다. 즉, 다른 나라와 마찬가지로 호주에도 복잡한 프로그램들이 많이 존재한다. 여기서 언급하기에 너무 많아서, 청정에너지 기술 활용에 직접적으로 연관된 것만 언급하기로 한다.

많은 국가에서 발전차액지원제도와 재생에너지 목표를 사용하는 것은 두 가지 면에서 주목할 만하다(그림 11.6).

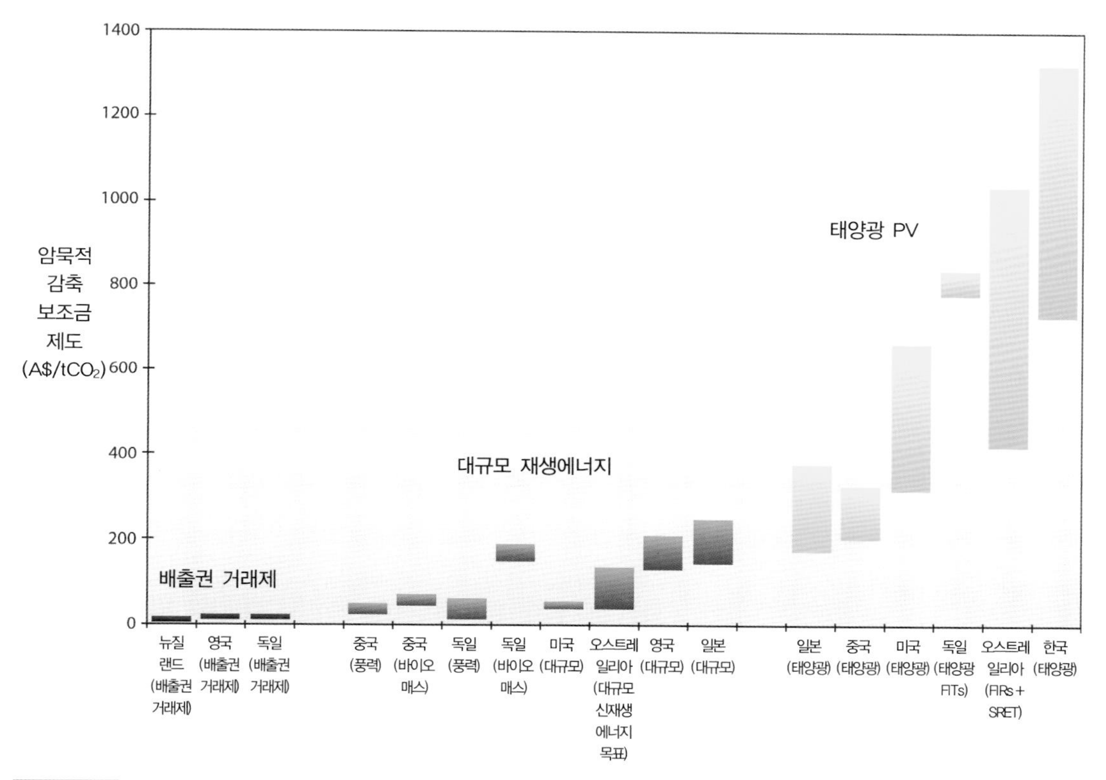

그림 11.6 암묵적 감축 보조금 중 배출권 거래제가 가장 낮은 비용을 나타내며 발전차액지원제도가 가장 높게 나타난다.

첫째로 풍력과 소규모 태양광을 상당히 증가시켰으며, 둘째로 생산성위원회가 거론했듯이 매우 비싼 CO_2 감축 기술을 야기하였다. 여러 개의 재생에너지 기술은 비용이 너무 높아 중단되었다.

모든 청정에너지 기술에 대해 각 기술의 활용을 위한 공정한 경쟁이 되도록 추가 설치비용,

전력 지원비용, 수리비용, 에너지공급 중단비용을 포함한 모든 비용을 산출할 필요가 있다.

발전차액지원제도 또는 강제할당제도의 목적이 특정 기술이나 산업을 발전시키기 위한 거라면, 이것은 그 제도의 목표라 할 수 있다. 그러나 목적이 감축목표를 달성하는 것이라면, 묵시적이던 명시적이던 특정 기술이 다른 기술보다 낫다는 것은 의문시된다.

생산성위원회에서 언급했듯이 국가 감축 전략은 투자대비 현존하는 프로그램으로 잘 운영되지 못하고 있으며, 다른 국가도 비슷한 것으로 분석된다.

생산성위원회에 의해 거론되지 않았으나 2050년 목표 달성에는 매우 중요한 사안인 청정에너지 연구개발 지원의 효율성은 어떠한가? 연구기관의 장으로서 국제적인 전망을 이야기하고자 한다. 당연히 연구개발 지원은 청정에너지 범주 내에서 국민들에게는 훌륭한 가치를 제공했다고 생각하며 다른 국가도 마찬가지이다. CCS를 포함한 청정에너지 연구는 최근 추가 예산을 지원받았으며, 호주에서는 신규 예산이 새로운 기관 설립과 같이 추진되어 기관운영에 따른 비용과 자체 목표가 수반된다는 것이 우려된다.

결과적으로 투자 대비 효과가 적고, 더 중요한 것은 연구팀이 임계점을 넘어서지 못할 것이라는 점이다. 그 반대 목소리는 경쟁이 혁신을 추진하는 강력한 원동력이며, 강점이 된다는 주장이다.

그러나 작업량을 명심할 필요가 있다. 필요한 규모로 비용 효율적인 청정에너지 기술을 개발하고 적용하는 것은 방대한 작업으로 아마 맨해튼 프로젝트나 아폴로 프로젝트에 비견될 수 있을 것이다. 이 두 가지 예처럼 국가 프로젝트는 경쟁에 기초하여 추진된 것이 아니며, 면밀히 기획된 목표와 충분한 예산 지원의 협동 연구에 기반하여 추진된 것이다.

이러한 프로젝트에서의 경쟁이란 가장 싸고 가장 좋은 장비와 부속품, 플랜지와 계기판 등에 국한된다. 따라서 CCS를 포함한 국가 청정에너지 연구도 그러해야 한다.

CCS를 적용하려면 무엇이 필요한가? 호주의 주요 CCS 프로그램은 2009년 5월에 경쟁 과제로 출발하여 초기에는 18억 불 예산에서 15억 불로 감소하였다.

이는 CCS를 일정 규모로 시작하는 중요한 출발점이 되었다. 그러나 불행히도 2년 후 큰 진전을 보지 못했다. 정부나 산업계로부터 예산 지원이 부족하여 또는 프로젝트 지원기관의 기대치가 비현실적이어서 몇몇 제안서는 실패로 끝났다.

수십억 불의 예산이 관련되면, 정부와 산업계가 위험을 받아들이는 접근법에 차이가 없어야 한다. 산업계는 프로젝트의 성공 가능성을 결정하기 이전에 상당한 투자를 하게 된다. 프로젝트를 진행시키지 않기로 결정하는 것은 실패로 보지 않으며 최종 투자 결정[FIN] 이전의 정상적인 과정의 하나로 인식한다.

그러나 정부가 공공 예산을 집행하게 되면 프로젝트의 성공 가능성이 낮은 경우 실패로 인식한다. 결과적으로 정부는 산업계보다 위험을 감수하려 하지 않으며, 따라서 정부는 투자 결정이 느릴 수밖에 없다. 세금을 내는 국민은 이 방식을 더 선호할 것이다.

호주와 그 밖의 나라에서 대규모 실증 사업의 문제는 CCS 프로젝트에서 경쟁이 최선의 방법인가 하는 점이다. 영국은 CCS 프로젝트 추진에 있어 경쟁이 최선의 방법이 아니라고 주장한다. 비슷하게 호주의 경험도 현재까지는 경쟁이 프로젝트 진행 속도를 느리게 하며 협동을 좌절시키는 것으로 알려졌다.

반대로 미국의 비경쟁 CCS 프로그램은 매우 성공적이다. 다시 아폴로 또는 맨해튼 프로젝트를 예를 들면, 정부 또는 주요 이해 당사자는 가장 중요한 대규모 국가 CCS 프로젝트를 선정하여 착수시키고 산업계로 하여금 정부와 협조하여 적절한 예산 지원과 운영을 하도록 하는 것이 중요하다. GCCSI는 CCS의 전 지구적 활성화를 촉진하기 위해 호주 정부에 의해 설립되었다. 이는 국제적으로 CCS 현황에 대한 유용한 보고서를 발간하였으며 몇몇 프로젝트에 대한 재정 지원을 하였다. 그러나 초기 계획은 국제적으로 재정 지원을 받는 것으로 되었으나 대체적으로 이루어지지 못하였다.

다시 한 번 이해 당사자와 공동으로 GCCSI의 모델을 재검토하여 'CCS 아폴로 모델'을 개발하는 수단으로 활용하여 호주뿐만 아니라 전 세계의 CCS에 대한 위대한 가치를 제공토록 해야 한다.

G8 정상 회담(주요 선진 8개국 정상회담 : 프랑스, 독일, 이탈리아, 일본, 영국, 미국, 캐나다, 러시아)의 목표인 2020년의 20개 대규모 CCS 프로젝트 실행은 기술적으로 실현 가능하다. 그러나 현재의 진행 속도로는 달성하지 못한다.

IEA가 2050년까지 3,400개의 대규모 CCS 프로젝트를 추진하려는 열망은 당장 지금 시작하지 않으면 불가능한 계획이다. G8의 2020년 목표인 20개 대규모 프로젝트를 위해서 기본 설계를 지금 당장 시작해야 하며 투자 결정도 2014부터 2015년까지 이루어져야 한다.

IEA의 2050년 목표를 달성하기 위해서는 더 일찍 시작해야 한다. 그럼에도 불구하고 정부나 산업체는 이러한 시급성을 전혀 느끼지 못하는 것 같다. 오히려 이러한 급박함은 사업의 방대함을 알고 있는 과학자나 공학자 또는 북미 자원보호위원회 NRDC와 유럽의 벨로나와 같은 NGO로부터 감지된다.

직설적으로 말해 CCS 적용을 말할 때 미사여구를 늘어놓을 시간적 여유가 없다. 현재의 화석연료 사용 추세라면, CCS 적용의 실패는 CO_2의 대기 중 농도는 2050년에 450 ppm을 훨씬 능가할 것이다.

많은 국가가 CCS를 지원하기 위해 300~350억 불을 투자한다고 발표했으며 CCS가 필요하고 그 혜택을 알고 있음에도 불구하고 현재 전혀 진전을 보지 못하고 있다.

불행히도 그러한 발표는 실제 행동과는 거리가 멀고, 현시점에서는 발표된 350억 불의 1%만이 실제 투자되었으며 5% 이하만 약속된 상태이다. 전반적으로 정부는 CCS 발전에 필요한 예산을 전혀 투입하지 않고 있다. 이는 정부만이 아니라 산업계도 마찬가지로 대규모 CCS 프로젝트의 적용과 실증에 필요한 예산을 투자하지 않고 있다. 산업계가 CCS 프로젝트를 위해 마련한 예산도 실제 사용된 금액과는 차이가 많이 난다.

예를 들면 호주의 석탄협회가 2005년 전 세계 처음으로 CCS를 위한 10억 불의 기금 조성을 발표하였지만 6년이 지난 지금 1억 4,000만 불만 투자되었다. 따라서 정부나 산업계 모두 CCS에 필요한 적정 규모의 예산을 당장 투자할 필요가 있다.

청정에너지 적용에 대한 탄소가격의 영향

탄소가격 책정이 청정에너지 기술을 적용하는 데 영향을 미칠 것인가? 탄소가격이 대부분 국가에서 제안한 것보다 훨씬 높지 않다면, 대략적으로는 그렇지 않다.

필요 기술이 변화하도록 탄소가격이 충분히 높을 경우, 낮은 가격은 얼마간 시스템이 정착하는 데 유용하다. 그때가 언제가 될 것인가? 대부분 국가에서는 당분간은 아니다. 낮은 탄소가격이 상징적이며 시스템 정착에 유용하다면, 탄소가격이 t당 20~25불 대신에 10불이라면 어떤 차이가 있는가? 기술적으로 말한다면, 이 정도 가격은 기술 변화를 이끌기에는 너무 낮아 전혀 차이가 없다.

낮은 탄소가격에서 상관이 되는 것은 아마도 탄소세에서 얻어진 예산을 합의된 감축목표를 달성할 수 있는 청정에너지 기술을 개발하고 지원하는 데 사용하는 일이다.

이것이 촉진제라면 탄소세는 청정에너지를 개발하고 적용하는 데 필요한 예산을 적시에 투입할 수 있도록 반영해야 한다.

다시 호주의 예를 들면, 탄소세를 위해 제안된 사항은 청정에너지 기술보다는 사회공학이라고 일컬어지는 보다 넓은 의미의 세제를 목표로 하고 있는 듯하다. 호주 정부는 에너지 효율과 토양탄소를 증대시키고 청정에너지를 발전시키는 데 예산을 증액시켰는데, 이는 모두 호주의 기후변화 대응을 위한 긍정적인 조치이다. 그러나 탄소세와 청정에너지 투자와의 명확한 관련은 분명치 않다.

또 다른 걱정은 CCS가 다른 청정에너지 조치에, 특히 100억 불의 청정에너지 금융공사의 위임 사항에 포함되지 못하고 별도로 되어 있다는 점이다. 기존의 조치로 CCS 지원이 가능하지만 200억 불에 달하는 공적자금 규모는 수백억 불에 달하는 청정에너지와 비교할 때 적은 편이다. 산업계, 특히 석탄산업계가 CCS를 위한 자금을 제공해야 한다.

산업계가 보다 많은 예산을 투입해야 하는 것이 맞지만 산업계만으로는 CCS를 진전시킬 수 없으며 정부도 신재생에너지에 대한 지원 규모와 비슷하게 CCS에 대한 지원을 해야 한다.

예산 문제 이외에 다음으로 중요한 것은 에너지 선택을 '착한 청정에너지(청정에너지 금융공사에 포함된 기술)'와 '나쁜 청정에너지(청정에너지 금융공사에서 제외된 기술)'로 구분하는 것이 CO_2 감축을 위한 총체적 접근법에 반한다는 점이다.

사실 우리는 2020년과 2050년에 에너지 구성이 어떻게 될지 확신하지 못한다. 그러나 아마도 모든 화석연료가 포함될 것이며, 그때가 되면 화석연료를 사용할 수 있는 유일한 길은 CCS를 통해 CO_2 배출을 감축해야 하는 것이다.

청정에너지를 착한 에너지와 나쁜 에너지로 구분하는 문제는 호주의 경우 신재생에너지와 CCS를 서로 다른 부서에서 취급하는 관계로 더 복잡해진다. 물론 두 부서가 부서 간 위원회를 설치하여 공동 목표를 향해 일할 수 있다.

그러나 경험에 의하면 대부분의 국가에서 이는 잘 이루어지지 않으며 간혹 전혀 이루어지지 않는다. 한 부서가 전체 청정에너지에 대한 전반적인 관리를 하는 것이 필요하다. 청정에너지 정책과 프로그램을 분할하는 것은 합리적인 기후변화와 에너지 정책을 개발하는 데에는 현재와 같이 중요한 시점에 적절치 못하다.

시장에 대한 확고한 신념을 가진 정책 입안자는 이런 모든 문제가 탄소세를 부과하면 해결될 거라고 주장한다. 최근 여러 정부의 주요 정책이 가용한 재정조치를 사용한 탄소세 부과였다. 호주의 경우 2012년 7월부터 3~5년간 23불의 탄소세를 부과하였다. 탄소세는 전면적인 배출권 거래제를 도입할 때까지 매년 조금씩 증가하게 된다.

이 탄소세는 초기에는 상위 500개 배출 기업에만 한정된다. 다른 나라도 10~30불의 탄소세 범위에서 비슷한 제도를 도입하였거나 도입할 예정이다.

탄소세 도입이 청정에너지 특히 CCS 보급에 긍정적인 영향을 미칠 것인가?

탄소세 부과는 우리들의 에너지 사용 습관을 변화시켜 비용 효율 면에서 CO_2 배출을 저감하게 될 것이며, 생산성위원회의 보고서는 이를 입증한다. 그러나 지금까지의 국제적 경험은 최소한 초기에는 배출권 거래제가 에너지절약과 같은 쉬운 방법 또는 석탄화력에서 가스화력으로의 전환을 기대했지만 현실은 그렇지 않다. 태양광이나 풍력 보급은 탄소에 의한 것이 아니라 발전차액지원제도나 강제적인 신재생에너지 목표에 의해 달성된다.

대부분의 청정에너지를 보급하기 위해서는 현재 많은 국가에서 생각하고 있는 탄소세 수준보다 훨씬 더 높아야 한다. 기술 전환을 유도할 만큼 t당 50불 이상의 높은 탄소세를 제안하는 것은 전체 경제에 영향을 미치기 때문에 현시점에서 현실적이지 않다.

기술 전환을 유도하는 데 탄소가격과 청정에너지 개발 및 보급 사이에 명확한 연계가 있다는 점이 중요하다. 이는 Garnaut이 강력하게 동조한 사실이지만, 정부는 이를 받아들이는 데 소극적이다.

대부분의 국가에서 재무부는 모든 자금을 한데 넣어 적절한 곳에 배분하는 것을 바라지 특정 사안에 관계된 세입의 담보 계약에는 반대할 것이다.

탄소가격 문제는 고도로 정치 이슈화된 사안으로 고려 대상이 아닌 정치적 흥정을 기대하는 것은 비현실적이다.

그럼에도 불구하고 청정에너지 전망을 보면, 탄소세가 사회적 형평성과 세제 개편의 방편으로 사용된다는 것이 우려스럽다. 물론 이것이 중요하기는 하지만, CO_2 배출을 저감하기 위한 여러 조치가 합당한 것인지 의문시된다. 탄소세이건 배출권 거래제이건 청정에너지 기술 보급에 영향을 미치는가? 이는 탄소세입 중 청정에너지 보급에 사용되는 비율과 배출권 거래제 수입 중 청정에너지 보급에 사용되는 비율을 비교하는 것이 더 쉽다.

반대로 탄소세입이 기술개발에는 거의 사용되지 않고 어느 정도 규제정책과 공무원을 지원하는 데 쓰이는지 알아보면 된다.

배출권 거래제에 대한 우려는 은행, 회계법인, 변호사, 구글과 같이 이 제도를 전적으로 찬성하는 회사들에 의해 잘 나타나고 있다. 탄소배출과 직접적 연관이 없는 회사들이 이 제도로부터 얻을 수 있는 엄청난 수입의 기회를 기대하고 있다.

갈수록 더 특이한 탄소 파생상품을 개발하는 창조적인 할부 금융회사를 방지할 수단이 있는가? 아니면 이것들이 한꺼번에 무너질 가망성은 있는가? 주택과 대출금 같은 유형자산은 최종적으로 가치 없는, 그리고 경제 위기를 불러온 복잡한 금융상품의 기초를 제공하고 있다. 몇 사람밖에 알지 못하고, 불확실하고 신뢰할 수 없는 더 특이하고 궁극적으로 더 복잡한 금융상품을 개발하기 위한 기회는 얼마나 큰가?

탄소회계감사를 거의 받지 않는 중앙아프리카의 산림지역으로부터의 탄소 크레딧에 기초한 배출권 거래제가 만약 적용된다면, 국제적으로 강제성을 띈 강력하고 투명한 효율적 관리 기관이 필요하다. 그러나 현재 많은 나라에서 이는 불가능하다.

기후정책을 떠나 청정에너지를 시장에 보급하는 것은 근본적인 문제점이 있다. 명확한 선택이 있으면 시장은 문제가 없다. 더 싼 TV를 사야할지 아니면 옵션이 더 많은 TV를 사야 하는가? 저가의 큰 주택을 사야하는지 아니면 고가의 작은 주택을 사야 하는가? 청정에너지 기술의 경우 현재 제안된 기술은 무엇인가? 적합한 기술이 있지만 2025년까지 대규모 보급은 힘들 것이며 비용이 얼마인지 정확히 모른다.

또 다른 기술은 연구가 좀 더 필요하지만 더 나은 기술일 수 있으며 수년 안에 준비가 안 될 것이며 향후 5년간 어느 정도 비용이 소요될지 모른다. 선택을 지금 한다면 시장은 존재한다.

탄소시장과 탄소가격만으로는 2020~2050년 사이에 CO_2 배출을 크게 감축하는 데 필요한 대규모 청정에너지 기술(태양광, 지열, CCS)을 장기적으로 발전시키지 못한다.

이를 위해서는 보완적 조치가 필요하다.

탄소가격을 청정에너지 기술개발과 직접적으로 연계하는 명확하고 강력한 정책이 있어야 한다. 그렇지 않으면 실제적인 정책이 아니며 단지 투기시장이 있을 뿐이다.

시장에 대한 대단한 신념을 가진 사람들은 시장이 기술의 불확실성으로부터의 위험을 감수할 수 있으며 투기적 형태는 적절한 규제로 막을 수 있다고 주장한다.

똑같은 주장이 세계 경제위기 이전에도 있었다. 기후변화에 대한 해답을 줄 수 있는 하나의 기술이 있는 게 아니듯이, 하나의 금융상품이 있는 게 아니다. 금융상품과 탄소시장은 궁극적으로 CCS와 다른 청정에너지 기술의 보급을 가속화할 수 있는 부분적 방법을 제공할 수 있으나 오랫동안 지속할 수는 없다.

만약 탄소가격이 유일한 해답이라면, 다른 조치는 무엇인가? 정부는 보조금, 직접투자와 규제 수단을 포함할 수 있다. 이들 중 몇몇은 이미 시행 중이며 2020년까지 기술보급을 장려하게 되지만 2020~2050년 기간까지 지속될 것은 별로 없다.

정부도 무제한의 금융자본을 보유한 것이 아니기 때문에 감축 계획 중에서 어려운 결정을 해야 한다. 2020년 이후 대규모 태양광, 지열, CCS를 주요 청정에너지로 제안하고 화석연료의 지속적인 사용도 제안한 이유이다.

효율적인 청정에너지 기술이 필요할 때 사용할 수 없다면, 아무리 많은 법률과 재정 정책, 탄소거래, 경제 모델이 배출감축을 가져올 수 없다는 사실을 별로 인식하지 못하기 때문에 대부분의 국가에서 공공정책이 아닌 정치가 기후토론을 지배하고 있다.

이러한 관점은 토론의 복잡함 속에서 잊혀지고 있다. 따라서 청정에너지 기술과 관련된 주요사항을 요약함으로써 결론짓는 것이 유용하다.

결 론

2020년의 감축목표는 기존의 성숙된 소규모 기술로 달성될 것이며 이들의 보급은 탄소세가 아닌 규제에 의해 추진될 것이다. 풍력과 태양광이 두드러질 것이며 석탄에서 천연가스 전환은 몇몇 나라에 국한될 것이다.

2020년까지의 감축 조치의 일부분은 비용이 많이 들어 국가 감축목표를 달성하기에는 적합하지 않다. 탄소가격 적용은 국제 탄소 크레딧 구매수단 이외에 2020년 감축목표를 달성하는 데는 별 영향을 미치지 못할 것이다. 이는 몇몇 개발도상국을 돕는 효과는 있어도 대규모 청정에너지 기술의 개발과 보급에는 별 효과가 없으며 오히려 몇몇 국가에서는 보급을 지연시킬 수도 있다. 탄소가격은 일차적으로 주요 청정에너지 기술의 개발과 보급에 필요한 재정 지원 수준에서 결정되어야 한다. 탄소가격이 아무리 훌륭한 것일지라도 사회적 목적을 달성하는 데 사용되는 것은 바람직하지 않다. 청정에너지 보급은 상당한 전력요금 인상을 초래하며, 그렇지 않은 척하는 것은 비현실적이다.

높은 비용과 기술 보급사이의 직접적 연관성은 청정기술 적용과 거의 관계가 없는 탄소가격에는 바람직하다. 하지만 탄소가격이 청정에너지 기술개발 및 보급과 직접적인 연관이 있는 것이 좋다. 2020년까지는 주요 대규모 청정에너지 기술, 특히 태양광, 지열과 CCS가 500 MW의 기본 부하 규모로 개발되고 시험되는 시기이다.

현재 CCS 프로젝트에 유행하는 경쟁 접근법은 재검토할 필요가 있다. CCS를 주요 구성요소로 하는 대규모의 신뢰성 있는 청정에너지를 위한 아폴로 프로젝트를 수립해야 한다. 이는 2020년 이후 CO_2 무배출 에너지를 제공하기 위해 원자력을 재검토할 수 있는 시간을 제공한다.

2020~2050년은 대기 중 CO_2 농도를 위험 수준인 450 ppm 이하로 유지하기 위한 조치를 취하는 데 매우 중요한 시기이다. 현재 운영 중인 기후 정책들은 이를 위해 적합하지 않다. 문제는 기존의 신재생에너지에 대한 비현실적 기대, 미래에 대한 현실적인 예측보다는 독단과 과장으로 점철된 기대에 기인한다. 향상된 에너지 저장은 획기적 요소가 될 수 있으며 연구개발에 상당한 투자가 필요하다. 그러나 화석연료는 최소한 2050년까지 계속 에너지 소비의 주요 대상이 될 것이며, 따라서 CCS 적용을 통해 대비해야 한다.

2020년 이후, CCS는 석탄, 천연가스, 바이오매스를 이용한 전력생산과 일부 산업 활동에 필수적인 기술이 될 것이며 새로운 겸용 기술의 한 부분이 될 잠재력을 가지고 있다(그림 11.7). 따라서 CCS가 청정에너지 범주에 포함되는 것이 중요하다. CCS를 다른 청정에너지와 분리시키는 조치는 정치적으로 한 방편이 될 수 있으나 기술적으로 불합리하며, 가장 적합한 청정에너지 포트폴리오를 발전시키지 못한다. 계속적인 화석연료 사용이 기술적 도전에 직면하게 되며 배출을 해결할 유일한 대규모 기술은 CCS뿐이다. 일부 주장과는 반대로 CCS는 증명되고 비용 면에서 경쟁력이 있으며 안전한 기술로 장기적인 청정에너지 포트폴리오의 중요한 요소이다.

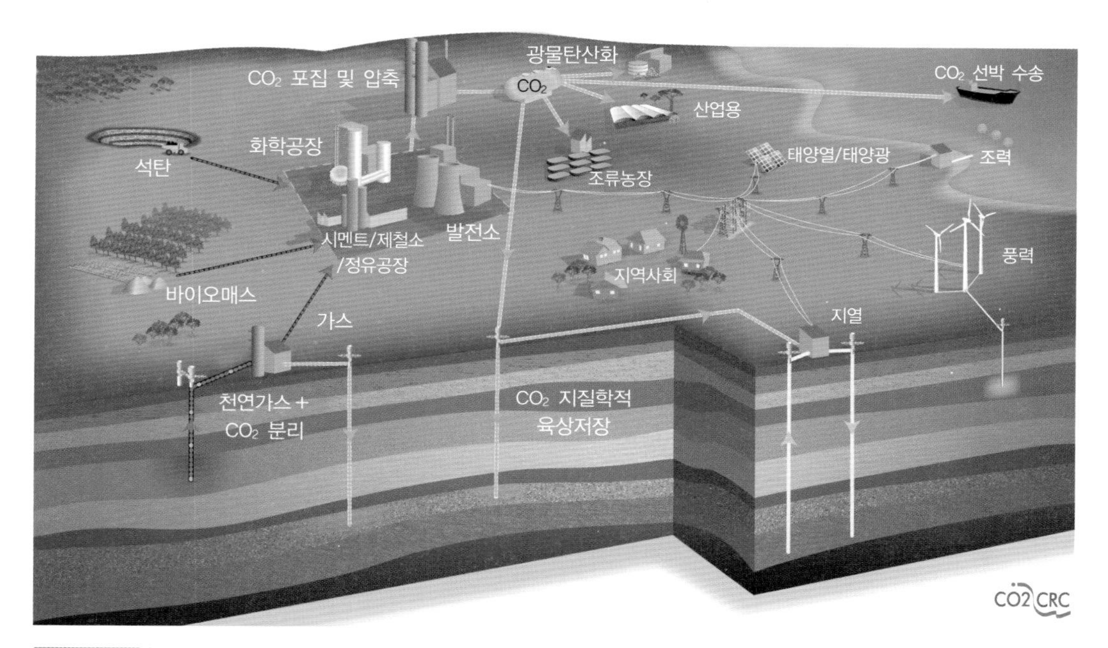

그림 11.7 2020년 이후의 청정에너지 적용을 위해 에너지 시스템 접근법이 채택되어야 한다. 장기 감축목표 달성을 위해서는 과학적 창의성과 융합기술개발을 위해 기존 에너지 경계를 뛰어넘을 용기와 현실적 투자가 필요하다. 그림에서와 같이 2020~2030년에 실현될 에너지원과 시스템에 의하면 석탄이 지속적으로 상당한 부분을 차지하며, 가스가 최대 에너지원이 될 것이다. 바이오매스도 열병합 상태로 크게 증가할 것이다. CCS는 모든 연료원에 설치되고 화학제품의 복합생산과 액체연료 생산은 새로운 형태의 에너지가 될 것이다(chemical installation). 조류를 이용한 CO_2 처분과 CO_2 전환이 비용 상쇄 효과가 있으나 CO_2 감축량은 크지 않을 것이다. 고온균열암석에 의한 지열 발전은 전력의 기저부하를 담당하게 되고 CCS – 지열의 융합기술은 새로운 형태의 대단한 감축수단이 될 것이다. CO_2 – EOR은 일부 가능한 유가스전에 적용되고, 기존의 수송연료는 전기수송으로 대체되며 2020~2030년 이후에는 수소 이용도 가능하게 될 것이다. 전력저장이 없는 풍력은 2020년 이전에 최대치에 도달하고 압축공기 저장기술이 진출할 것이다. 저장 없는 태양열, 태양광은 평균 수준을 유지하다가 저장 기술에서 획기적인 발전이 있다면 2020~2030년에 상당한 변화가 예상된다. 파력에너지는 적지만 지역적으로 의미 있는 기여를 하게 되고 저탄소 농업과 임업은 에너지 효율 향상과 더불어 주요 감축수단이 될 것이다. 이러한 에너지 시스템에서 원자력은 청정에너지에 포함되지 않지만, 많은 나라에서 중심 역할을 할 것이다.

그러나 한 가지 기술이 모든 해결책이 될 수 없듯이 정책이나 금융, 경제적 해법 또한 마찬가지다. 탄소가격은 시장접근법이 작동하는 데 필요한 기술을 개발할 수 있도록 보완적 조치가 따르지 않는다면 별 도움이 되지 못한다.

기술 없이는 탄소세나 배출권 거래제는 무용지물이며 매우 비싸고, 궁극적으로 무의미한 정책이다. 시장원리 없이는 비현실적으로 비싸고, 궁극적으로 비실용적인 청정에너지 해법이 제안될 것이다.

따라서 지금은 과학자, 기업가, 경제학자, 정치가 모두 보다 의미 있는 방법으로 힘을 합칠 때이다. CO_2 배출을 크게 감축하는 일은 정치가나 경제학자, 기업가 또는 과학자 한 부류에게만 맡기기에는 너무 중요한 사안이다. 우리는 모두 한 배를 타고 있다.

약어 정리

ARI	미국자원기술연구소
AEMO	호주에너지시장협회
ASU	공기분리장치
ATSE	호주공학한림원
BGS	영국지질조사소
BMR	호주광물자원국
CBM	석탄층 메탄가스
CCS	이산화탄소 포집 저장
COP	당사국 총회
CSIRO	호주연방과학기술연구원
CCSD	호주환경친화석탄연구소
CTL	석탄액화
DSA	심부염수층
ECBM	석탄층 가스증진
EGR	가스회수증진
EOR	원유회수증진
EPA	미국환경청
EPRI	미국전력연구원
ESA	전기순환흡착법
GCCSI	GCCSI
GHG	온실가스
FEED	기본 설계
FID	최종투자결정
FIT	발전차액지원제도
GTL	가스액화
GW	기가와트(10억 와트)
GWP	지구온난화지수
HFR	고온파쇄암반
HSA	고온염수층
IEA	국제에너지기구
IEAGHG	국제에너지기구 온실가스 연구개발 프로그램
IGCC	석탄가스화복합발전
IPCC	기후변화에 관한 정부 간 협의체
ISCG	현장석탄가스화
LCOE	발전원별 발전원가
LNG	액화천연가스

LPG	액화석유가스
LRET	대규모 신재생에너지 목표
LULUCF	토지이용, 토지이용 변화 및 산림 활동
MIT	매사추세츠 공과대학
Mt	백만 톤
MW	메가와트, 백만 와트
NETL	미국 국립에너지기술연구소
NEV	순에너지가치
NGCC	천연가스복합발전
NRDC	북미 자원보호위원회
OECD	경제협력개발기구
OTEC	해양열에너지전환
PCC	연소 후 포집
PIG	파이프라인 검사 측정기
ppb	십억분의 1
ppm	백만분의 1
PSA	압력순환흡착법
PV	태양광전지
RCSP	CO_2저장광역협력사업
REC	재생에너지증명서
RET	재생에너지목표
TCF	1조 세제곱피트
TSA	온도순환흡착법
UN	유엔
UNFCCC	유엔기후변화협약
VSA	진공순환흡착법
BPM(Best Practice Manual)	모범실행매뉴얼
CDM(Clean Development Mechanism)	청정개발체제
CO2CRC(CO_2 Cooperative Research Center)	호주 온실가스연구센터
CSLF(Carbon Sequestration Leadership Forum)	이산화탄소포집저장리더십포럼
ETS(Emission Trading System)	배출권 거래제
MRET(Mandatory Renewable Energy Target)	재생에너지 강제할당조치
European Commission	유럽위원회
National Storage Mapping Tank Force	호주 CO_2 저장지도 특별위원회
OPC	호주의회자문위원회
Productivity Commission	호주생산성위원회
Renewable Portfolio Standard	신재생에너지 의무 할당제

추가로 읽기

Australian Academy of Science, 2010. *The Sience of Climate Change: Questions and answers*. Australian Academy of Science, Canberra

Burgess, J, 2010. *Low Carbon Energy: Evaluation of new energy technology choices for electric power generation in Australia*. Australian Academy of Technological Sciences and Engineering(ATSE), Melbourne

Burgess, J, 2011. New Power Cost Comparisons: Levelised cost of electricity for a range of new power generating technologies. Australian Academy of Technological Sciences and Engineering(ATSE), Melbourne

CAETS Working Group, 2010. Deployment of low-Emissions technologies for electric power generation in reponse to climate change. CAETS, Melbourne. Available from http://www.caets.org/cms/7122/9933.aspx

Climate Commission, 2011. The critical decade. Department of Climate Change and Energy Efficiency. Available from http://climatecommission.gov.au/wp-content/uploads/4108-CC-Science-WEB_3-June.pdf

Cruz, J, 2008. *Ocean Wave Energy: Current status and future perspectives*. Springer, Berlin

CSIRO, 2008. Soil carbon: The basics. CSIRO, Available from http://www.csiro.au/resources/soil-carbon.html

Edenhofer,O., et al., 2011. IPCC Special Report on Renewable Energy Sources and Climate Change Mitigation. Cambridge University Press, Cambridge. Available from http://srren.ipcc-wg3.de/

Garnaut, R, 2011. *Garnaut Climate Change Review - Update 2011 - Australia in the Response to Climate Change - Summary*. Cambridge University Press, New York. Available from http://www.garnautreview.org.au/update-2011/garnaut-review-2011.html

InterAcademy Council (Coordinating Author: Shapiro, H.), 2010. *Climate Change Assessments: Review of the processes and procedures of the IPCC*. InterAcadem Council, Amsterdam.

Available from
http://www.ipcc.ch/pdf/IAG_report/IAG%20Report.pdf

IPCC, 2005. *IPCC Special Report on Carbon Dioxide Capture and Storage. Prepared by Working Group III of the Intergovernmental Panel on Climate Change* (Eds Metz, B., Davidson, O., de Coninck, H. C., Loos, M. and Meyer, L.A.) Cambridge University Press, Cambridge (UK) and NY

IPCC. 2007. *Climate change 2007: Synthesiss report. Contribution of working groups I, II and III to the fourth assessment report of the Intergovernmental Panel of Climate Change* (Eds, R. K. Pachauri and A. Reisinger). IPCC, Geneva, Switzerland

MacKay, D., 2009. *Sustainable energy - Without the Hot Air*. UIT, Cambridge, UK. Available from
http://www.withouthotair.com/download.html

Manwell, J., 2002. *Wind Energy Explained: Theory, design and application*. Wiley, Chichester, New York

Milne, J., Cameron, J., Page, L., Benson, S. and Pakrasi, H., 2009. *Report from Workshop on Biological Capture and Utilization of CO2*. Workshop held at the Charles F. Knight Center, Washington University in St. Louis, September 1-2, 2009. The Global Climate and Energy Project (GCEP), Stanford, CA

Neelin, J., 2011. *Climate Change and Climate Modelling*. Cambridge University Press, Cambridge

Nelson, V., 2011. *Introduction to Renewable Energy*. CPC Press, Florida

OECD/IEA, 2008. *Energy Technology Perspectives*. International Energy Agency, Paris France. Available from
http://www.iea.org/textbase/nppdf/free/2008/etp2008.pdf

OECD/IEA, 2010. *Energy Technology Perspectives*. International Energy Agency, Paris France

Pacala, S. and Socolow, R., 2004. Stabilization Wedges: Solving the climate problem for the next 50 years with current technologies. Science. Vol. 305 No. 5686, pp. 968-972

Porter, J. and Phillips, P. (eds.), 2007. *Public Science in Liberal Democracy*. University of Toronto Press, Toronto

Productivity Commission, 2011. *Carbon Emission Policies in Key Economies*. Research Report, Productivity commission, Canberra

Schneider, S., 2003. *Abrupt Non-linear Climate Change, Irreversibility and Surprise*. OECD, Paris, France

Seligman, P., 2010. *Australian Sustainable Energy - by the Numbers*. Melbourne Energy Institute, Parkville, Victoria. Available from http://energy.unimelb.edu.au/index.phd?page=ozsebtn

Stanford University Global Climate & Energy Project, 2006. An assessment of solar energy conversation technologies and research opportunities. Technical assessment report. Available from http://gcep.stanford.edu/pdfs/assessments/solar_assessment.pdf

Stern, N, 2007. *The Economics of Climate Change: The Stern review*. Cambridge University Press, Cambridge (UK) and New York. Available from http://webarchive.nationalarchives.gov.uk/+/http://www.hm-treasury.gov.uk/independent_reviews/stern_review_economics_climate_change/stern_review_report.cfm

Tester, J., Drake, E., Driscoll, M., Golay, M. and Peters, W., 2005. *Sustainable Energy: Choosing among options*. MIT Press, Cambridge, Massachusetts

The Royal Society, 2009. Geoengineering the climate: science, governance and uncertainty. Available from http://royalsociety.org/Geoengineering-the-climate/

U.S. Department of Energy and National Energy Technology Laboratory, 2010. Carbon sequestration atlas of the United States and Canada - third edition. Available from http://www.netl.doe.gov/technologies/carbon_seq/refshelf/atlasIII/index.html

US EPA, 2010. Carbon sequestration in agriculture and forestry. Available from http://www.epa.gov/sequestration/fag.html

World Resources Institute (WRI), 2008. *Guidelines for Carbon Dioxide Capture, Transport, and Storage*. World Resources Institute, Washington DC. Available from http://www.wri.org/publication/ccs-guidelines

참고도서 및 자료 원본

Chapter 1

Climate Commission, 2011. The critical decade. Department of Climate Change and Energy Efficiency. Available from http://climatecommission.gov.au/wp-content/uploads/4108-CC-Science-WEB_3-June.pdf

Garnaut, R., 2011. Garnaut climate change review - Update 2011 - Australia in the reponse to climate change - Summary. Garnaut Climate Change Review. Available from http://www.garnautreview.org.au/update-2011/garnaut-review-2011.html

House of Commons Science and Technology Committee, 2010. The disclosure of climate data from the Climatic Research Unit at the University of East Anglia. *Eighth Report of Session 2009-10 of UK Parliament*. Available from http://www.publications.parliament.uk/pa/cm200910/cmselect/cmsctech/387/387i.pdf

IEA, 2011. Prospect of limiting the global increase in temperature to 2C is getting bleaker. [Online Press Release, 30 May 2011]. Available from http://www.iea.org/index_info.asp?id=1959

InterAcademy Council (Coordinating Author: Shapiro, H), 2010. Climate change assessments - review of the processes and procedures of the IPCC. InterAcademy Council, amsterdam. Available fron http://www.ipcc.ch/pdf/IAG_report/IAC%20Report.pdf

Lomborg, B., 2007. *Cool It: The Sceptical environmentalist's guide to global warming*. Alfred A. Knopf Publishing, New York

MacKay, D., 2009. *Sustainable energy - Without the Hot Air*. Cambridge, England: UIT. Available from http://www.withouthotair.com/download.html

Meyer, L., 2010. Assessing an IPCC assessment. An analysis of statements on projected regional impacts in the 2007 report. Netherlands Environmental Assessment Agency (PBL). Available from http://www.pbl.nl/sites/default/files/cms/publicaties/500216002.pdf

Russel, M., 2010. The independent climate change e-mails review. Review prepared for the University of East Anglia. Available from http://www.cce-review.org/pdf/FINAL%REPORT.pdf

Seligman, P., 2010. Australian sustainable energy - by the numbers. Melbourne Energy Institute. Available from http://energy.unimelb.edu.au/index.php?page=ozsebtn

Stern. N., 2007. *The Economics of Climate Change: The Stern review.* Cambridge University Press, Cambridge (UK), New York. Available from http://webarchive.nationalarchives.gov.uk/+/http://www.hm-treasury.gov.uk/independent_reviews/stern_review_economics_climate_change/stern_review-report.cfm

United Nations, 1992. United Nations Framework Convention on Climate Change. United Nations. Available from http://unfccc.int/essential_background/convention/background/items/2853.php

United Nations, 1997. Kyoto Protocol to the UNFCCC. United Nations. Available from http://unfccc.int/resource/docs/convkp/kpeng.pdf

Zinser, T., 2011. Response to Sen. James Inhofe's request to OIG to examine issues related to internet posting of email exchanges taken from the Climatic Research Unit of the University of East Anglia. Office of Inspector General, US Dept of Commerce. Available from http://www.oig.doc.gov/Pages/Response-to-Sen.-James-Inhofe%27s-Request-to-OIG-to-Examine-Issues-Related-to-Internet-Posting-of-Email-Exchanges-Taken-from-.aspx

Chapter 2

Arrhenius, S., 1896. On the influence of carbonic acid in the air upon the temperature of the ground. *Philosophical Magazine and Journal of Science. Vol. 41, S 5., pp. 237-276*

Blasting, T., 2011. Recent greenhouse gas concentrations. *DOI: 10.3334/CDIAC/atg.032*. Available from http://cdiac.ornl.gov/pns/current_ghg.html

Brohan, P., Kennedy, J.J., Harris, I, Tett, S. F. B, Jones, P. D. 2006: Uncertainty estimates in regional and global observed temperature changes: a new dataset from 1850. *Journal of Geophysical Research. Vol. 111, D12106*

Bureau of Meteorology, 2010. State of the climate. Available from http://www.bom/gov.au/inside/eiab/State-of-climate-2010-updated.pdf

Church, J., White, N., Hunter, J., Lambeck, K., 2008. A post-IPCC AR4 update on sea-level rise. Antarctic climate & ecosystems Cooperative Research Center; Report No. MB01_080911. Available from http://www.cmar.csiro.au/sealevel/downloads/797655_16br01_slr_080911.pdf

Cook, P., and Shergold, J, 1979. *Proterozoic-Cambrian Phosphorites.* Australian National University Press, Canberra

Cook, P., and Shergold, J., (eds), 1986. *Phosphate Deposits of the World: Volume 1 Proterozoic and Cambrian phosphorates.* Cambridge University Press, Cambridge (UK) and NY

Crutzen, P. J., and Stoermer, E. F., 2000. The 'Anthropocene'. *Global Change Newsletter. Vol 41, pp. 17-18.* Available from http://www.mpch-mainz.mpg.de/~air/anthropocene/

Essex, C. and McKitrick, R., 2002. Taken by Storm: The troubled science, policy and politics of global warming. Key Porter Books, Ontario, Canada

Flint, R. F, 1971, *Glacial and Quaternary* Geology. John Wiley and Sons. NY

Frank, D. C., Esper, J., Raible, C. C., B ntgen, U., Trouet, V., Stocker, B., and Joos, F. 2010. Ensemble reconstructions constraints on the global carbon cycle sensitivity to climate. *Nature. Vol. 463, No. 7280,* DOI:10.1038/nature08769

Garnaut, R., 2011. Garnaut climate change review - Update 2011 - Australia in the response ti climate change - Summary. Garnaut Climate Change Review. Available form http://www.garnautreview.org.au/update_2011/garnaut-review-2011.html

Gutro, R., 2008. What's the difference between weather and climate? Available form http://ss₩₩www.nasa.gov/mission_pages/noaa-n/climate/climate_weather.html

Hays, J, Imbrie, J, Shackleton, N. 1976. Variations in the Earth's orbit: pacemaker of the ice ages. *Science. Vol. 194, No. 4270. pp. 1121–1132*

Idnurm, M. and Cook, P. J, 1980. Palaeomagnetism of beach ridges in South Australia and the Milankovich theory of the ice ages. *Nature. Vol 2867, No. 5574, pp. 699–70*

Idso, S., Kimball, B., Anderson, M., Maumey, J. 1987. Effects of atmospheric CO2 enrichment on plant growth: the interactive role of air temperature. *Agriculture, Ecosystems & Environment. Vol 20, No. 1, pp. 1–10*

Intergovernmental Panal on Climate Change(IPCC), 2007. Summary for Policymakers. In Climate Change 2007: *The physical science basis. contribution of working group I to the fourth assessment report of the Intergovernmental Panel on Climate Change.* (Eds S. Solomon, D. Qin, M. Manning, Z. Chen, M. Marquis, K.B. Averyt, M. Tignor and H.L. Miller). Chanbridge University Press, Cambridge (UK) and NY

IPCC, 2007. *Climate Change 2007: The physical science basis. Contribution of Working Group I to the fourth assessment report of the Intergovernmental Panel on Climate Change.* (Eds S. Solomon, D. Qin, M. Manning, Z. Chen, M. Marquis, K.B. Averyt, M. Tignor and H.L. Miller). Cambridge University Press, Cambridge (UK) and NY

Jouzel et al., 2007. 800KYr &D data and temperature reconstruction. Available from http://www.ncdc.noaa.gov/paleo/icecore/antarctica/domec_epica_data.html

Lisiecki, L. E., and Raymo, M. E. 2005, A Pliocene–Pleistocene stack of 57 globally distributed benthic δ^{18} O records, *Paleoceanography.* Vol. 20, PA1003

L thi et al., 2008. 800KYr CO_2 data. Available from http://www.ncdc.noaa.gov/paleo/icecore/antarctica/domec/domec_epica_data.html

Mann, M. E., Bradley, R. S., Hughes, M. K., 1998. Global–scale temperature patterns and alimate forcing over the past six centuries. *Nature. Vol. 392, pp. 779–787*

Mann, M. E., Bradley, R. S., and Hughes, M. K., 1999. Northern hemisphere temperature during the past millenium: inferences, uncertainties, and limitations. *Geophysical Research Letters. Vol. 26, pp. 759-762*

Mann, M. E., Zhang, Z., Hughes, M. K., Bradley, R. S., Miller, K., Rutherford, R.S and Ni, F., 2008. Proxy-based reconstructions of hemispheric and global surface temperature variations over the past two millennia. *Proceedings of the National Academy of Science Vol. 105, No. 36, pp. 13252-13257*

Mann, M. E., Zhang, Z., Rutherford, S., Bradley, R. S., Hughes,. M. K., Shindell, D., Ammann, C., Faluvegi, G., and Ni, F., 2009. Global signatures and dynamical origins of the little ice age and medieval climate anomaly. *Science. Vol. 326, pp. 1256-1260*

Mcintyre, S and McKitrick, R., 2005. Hockey sticks, principal components, and spurious significance. *Geophysical Research Letters. Vol. 32, No. 3*

Meinhausen, M., Meinhausen, N., Hare, W., Raper, S., Frieler, K., Knutti, R., Frame, D., Allen, M., 2009. Greenhouse-gas emission targets for limiting global warming to 2C. *Nature. Vol. 458, pp. 1158-1162*

Miller, K. et al., 2005. The Phanerozoic record of global sea level. *Science. Vol. 310, pp. 1293-1298*

Park, R., Epstein, S., 1961. Metabolic fractionation of C13 & C12 in plants. Plant *Physiology, Vol. 36, No. 2, pp. 133-138*

Peacock, J., 2007. Million year plus core project (MY+): Drilling an Antarctic ice core over a million years old. Australian Government Fact Sheet. Available from http://www.gg.gov.au/res/File/PDFs/Millionyearplusicecoreproject.pdf

Pearman, G., 2011. Personal communication regarding the discrepancy between northern and southern hemisphere CO2 concentrations

Petit J. R., Jouzel J., Raynaud D., Barkov N. I., Barnola J. M., Basile I., Bender M., Chappellaz J., Davis J., Delaygue G., Delmotte M., Kotlyakov V. M., Legrand M., Lipenkov V., Lorius C., Pépin L., Ritz C., Saltzman E., Stiebenard M, 1999. Climate and atmospheric history of the past 420,000 years from the Vostok Ice Core,

Antarctica. *Nature. Vol. 399, pp. 429-436*

Pittock, B., 2009. Climate change - the science, impacts and solutions. CSIRO PUBLISHING, Australia

Royer, D., Berner, R., Monta ez, I., Tabor, N., Beeriling, D., 2004. CO_2 as a primary driver of Phanerozoic climate. *Geological Society of America Today. July 2004, Vol 14, No 3, pp. 4-10*

Schneider, S., Rosencranz, A., D., M., and Kuntz-Duriseti, K., 2009. *Climate Change Science and Policy*. Island Press, Washington

Steinfield, H., Gerber, P., Wassenaar, T., Castel, V., Rosales, M., and de Haan, C., 2006. *Livestock's Long Shadow*. Food and Agricultural Organization of the UN, Rome, Italy. Available from http://ftp.fao.org/docrep/fao/010/a0701e/a0701e00.pdf

Stern, N., 2007. *The Economics of Climate change: The Stern Review*. Cambridge University Press, Cambridge (UK) and NY. Available from http://webarchive.nationalarchives.gov.uk/+/http://www.hm-treasury.gov.uk/independent_reviews/stern_review_economics_climate_change/stern_review_report.cfm

Trudinger, C., Entign, I., Etheridge, D., Francey, R., Rayner, P., 2005. The carbon cycle over the past 10,000 years inferred from the inversion of ice core data. In *A History of Atmospheric CO_2 and its Effects on Plants, Animals and Ecosystems*, (Eds J. Ehleringer, T. Cerling and M. Dearing). Springer

United States Bureau of Land Management, 2006. Salt Creek phases iii/iv environmental assessment: appendix . Howell Petroleum. (#WYO60-EA06-18) Casper Field Office: Dept of the Interior

Vail P. R. et al., 1977. Seismic stratigraphy and global changes of sea level: part 3: relative changes of sea level from costal onlap. In Payton, C. E., Seismic stratigraphy - applications to hydrocarbon exploration. Memo 26. American Association of Petroleum Geologists, Tulsa

Watson, R., 2000. Land Use, Land-use Change, and Forestry. Cambridge University Press, Cambridge (UK)

Weidenbach K., 2008. Rock star; the

story of Reg Sprigg – outback legend. *East Street Publications*

Zachos, J, Pagani, M, Sloan, L, Thomas, E, Billups, K, 2001. Trends, rhythms, and aberrations in global climate 65 ma to present. *Science. Vol. 292 (5517), pp. 686–693*

Chapter 3

Agyei, Y., 1998. Deforestation in Sub-Saharan Africa. *African Technology Forum. Vol 8.1*

Boden, T., Marland, G., Andres, B., 2011. National CO_2 emissions from fossil-fuel burning, cement manufacture and gas flaring 1751–2008. Carbon Dioxide Information Analysis Center, Oak Ridge National Laboratory; Oak Ridge, Tennessee. Available online at http://cdiac.ornl.gov/ftp/ndp030/nation.1751_2008.ems

BP, 2011. BP statistical review of world energy June 2011. BP, London. Available from www.bp.com/statisticalreview

FAO, 2011. State of the World's forests. Food and agricultural organization of the UN, Rome, Italy. Available from http://www.fao.org/docrep/013/i2000e/i2000e00.htm

Freese, B., 2003. *Coal: a human history.* Perseus Publishing, Cambridge, Massachusetts

Gorham, R., 2002. Air pollution from ground transportation United Nations. Available from http://www.un.org/esa/gite/csd/gorham.pdf

Helm, D., 2008. Climate-change policy: why has so little been achieved? *Oxford Review of Economic Policy. Vol. 24, No. 2, pp. 211–238*

Howarth, R., Santoro, R., Ingraffea, A., 2011. Methane and the greenhouse-gas footprint if natural gas from shale formations. *Climate Change.* DOI:10.1007/s10584-011-0061-5

Hubbert M. K., 1956, Nuclear energy and the fossil fuels. American Petrol Institute Drilling & Production Practice. Proceedings of the Spring Meeting, San Antonio, Texas. *pp. 7–25*

Intergovernmental Panel on Climate Change, 2003. Good practice guidance for land use, land-use change and forestry. (Eds J. Penman, M. Gytarsky, T. Hiraishi, T. Krug, D. Kruger, R. Pipatti, L. Buendia, K. Miwa, T. Ngara, K.

Tanabe, W. Wagner, W.). Institute gor Global Environmental Strategies, Hayama, Japan. Available from http://www.ipcc-nggip.iges.or.jp/public/gpglulucf/gpglulucf.html

International Energy Agency (IEA), 2009. CO_2 Emissions from fuel combustion: Highlights. OECD/IEA. Available from http://ccsl.iccip.net/co2highlights.pdf

Kigomo, B., 2003. Forests and woodland degradation in dryland Africa: A case for urgent global attention. Kenya Forestry Research Institute. Available from http://sss.fao.org/DOCREP/ARTICLE/WFC/XII/0169-B3.HTM

Malthus, T.R., 1789. *An essay on the principle of population*. J Johnson, London. Reprinted 1959.

Meadows, D. 1972. *The Limits to Growth*. Universe Books, New York

OECD/IEA, 2010. World Energy Outlook. International Energy Agency, Paris, France

OECD/IEA, 2011. Country statistics: Share of total primary energy supply in 2008. IEA. Available from http://www.iea.org/stats/graphsearch.asp

Pena, N., Bird, N., Frieden, D., Zanchi, G., 2010. Conquering space and time: The Challenge of emissions from land use change. *CIFOR infobrief*. Available from www.cifor.cgiar.org/publications/pdf_files/infobrief/3269-infobrief.pdf

Rasheed, S. 1996. The challenges of sustainable development in 1990s and beyond. *Sustainable Development Beyond Rhetoric - Africa Environment. Environment Studies and Regional Planning Bulletin. Vol X. No.1-2*

Stanton, E., Ackerman, F., Sheeran, K., 2010. Why do state smissions differ so widely? E3 Network. Available from http://www.e3network.org/papers/Why_do_state_emissions_differ_so_widely.pdf

Chapter 4

Australian Energy Market Operator (AEMO), 2011. Pricing event report-January 2011. Available from http://www.aemo.com.au/reports/pricing_jan.html

Burgess, J., 2011. New power cost comparisons: Levelised cost of electricity for a range of new power generating technologies. Australian Academy of Technological Science and Engineering (ATSE), Melbourne

Department of the Environment, Water, Heritage and the Arts, 2008. Energy use in the Australian residential sector 1986-2020. commonwealth of Australia. Available from
http://www.energyrating.gov.au/library/details2008-energy-use-aust-res-sector.html

Geoscience Australia. Interpreted temperature at 5km depth. Available at http://www.ga.gov.au/energy/projects/geothermal-energy.html

Gerardi, W., and Nsair A., 2009. Comparative costs of electicity generation technologies. Report to AGEA. Available from www.agea.org.au/media/docs/mma_comparative_costs_report_2.pdf

Heaton, E., Dohleman. F., and Long, S., 2008. Meeting US biofuel goals with less land: the potential of Miscanthus. *Global Change Biology. Col 14. pp. 1-15*

Institute for Energy Research (IER), 2009. Levelized cost of new generating technologies. Available from http://www.instituteforenergyresearch.org/wp-content/uploads/2009/05/levelized-cost-of-new-generating-technologies.pdf

Institute of Public Utilities, 2011. Energy Information Administration electricity generation estimates (2011). Michigan State University. Available from http://www.ebergytransition.msu.edu/documents/ipu_eia_electricity_generation_estimates_2011.pdf

Joskow, P., 2011. Comparing the costs of intermittent and disparchable electricity generating technologies. *American Economic Review. Vol. 101, No. 3, pp. 238-241*

OECD/IAEA, 2008. *Uranium 2007: Resources, production and demand.* A joint report by the OECD Nuclear Energy Agency and the International Atomic Energy Agency, OECD, Paris

OECD/IEA, 2010. *World Energy Outlook.* International Energy Agency, Paris, France

Pimentel, D., 2003. Ethanol fuels: energy balance, economics and environmental impacts are negative. *Natural Resources Research. Vol. 12, Co. 2, pp. 127-134*

RED Electrica De Espana, 2011. Sind power energy, the main source of electricity in March. [press release].

Available from
http://www.ree.es/ingles/sala_prensa/web/notas_detalle.aspx?id_nota=180

Sandia National Laboratory, 2010. Electric power industry needs for grid-scale storage applications. Report sponsored by US Department of Energy. Available from
http://www.oe.energy.gov/DocumentsandMedia/Utility_12-30-10_FINAL_lowres.pdf

Siemens AG, 2009. Online monitoring of polysilicon production in photovoltaic industry. Answers for Industry. Available from
http://www.automation.siements.com/mcms/solar-industry/en/polysilicon-production/Documents/Case_Study_EN.pdf

Seligsohn, D., Heilmayr, R., Tan, X., Weischer, L., 2009. China, the United States and the climate change challenge. World Resource Institute, Washington D.C.. Available online at
http://pdf.wri.org/china_united_states_climate_change_challenge.pdf

Shapouri, H., Duffield, J., Wang, M., 2002. The energy balance of corn sthanol: an update. USDA Agricultural economic report No. 813. Available from
http://www.transportation.anl.gov/pdfs/AF/265.pdf

Strategic energy technologies information system (SETIS), 2009. Hydropower. European Commission. Available from
http://setis.ec.europa.eu/technologies/Hydropower

US Dept of Agriculture, 2009. 2007 Census of agriculture. US Summary and state data: Geographic Area Series. Vol. 1, Part 51. Available from
http://www.agcensus.usda.gov/Publications/2007/Full_Report/usvl.pdf

US Department if Energy/EERE. Estimated temperatures at depths of 6km. Available at
http://teeic.anl.gov/er/geothermal/restech/dist/index.cfm

Chapter 5

3TIER, 2011. Global solar irradiance map. 3TIER resource maps. Available at
http://www.3tier.com/en/support/resource-maps/

3TIER, 2011. Global wind speed map. 3TIER resource maps. Available at
http://www.3tier.com/en/support/resource-maps/

Anderson, E., Arundale, R., Maughan, M., Oladeinde, A., Wycislo, A. and Voigt, T., 2011. Growth and agronomy of *Miscanthus giganteus for biomass production. Biofuels. Vol. 2, No. 2, pp. 167-183*

Engelman, R., 2011. An end to population growth: why family planning is key to a sustainable future. *solutions. Vol. 2, No. 3, pp. 32-41.* Available from http://www.thesolutionsjournal.com/node/919

Garnaut, R., 2008. *The Garnaut Climate Change Review.* Canbridge University Press, Cambridge (UK). Available at http://www.garnautreview.org.au/2008-review.html

Glassman, D., Wucker, M., Isaacman, T., Champilou, C., 2011. The water energy nexus. The World Policy Institute in partnership with EBG Capital. Available from http://www.worldpolicy.org/sites/default/files/policy_papers/THE%20WATER-ENERGY%20NEXUS_0.pdf

IEA, 2009. Techonoligy roadmap - carbon capture and storage. International Energy Agency. Available from http://iea.org/roadmaps/ccs_roadmap.asp

IPCC, 2007. Climate change 2007: Synthesis report. contribution of working groups I, II and III to the fourth assessment report of the Intergovernmental Panel on Climate Change. (Eds R. K. Pachauri and A. Reisinger, A.). IPCC, Geneva, Switzerland

IPCC, 2011. Summary for Policymakers. In IPCC *Special Report on Renewable Energy Sources and Climate Change Mitigation.* (Eds O. Edenhofer, R. Pich, Y. Madruga, K. Sokona, P. Seyboth, S. Matschoss, T. Kadner, P. Zwickel, G. Eickemeier, S. Hansen, C. Schl mer von Stechow). Cambridge University Press, Cambridge (UK) and NY

Mercer-Blackman, V., Samiei, H., Cheng, K., 2007. Biofuel demand pushes up food prices. *Survey Magazine.* IMF Research Department. Available from http://www.imf.org/external/pubs/ft/survey/so/2007/RES1017A.htm

Milbrandt, A., Overend, R., 2008. Survey of biomass resource assessments and assessment capabilities in APEC economies. Report for the APEC Energy Working Group. Available from http://www.nrel.gov/docs/fy09osti/43710.pdf

NASA, 2001. Measuring solar insolation. Visible earth: A catalogue of NASA images. Available at http://visibleearth.nasa.gov/view_rec.php?id=1683

OECD/IEA, 2008. Energy technology perspectives. International Energy Agency, Paris, France. Available online at http://www.iea.org/textbase/nppdf/free/2008/etp20080pdf

OECD/IEA, 2010. World Energy Outlook. International Energy Agency, Paris, France.

Pacala, S., and Socolow, R., 2004. Stabilization wedges: Solving the climate problem for the next 50 years with currend technologies, *Science, Vol. 305, No. 5686, pp. 968-972*

Roy, S., Pacala, S., and Walko, R., 2004. Can large wind farms affect local meterology? *Journal of Geographysical Research, vol. 109*. Available from http://www.atmos.illinois.edu/~sbroy/publ/jgr2004.pdf

Soder, L., Hofmann, L., Orths, A., Holttinen, H., Wan, Y., Touhy, A., 2006. Experience from wind intergration in some high penetration areas. Report prepared for IEA Wind task 25. Available from http://www.ieawind.org/AnnexXXV/PDF/Soder/Soeder%20et%20al%20IEEE%20Paper.pdf

US Census Bureau, 2011. online international database. Available from http://www.census.gov/population/internatioanl/data/idb/onformationGateway.php

U.S. department of Energy, 2006. Energy demands on water resources: report to congress on interdependency of energy and water. *Sandia National Laboratories [online]*. Available from http://www.sandia.gov/energy-water/congress_report.htm

United Nations, 2004. World Population to 2300. United Nations Department of Economic and social Affairs, NY. Available from http://www.un.org/eas/population/publications/longrange2/WorldPop2300final.pdf

Walsh, B, 2011. Why biofuels help push up world food prices. *TimeScience*. Available from http://www.time.com/time/health/article/0,8599,2048885,00.html

Boden, T. A., Marland, G. and Andres, R. J., 2011. *Global, Regional, and National Fossil-Fuel CO_2 Emissions*. Carbon Dioxide Information Analysis center, Oak Ridge National Laboratory, U.S. Department of Energy, Oak Ridge, Tennesee, USA. DOI: 10.3334/CDIAC/00001_V2011. Available at http://cdiac.ornl.gov/trends/emis/tre_prc.html

Boonpoke, A., Chiarakorn, S., Laosiripojana, N., Towprayoon S., Childthaisong, A., 2011. Synthesis of activated carbon and MCM-41 from bagasse and rice husk and their carbon dioxide adsorption capacity. *Journal of Sustainable Energy & Environment, Vol. 2, pp. 77-81*. Available at http://www.jseejournal.com/JSEE%202011/JSEE%20Vol%202%20Issue%202/12.%20Synthesis%20of%20activated%20carbon_pp.77-81.pdf

Dakota Gasification Company. The greatest CO_2 story ever told. Available at http://www.dakotagas.com/CO2_Capture_and_Storage/index.html

Department of Climate Change, 2009. National Invenrtory Report 2007. commonwealth of Australia. Available at http://www.climatechange.gov.au/publications/greenhouse-acctg/~/media/publications/greenhouse-acctg/natioanl-industry-report-vol-1-complete.ashx

Foss, M., 2004. Interstate natural gas - quality specifications and interchangeability. Report produced for the Center for Energy Economics, University of Texas, Austin, Texas. Available at http://www.beg.utexas.edu/energyecon/lng/documents/CEE_Interstate_Natural_Gas_Quality_Specifications_and_Interchangeability.pdf

Ho, M., and Qiley, D., 2011. Implementing CO_2 capture at power plants - retrofit or new build? CO2CRC Report No. RPT11-2946, CO2CRC, Canberra

IEA, 2009. Cement technology roadmap 2009: carbon emissions reductions up to 2050. International Energy Agency. Available from http://www.iea.org/papers/2009/Cement_Roadmap.pdf

IEA GHG, 2011. Retrofitting CO_2 capture to existing power plants. IEAGHG Report 2011-02

IEA News Centre. Pulverized Coal Combustion. IEA Clean Coal Centre. Available at http://www.iea-coal.org.uk/site/2010/database-section/ccts/pulverised-coal-combustion-pcc?

IPCC, 2005. *IPCC Special Report on Carbon Dioxide Capture and Storage. Prepared by Working Group III of the Intergovernmental Panel on Climate Change* (eds Metz, B., Davidson, O., de Coninck, H. C., Loos, M. and Meyer, L.A.). Cambridge University Press, Cambridge (UK) and NY

Mills, S., 2010. Coal use in the new economies of China, India and South Africa. IEA Clean Coal Centre Report, London. Summary available at http://www.iea-coal.org.uk/publishor/system/component_view.asp?LogDocId=82270&PhyDocID=7433

OECD/IEA, 2005. Energy policies of IEA countries: Australia 2005 review. International Energy Agency, Paris, France

Specker, S., Phillips, J., Dillon, Do., 2009. The potential growing role of post combustion CO_2 capture retrofits in early commercial applications of CCS to coal-fired power plants. MIT Coal Retrofit Symposium, Cambridge, Massachusetts, March 2009

Taylor, H., 1997. *Cement Chemistry*. Thomas Telford Publishing, London

Walter, K., 2007. Fire in the hole. *Science and Technology Review, Lawrence Livermore National Laboratory, Issue: April 2007*. Available at http://www.llnl.gov/str/April07/pdfs/04_07.2.pdf

Walker, L., 1999. Underground coal gasification: a clean coal technology ready for development. *The Australian Coal Review, October 1999*. Available at http://www.cougarenergy.com.au/pdf/AusCoalReeviewPaperOct1999.pdf

Chapter 7

Ciferno, J., Litynksi, J., Plasynski, S., Murphy, J., Vaux, G., Munson, R., Marano, J., 2010. DOE/NETL Carbon dioxide capture and storage RD&D reodmap. Report prepared for the US Department of Energy. Available from http://www.netl.doe.gov/techonologies/carbon_seq/refshelf/CCSRoadmap.pdf

Coleman, D., 2009. Transport infrastructure retionale for carbon dioxide capture and storage in the European Union to 2050. *Energy Procedia, Vol. 1, No. 1, pp. 1673-1681*

CSLF, 2009. CO_2 Transportation - Is it sate and reliable? *CSLF in Focus Series.* Available from http://www.cslforum.org/publications/documents/CSLF_inFocus_CO2Transport.pdf

Interagency Taskforce on CCS, 2010. Report of the interagency taskforce on carbon capture and storage. Report produced for Presidental Memorandum. Available from http://www.epa.gov/climatechange/policy/ccs_task_force.html

IPCC, 2007. *Climate change 2007: Synthesis report. Contribution of working groups I, II and III to the fourth assessment report of the Intergovernmental Panel on Climate Change* (Eds, R. K. Pachauri and A. Reisinger). IPCC, Geneva, Switzerland

KinderMorgan, 2011. Kindermorgan CO_2. Available from http://www.kindermorgan.com/business/co2/default.cfm

Parfomak, P., and Folger, P., 2007. Carbon Dioxide (CO_2) pipelines for carbon sequestration: emerging policy issues. Congressional research service report for Congress. Available from http://ncseonline.org/nle/crsreports/07may/r133971.pdf

Rubin, E., 2008. CO_2 capture and transport. *Elements. Vol. 4, No. 5., pp. 311-317.* Available from http://web.mit.edu/mitei/docs/reports/rubin-capture.pdf

Seevam, P., Race, J., and Downie, M., 2008. Carbon dioxide impurities and their effects on CO_2 pipelines. *The Australian pipeliner. April 2008.* Available from http://pipeliner.com.au/news/carbon_dioxide_impurities_adn_their_effects_on_co2_pipelines/011846

Seiersten, M., Kongshaug, K., 2005. Materials selection for capture, compression, transport and injection of CO_2. In *Carbon Dioxide Capture for Storage in Deep Geologic Formations - Results from the CO_2 Capture Project Capture and Seperation of Carbon Dioxide from Combustion Sources.* (ed. David C. Thomas). Elsevier

Watt. J., 2010. Lessons from th US: Experience in carbon dioxide pipelines. *The Australian Pipeliner.* October 2010.

Available from
http://pipeliner.com.au/news/lessons_from_the_us_experience_on_carbon_dioxide_pipelines/043633

World Resources Institute (WRI), 2008. *Guidelines for Carbon Dioxide Capture, Transport, and Storage*. World Resources Institute, Washington DC: WRI. Available from
http://www,wri.org/publication/ccs-guidelines

Chapter 8

BP, 2011. BP statistical review of would energy June 2011. Available from www.bp.com/statisticalreview

Bradshaw, B., Simon, G., Bradshaw, J., and Mackie, V., 2005. GEODISC research: carbon dioxide sequestration potential of Australia's coal busins. CO2CRC Report Np. RPT05-0011, Canberra, ACT

BSCSP, 2009. Basalt pilot factsheet. Available fron
http://www.bogskyco2.org/sites/dufault/files/documents/basalt_factsheet.pdf

Carbon Storage Mapping Taskforce, 2009. National carbon mapping and infrastructure plan - Australia. Department of Resources, Energy and Tourism, Canberra. Available fron
http://www.ret.gov.au/resources/Documents/Programs/CS%20Taskforce.pdf

Chevron Texaco's Rangely Oil Field Operations. Colorado School of Mines Fact Sheet. Available from
http://www.emfi.mines.edu/emfi2005/ChevronTexaco.pdf

CO2CRC, 2008. Storage capacity estimation, site selection and characterisation for CO_2 storage projects. CO2CRC Report No. RPT08-1001, Canberra, ACT

CSLF (Carbon Sequestration Leadership Forum), 2005. /a taskforce for review and development of standards with regards to storage capacity measurement. CSLF-T-2005-9 15, August 2005. Available from
http://www.clsforum.org/documents/Taskforce_Storage_Capacity_Estimation_VErsion_2.pdf

Dahowski, R., Li, X., Davidson, C., Wei, N., and Dooley, J., 2009. Regional opportunities for carbon dioxide capture and storage in China. Report for the U.S. Department of Energy. Available from
www.zeroemissionsplatform.eu/downloads/491.html

Dahowski, R. T. Li, X., Davidson, C., Wei, N., and Dooley, J. J. and Gentile R. H., 2009. Early assessment of carbon dioxide capture and wtorage potential in China. In 8th Annual Conference on Carbon Capture & Sequestration. Pittsburgh, Pennsylvania, 5 May 2009. Available from http://www.cslforum.org/publications/documents/PNWD_SA_8600.pdf

EU Geocapacity, 2009. Assessing European capacity for geological storage of carbon dioxide. Geocapacity Final Report. Available from http://www.geology.cz/geocapacity/publications

Forsythe, J., 2009. CCS operation flexibility experience from In Salah. Presentation to IEAGHG workshop on Operating flexibility of power plants with CCS, Imperial College London November, 2009. Available from http://www.ieaghg.org/docs/flexibility%20workshop/07_Flexibility%20workshop%20Forsyth.pdf

Global CCS Institute and Parsons Brinckerhoff, 2011. Accelerating the uptake of CCS: industrial use of captured carbon dioxide. Global CCS Institute. Available from http://www.globalccsinstitute.com/resources/publications/accelerating-uptake-ccs-industrial-use-captured-carbon-dioxide

Godec, M., 2011 Global technology roadmap for CCS in industry: Sectoral assessment CO_2 enhanced oil recovery. Report for United Nations Industrial Development Organization; prepared by Advanced Resources International Inc. Available from http://cdn.globalccsinstitute.com/sites/default/files/publication_20110505_sector-assess-eor.pdf

Herzog, H., 2002. Carbon sequestration via mineral carbonation: Overview and assessment. MIT Laboratory for Energy and the Environment: Technology Assessment. Available from http://sequestration.mit.edu/pdf/carbonates.pdf

IPCC, 2005. *IPCC Special Report on Caron Dioxide Capture and Storage. Prepared by Working Group III of the Intergovernmental Panel on Climate Change*. (Eds B. Metz, O. Davidson, H. de Coninck, M. Loos and L. Meyer). Cambridge University Press, Cambridge (UK) and NY

Kuuskraa, V., G, 2008. Maximizing oil recovery efficiency and sequestration of CO_2 with “next generation” CO_2–EOR technology. Presentation to the 2nd Petrobras International Seminar on CO_2 Capture and Geological Storage, Brazil. Available from http://www.adv-res.com/pdf/V_kuuskraa%20Petrobras%20CO2%20SEP%2008.pdf

Matter, J. M and Kelemen, PB. 2008. In situ carbonation of peridotite for CO_2 storage. *PNAS. Vol. 105, No. 45, pp. 17295–17300*

Matter, J. M and Kelemen, PB. 2009. Permanent storage of carbon dioxide in geological reservoirs by mineral carbonation. *Nature Geoscience. Vol. 2, No. 12, pp. 837–841*

McGrail, B. P., Schaef, H. T., Ho, A. M., Chien, Y. and Dooley J. J., 2006. Potential for carbon dioxide sequestration in flood basalts. Journal of Geophysical Research. Vol. 111, B12201

McPherson, B., and Lichtner, P., 2001. CO_2 sequestration in deep aquifers. Paper presented at the First National Conference on Carbon Sequestration, Washington DC. Available from http://www.netl.doe.gov/publications/proceedings/01/carbon_seq/7a2.pdf

Pedersen, T., 2008 Results of the EU GeoCapacity project. *GEO ENeRGY. No. 18*. Available from http://www.energnet.eu/GeoEnergy_18.pdf

Plasynksi, S., Brickett, L., and Preston, C., 2008. Weyburn Carbon Dioxide Sequestration Project. US Department of Energy: Project Facts. Available from http://www.netl.doe.gov/publications/factsheets/project/Proj282.pdf

Reeves, S., Taillefert, A., Pekot, L., and Clarkson, C., 2003. The Allison unit CO_2 – ECBM pilot: a reservoir modelling study. Report prepared for the US Department of Energy by Advanced Resources International and Burlington Resources. Available from http:..www.coal-seq.com/Proceedings2003/The%20Allison%20Unit%20CO2rec-resubmitted%20120103.pdf

Signurðard ttir, K. CarbFix: CO_2 fixation into basalts. Annual Status Report 2009. *Available from* http://www.or.is/media/PDF/CarbFix_StatusReport2009_09062010.pdf

TNO, 2007. K12-B, CO_2 storage and enhanced gas recovery. [TNO informational handout]. Available from http://www.tno.nl/downloads/357benol/pdf

U.S. Department of Energy and National Energy Technology Laboratory, 2010. Carbon suquestration atlas of the United States and Canada - third edition. Available from http://www.netl.doe/gov/technologies/carbon_seq/refshelf/atlasIII/index.html

Vangkilde-Pederson, T. et al., 2009. WP2 report storage capacity. EU GeoCapacity. Available from http://www.geology.cz/geocapacity/publications

Chapter 9

Benson, S., 2006. Carbon dioxide capture and storage: assessment of risks from storage of carbon dioxide in deep underground geological formations. Earth Sciences Division, Lawrence Berkley National Laboratory. Available from http://southwestcarbonpartnership.org/_Resources/PDF/GeologicalStorageRiskAssessmentV1Final.pdf

European Commission, 2011. CO_2 storage life cycle risk management framework. European Commission. Implementation of directive 2009/31/EC on the geological storage of carbon dioxide. Available from http://ec.europa.eu/clima/policies/lowcarbon/ccs_implementation_en.html

Friedmann, J, and Benson, S., 2009. Carbon sequestration risks and hazards: What we know and what we don't know. Presentation given to NRDC Workshop in New York City. Available from http://docs.nrdc.org/globalwarming/files/glo_10062101d.pdf

Gaviot. Underground natural gas storage facility, 2010. Enagas. Available from http://www.enagas.com/cs/Satellite?blobcol=urldata&blobheader=application%2Fpdf&blobkey=id&blobtable=MungoBlobs&blobwhere=1146251976537&ssbinary=true

Goff, F., Love, S., Warren, R., Counce, D., Obenholzner, J., Siebe, C., and Schmidt, S., 2001. Passive infrared remote sensing evidence for large intermittent CO_2 emissions at *Popocatepetl volcano, Mexico. Chemical Geology. Vol. 177, No. 1-2, pp. 133-156*

IEA, 2011. Carbon capture and storage - legal and regulatory review. Edition 2. International Energy Agency. Available

from
http://www.iea.org/ccs/legal/review.asp

Knowledge Networks, 2009. Field report of the carbon sequestration survey. Massachusetts Institute of Technology. Available from
http://sequestration.mit.edu/research/survey2009.html

Material Safety Data Sheet (MSDS) for Carbon Dioxide. 2003. BOC Gases. Available from
http://www.bocsds.com/uk/sds/industroal/carbon_dioxide.pdf

Nelson, L. 2000. Carbon dioxide poisoning. Emergency Medicine. Vol. 32, No. 5, pp. 36-38. Available form
http://www.emedmag.com/html/pre/tox/0500.asp

Schneider, A., Atark M., and Littmann, W, 2002. Edrgasspeicher Berlin-Methoden der Betriebsf hrung. [Berlin Natural Gas Storage - Methods of Management.] *Erd l Erdgas Kohle [Oil Gas Carbon], Vol. 118*

Chapter 10

Allinson, G., Cinar, Y., Hou, W. and Neal, P. R., 2009. The Costs of CO_2 transport and injection in Australia. CO_2Tech Consultancy Report for the Department of Resources, Energy and Tourism. Available from
http://www.ret.gov.au/resources/Documents/Programs/cst/CO2Tech%20-%20The%20Costs%20of%20CO2%20Transport%20and%20Injection%20in%20Australia.pdf

Allinson, W. G., Cinar, Y., Neal, P. R., Kaldi, J. and Paterson, L., 2010. CO_2 storage capacity - combining geology, engineering and economics. In SPE Asia Pasific Oil Gas Conference, Adelaide, South Australia, 18-20 October 2010. Society of Petroleum Engineers, SPE Paper 133804

Burgess, J., 2011. New power cost comparisons: Levelised cost of electricity for a range of new power generating technologies. Australian Academy of Technological Sciences and Engineering (ATSE), Melbourne

CAETS Working Group, 2010. Deployment of low-emissions technologies for electric power generation in response to climate change. CAETS. Available from
http://www.caets.org/cms/7122/9933.aspx

Chevron, 2010. Company submission. Strategic Energy Initiative: Issues Paper. Wetern Australian Office if Energy.

Available from
http://www.energy.wa.gov.au/cproot/1833/2/Chevron.pdf

Dahowski, R et al., 2009. A preliminary cost curve assessment of carbon dioxide capture and storage potential in China. *Energy Procedia, Vol 1, No. 10, pp. 2849-2856*

Daley, J. and Edis, T., 2011. Learning the hard way: Australia's policies to reduce emissions. Grattan Institute. Available from
http://www.grattan.edu.au/pub_page/077_report_energy_learning_the_hard_way.html

Feron, P. and Paterson, L., 2011. Reducing the costs of CO_2 capture and storage (CCS). CSIRO PUBLISHING. Available from
http://www.csiro.au/files/files/p10pa.pdf

Finkenrath, M., 2011. Cost and performance of carbon dioxide capture from power generation. International Energy Agency, Paris. Available from
http://www.iea.org/publications/free_new_desc.asp?pubs_ID=2355

IEA, 2009. Technology roadmap - carbon capture and storage. international Energy Agency. Available from
http://iea.org/roadmaps/ccs_roadmap.asp

IEA, 2010. CO_2 capture & storage. *IEA ETSAP - Technology Brief, Vol. E14* (October 2010). Available from
http://www.etsap.org/E-techDS/PDF/E14_%20CCS%20draft%20oct2010_%20GS-gc_OK.pdf

IEA, 2011. *Climate and Electricity Annual* 2011 - Data and Analysis. International Energy Agency, Paris

McKinsey & Company, 2008. Carbon capture & storage: assessing the economics. McKinsey & Company. Available from
http://www.mckinsey.com/clientservice/electricpowernaturalgas/thinking.asp [y 2011]

Mourits, F., 2008. Overview of the IEAGHG Weyburn-Midale CO_2 monitoring and storage project. Presentation to the Workshop on Capture and Sequestration of CO_2. Mexico D.F, 10 July 2008. Available from
http://www.cslforum.org/publications/documents/11_MouritsWeyburnMexico2008.pdf

Chapter 11

APH (Australian Parliament House), 2011. Feed-in tariffs. Canberra. Available from www.aph.gov.au/library/Pubs/ClimateChange/governance/domestic/national/feed.htm

Daley,J. and Edis, T, 2011. Learning the hard way: Australia's policies to reduce emissions. Grattan Institute Report. No. 2011-2

Department of Resources, Energy and Tourism, 2011. Carbon capture and storage flagships program. Available at http://ret.gov.au/Department/archive/cei/ccsfp/Pages/default.aspx

Electric Power Resource Institute (EPRI) (Coordinating Author: Booras, G), 2010. Australian Electricity generation technology costs - Reference case 2010. Report prepared for the Australian Government Department of Resources Energy and Tourism. Available from http://www.ret.gov.au/energy/Documents/AEGTC%202010.pdf

Feenstra, C., Mikunda, T., and Brunsting, S., 2010. What happened in Barendrecht. Report for the International Comparison of Public Outreach Practices Associated with Large Scale CCS Projects. Available at http://www.csiro.au/files/files/pybx.pdf

Feron, P., and Patterson, L., 2011. Reducing the cost of CO_2 capture and storage (CCS). Report produced for the 2011 Garnaut Review: CSIRO Energy Technology. Available at http://www.garnautreview.org.au/update-2011/commissioned-work/reducing-costs-CO2-capture-storage.pdf

IEA, 2009. Technology roadmap - carbon capture and storage. International Energy Agency. Available from http://www.iea.org/roadmaps/ccs_roadmap.asp

International Energy Agency, 2011. Are we entering a golden age of gas? International Energy Agency. Paris, France. Available at http://www.iea.org/weo/docs/weo2011/WEO2011_/goldenAgeofGasREport.pdf

OECD/IEA, 2008. Energy technology perspectives. International Energy Agency, Paros, France. Available online at http://www.iea.org/textbase/nppdf/free/2008/etp2008.pdf

Platts, 2008. UDI World electric power plants database. Platts, UDI Products Group, Washington D.C

Productivity Commission, 2011. *Carbon Emission Policies in Key Economies*. Research Report, Productivity Commission, Canberra

Shuster, E, 2011. Tracking new coal-fired power plants. Energy Analysis publication from the National Energy Laboratory (NETL). Available from http://netl.coe.gov/energy-analysis/refshelf/PubDetails.aspx?Action=View&PubId=194

World Bank, 2011. The World Bank and energy: focusing on access and expanding renewables. World Bank. Available at http://web.worldbank.org/WEBSITE/EXTERNAL/TOPICS/EXTSDNET/0,,contentMDK:22951717~menuPK:64885113~pagePK:7278667~piPK:64911824~theSitePK:5929282,00.html

Wright, M., and Hearps, P., 2010. *Australian Sustainable Energy: Zero Carbon Australia Stationary Energy Plan*. University of Melbourne: Energy REsearch Institute, Carlton, Victoria. Available at http://media.beyondzeroemissions.org/ZCA2020_Stationary_Energy_Report_vl.pdf

색 인

(ㅊ)

(ㅋ)

(ㅌ)

역자 소개

허 대 기 박사

한국지질자원연구원 석유해저연구본부 책임연구원
과학기술연합대학원대학교 석유자원공학과 교수
미국 University of Southern California(석유공학 석사, 박사)
서울대학교 공과대학 자원공학과(학사)

박 용 찬 박사

1993년 한양대학교 자원공학과 졸업(학사)
2000년 동 대학원 박사학위 취득
2003년 이후 한국지질자원연구원에서 근무하며 CO_2 지중저장 및 석유개발분야 연구 수행

청정에너지, 기후 그리고 탄소

초판인쇄 2014년 11월 05일
초판발행 2014년 11월 12일

저 자 Peter J Cook
역 자 허대기, 박용찬
펴 낸 이 김성배
펴 낸 곳 도서출판 씨아이알

책임편집 박영지, 김동희
디 자 인 김나리, 윤미경
제작책임 황호준

등록번호 제2-3285호
등 록 일 2001년 3월 19일
주 소 100-250 서울특별시 중구 필동로8길 43(예장동 1-151)
전화번호 02-2275-8603(대표)
팩스번호 02-2275-8604
홈페이지 www.circom.co.kr

I S B N 979-11-5610-094-2 93450
정 가 26,000원